Andrea Och
Katharina Daniels
Lust auf Macht

Andrea Och
Katharina Daniels

Lust auf Macht

Wie (nicht nur) Frauen an die Spitze kommen

Bibliografische Information der Deutschen Nationalbibliothek

Die Deutsche Nationalbibliothek verzeichnet diese Publikation in der Deutschen National-
bibliografie; detaillierte bibliografische Daten sind im Internet über http://dnb.d-nb.de abrufbar.

ISBN 978-3-7093-0493-8

Umschlag: buero8
© LINDE VERLAG Ges.m.b.H., Wien 2013
1210 Wien, Scheydgasse 24, Tel.: 01/24 630
www.lindeverlag.de
www.lindeverlag.at

Satz: psb, Berlin
Druck: Hans Jentzsch u Co. Ges.m.b.H.
1210 Wien, Scheydgasse 31

1

Für alle Frauen, die mutig voranschreiten und zum Vorbild werden.

„Niemand gibt Ihnen Macht! Greifen Sie einfach zu!"
Heldin der US-Sitcom „Roseanne"

Inhalt

Kapitel 4: Beachten Sie kritische Erfolgsfaktoren – verwandeln Sie Hindernisse in Sprungbretter!

Inhalt

Vorwort von Dr. Arno Balzer

Chefredakteur manager magazin

 Der Einzug von Frauen in Spitzenpositionen der Wirtschaft ist manager magazin ein Anliegen. Nicht, weil Frauen per Geschlecht alles besser machen würden. Der Grund ist vielmehr, dass viele Frauen einen sehr guten Job machen. Und nur Leistungsgerechtigkeit, neudeutsch Meritocracy, bringt unsere Wirtschaft richtig voran. Viele Unternehmen hierzulande haben in dieser Disziplin einen beträchtlichen Nachholbedarf. Und der Druck, die besten Mitarbeiter auf die richtige Position zu bringen, wächst, will die deutsche Wirtschaft international weiter ganz vorne mitmischen. Darum ist „Lust auf Macht" ein wichtiges Buch zum richtigen Zeitpunkt.

Andrea Och und Katharina Daniels liefern auf beeindruckende Art und Weise eine messerscharfe Analyse, warum Frauen bislang in Spitzenpositionen noch immer Exoten sind. Doch dieses Buch bleibt bei der Analyse nicht stehen: Die Autorinnen entwerfen ein weitsichtiges und intelligentes Konzept, wie der Aufstieg bis in Spitzenpositionen für Frauen machbar wird. Unabhängig von äußeren Rahmenbedingungen. Selbstbewusst und selbstbestimmt. Ein Konzept, welches Frauen nicht zu besseren Männern macht. Ein Konzept, das Unterschiede als Bereicherung willkommen heißt. Ein Konzept, mit dem Frauen sich die Mechanismen der Macht zunutze machen können. Um sich selbst zu ermächtigen.

In diesem Prozess steht vermeintlich Festgefügtes zur Diskussion: Ein wichtiger Schnittpunkt zum journalistischen Selbstverständnis in bester Tradition – hinter die Kulissen zu schauen, die Dramaturgie zu hinterfragen und bestenfalls Impulse zu setzen, Dinge in Bewegung zu bringen. Auch darum begleitet manager magazin den – wenn auch langsamen – Wandel in der Besetzung von wichtigen Schaltstellen der Macht mit Aufmerksamkeit und Sympathie. Auch darum sehen wir die Bedeutung dieses Buches. Andrea Och und

Katharina Daniels machen Schluss mit dem Jammern und motivieren klug zum Handeln. Sie zeigen die entscheidenden Faktoren, die Karrieren begründen. Schonungslos. Offen. Und inspirierend.

Lust auf Macht ist eine Pflichtlektüre für jede Frau, die ernsthaft gestalten will. Eigenverantwortlich und selbstbewusst. In etlichen Interviews bestätigen Menschen, die zur Wirtschaftselite unseres Landes zählen, die Thesen der Autorinnen. Gerade diese Offenheit macht dieses Buch so wichtig. Ich schließe mich dem Appell der Autorinnen an: Frauen, nehmt Euch die Macht – mit Klugheit, Charme und Durchsetzungsstärke!

Arno Balzer

Hamburg, im Dezember 2012

P. S. Und noch ein Hinweis eines Mannes an männliche Leser: Hier können auch wir noch etwas lernen.

Einführung

von Andrea Och

Wie schaffen es die Mächtigen an die Spitze? Seien wir ehrlich: Die meisten von uns machen sich darüber gar keine oder viel zu wenig ernsthaft Gedanken. Stattdessen legen wir einfach hoch motiviert los, wenn wir den exzellenten Uni-Abschluss in der Tasche haben. Was soll schon passieren? Schließlich sind wir gewohnt, Bestleistung zu bringen und dafür belohnt zu werden. Und gute Leistung setzt sich schließlich durch. Oder? Wie erklären wir uns dann, dass wir mit über 50 Prozent Frauen im Karrierelabyrinth starten, aber bis heute nur drei von 100 Spitzenpositionen in den 200 größten Unternehmen in Deutschland mit Frauen besetzt sind? Sind daran wirklich nur die Männer schuld, die ihre Macht nicht teilen wollen? Liegt es an mangelnden Möglichkeiten der Kinderbetreuung? Sicher sind dies große Hürden, die Frauen in vielen Fällen nehmen müssen und daran scheitern. Und in manchen Fällen existieren diese Hürden gar nicht. Kann es sein, dass wir uns schlichtweg im Karrierelabyrinth verlaufen und nach der Hälfte des Weges aufgeben? Doch manche kommen durch. Was ist deren Erfolgsgeheimnis?

Seit mehr als 20 Jahren beobachte ich genau, welche unterschiedlichen Strategien aufstiegswillige Männer und Frauen anwenden, um nach oben zu kommen. Viele durfte ich als Coach bei ihrem Aufstieg begleiten. Einige kenne ich aus meiner eigenen Erfahrung als Unternehmerberaterin und konnte so deren Taktiken auch ganz praktisch beobachten. Sie wollen einige Beispiele? Während viele Männer in die Offensive gehen und deutlich machen, dass sie in jedem Fall aufsteigen wollen, warten viele Frauen oftmals ab, welche Positionen sich ergeben. Während viele Männer sich freudig Rivalen stellen und Solidarität mit denen zeigen, die es geschafft haben, fühlen sich viele Frauen häufig zutiefst persönlich angegriffen und kritisieren andere Frauen in Führungspositionen aufs Schärfste. Während viele Männer Mut zur Lücke zeigen und das damit verbundene Entwicklungspotenzial erkennen, schrecken viele Frauen vor dem Risiko zurück und flüchten sich in die Perfektionsfalle. Während viele Männer bewusst jede Möglichkeit nutzen, auf sich aufmerksam zu machen, stellen viele Frauen ihr Licht unter den Scheffel. Wo viele Männer Zugang zu informellen Netzwerken selbstverständlich suchen und diese pflegen, versuchen viele Frauen zu selten, ebenfalls effektive Beziehungen für ihr eigenes Fortkommen zu knüpfen oder konkrete Unterstützung einzufordern. Kann es also sein, dass uns schlicht die Wahrnehmung für wichtige Faktoren fehlt, um an die Macht zu kommen?

Statt unseren Fokus darauf zu richten, was wir selbst unternehmen können, um weiter aufzusteigen und bessere Rahmenbedingungen für uns und für andere Frauen zu schaffen, streiten wir uns über die Quote, statt diese als Türöffner freudig zu begrüßen. Selbst wenn wir „nur" als Quotenfrau an die Macht kommen, werden wir an den Ergebnissen, die wir erzielen, gemessen. Ich bin überzeugt, dass wir bereits genügend Frauen mit dem ausreichenden Potenzial mitten unter uns haben.

Das vielleicht folgenschwerste Missverständnis, dem viele Frauen unterliegen, ist ihr Bild von der Macht und ihr damit verbundenes Verhältnis zur Macht. Testen Sie sich einmal selbst: Macht – was ist Ihr erster Impuls, wenn Sie dieses Wort hören? Sie denken spontan an die dunkle Seite der Macht? An Machtmissbrauch oder an Machtlosigkeit? Die Realität hält uns leider allzu oft diesen Spiegel der Macht vor. Sie zeigt uns die „Trümmerwüsten", die manche Spitzenmanager hinterlassen, um nicht selten auf die nächste, noch besser dotierte Position berufen zu werden. Kein Wunder also, dass wir uns hiervon (zu Recht) distanzieren. Oft haben mir Frauen gesagt, dass Macht sie nicht interessiere. Ihr Ziel sei die beste Lösung. Das Dumme daran:

Erstens: Wenn wir Macht selbst negieren, fehlt uns auch die Wahrnehmung der Machtdimension in Unternehmen. Was besonders folgenschwer in hierarchisch stark ausgeprägten Organisationen ist. Wer sich ausschließlich auf die Leistung konzentriert und dieses Paralleluniversum der Macht mit seinen eigenen Gesetzen nicht erkennt, läuft Gefahr, beständig gegen diese Gesetze zu verstoßen. Die Bestrafung erfolgt sofort. Der Grund dafür wird aber nicht verständlich. Wir wundern uns und schaffen es nicht, die richtigen Lehren daraus zu ziehen. Also wiederholen wir diesen Fehler immer wieder, bis wir kalt gestellt werden und früher oder später frustriert aufgeben – kein Wunder.

Zweitens: Ohne Macht sind wir dazu verdammt, oftmals schlechtere Lösungen hinzunehmen. Denn Macht bedeutet, das Denken und Handeln anderer Menschen so zu beeinflussen, dass eigene Ziele erreicht werden, ohne sich äußeren Ansprüchen unterwerfen zu müssen. Vereinfacht gesagt, bedeutet Macht Gestaltungsspielraum. Handlungsfreiheit. Erst wenn wir selbst einflussreich sind, können wir dafür sorgen, dass tatsächlich die beste Lösung durchkommt. Wenn wir Macht nicht nur zum eigenen Vorteil nutzen, sondern dazu einsetzen, wirklich bessere Ergebnisse zum Nutzen von uns allen zu erzielen, dann ist Macht etwas sehr Wertvolles, Erstrebenswertes und Positives.

Damit wird klar: Frauen können selbst sehr viel mehr tun, als sie heute vermeintlich glauben.

Und wir müssen dafür gar nicht zu einem „besseren Mann" werden. Statt zu warten, dass die Rahmenbedingungen sich zu unseren Gunsten ändern, lassen Sie uns gemeinsam einfach aufbrechen und den Angriff auf die Spitze mit allen Mitteln, die uns zur Verfügung stehen, starten. Nicht morgen oder übermorgen, sondern heute! Jetzt sofort! Damit die besten Frauen und Männer gemeinsam die Führung übernehmen, um heutige und künftige Herausforderungen zu meistern. Um sich bei wichtigen wirtschaftlichen und gesellschaftlichen Fragen einzubringen und bessere Lösungen durchzusetzen. Zum Wohle von uns allen. Wie das gelingen kann? In den folgenden Kapiteln finden Sie jeweils einen richtungsweisenden Pfad im Labyrinth zur Macht. Mächtige Fährtensucher, die die entscheidenden Abzweigungen gefunden haben, geben Ihnen wertvolle Tipps und machen Mut. Gehen Sie einfach los. Lassen

Sie sich leiten. Wenn Sie in die Nähe der Macht gelangen, greifen Sie mutig zu. Mit Weiblichkeit, Verstand und Humor. Das Rüstzeug haben Sie. Es ist einfacher, als Sie vermuten! Ich wünsche Ihnen viel Erfolg dabei!

Ihre *Andrea Och*
Hamburg, im Dezember 2012

Nehmen Sie Ihre Stärken in den Fokus – werden Sie sich Ihrer selbst bewusst

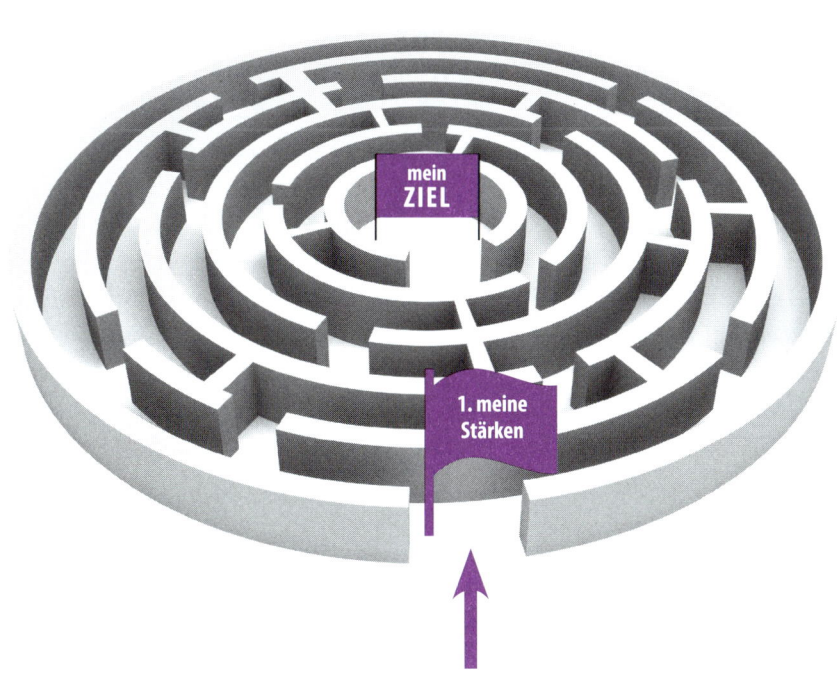

Sie haben die vergangenen zwölf Monate hart gearbeitet. Sehr hart. Sie sind stolz auf das, was Sic und Ihr Team geleistet haben. Und Sie wollen Karriere machen. Weiter kommen. Da kommt plötzlich die Anfrage Ihres COO (Vorstand für operatives Geschäft), ob Sie sich vorstellen können, ein herausragendes Projekt zu leiten. Ein Projekt, das von hoher strategischer Relevanz für Ihr Unternehmen ist und konzernweit Auswirkungen haben wird. Weit mehr als eine Fleißaufgabe. Das wird ein Prestigeprojekt, das alle wichtigen Entscheidungsträger im Unternehmen sehr genau beobachten werden. Einerseits ist das Ihre Chance, endlich zu zeigen, was in Ihnen steckt. Andererseits haben Sie so etwas noch nie gemacht. Und die Politik, die daran hängt, können Sie noch gar nicht überblicken. Wer weiß, welche Gegner Sie haben werden, welche Hürden man Ihnen in den Weg legen wird? Sind Sie dem nervlich und fachlich gewachsen? Sollten Sie vielleicht erst einmal ein Konfliktmanagementseminar besuchen?

Sie glauben, solches Szenario ist Fiktion? Dann lesen Sie, was ein einflussreicher Konzernvorstand aus der Finanzbranche dazu zu sagen hat:

„Ich initiiere ein Projekt, das für den Unternehmenserfolg von hoher Relevanz ist. Meiner ersten Einschätzung nach sind 20 Kandidaten potenziell befähigt, das Projekt zu leiten, zehn Männer, zehn Frauen. Ich stelle allerdings rasch fest, dass bei den Männern die notwendige fachliche Kompetenz nur zu 50 Prozent, bei den Frauen hingegen zu 80 Prozent erfüllt ist."

Wohlgemerkt, hier spricht ein Mann!

„Als ich nun die entscheidende Frage stelle, wer bereit ist, das Projekt zu leiten, sind alle zehn Männer sofort bereit, diese Aufgabe zu übernehmen, sie fiebern der Verantwortung sichtlich entgegen. Und die Frauen, die doch viel besser qualifiziert sind? Alle – ohne eine einzige Ausnahme – sorgen sich, ob sie wirklich fähig sind, die Projektleitung zu übernehmen. Statt nach dieser Chance zu greifen, bitten sie um Aufschub, um die eigene Qualifikation noch zu perfektionieren!"

Kommt Ihnen dieses Verhalten bekannt vor?

NEIN? Sie kennen Ihre Stärken und bewerten Ihre Grenzen realistisch? Wunderbar! Überspringen Sie dieses Kapitel!

JA? Das hätte Ihnen auch passieren können? Dann bitten wir Sie jetzt zu einem kleinen Crashkurs in Sachen Selbst- und Stärkenbewusstsein. Denn

Abb. 1: Die Entscheidung

genau das braucht es, um ganz nach oben durchzudringen. Hören Sie jetzt, in diesem Moment auf, sich selbst Steine in den Weg zu legen, und betreten Sie stattdessen mutig unbekanntes Terrain! Sie haben die allerbesten Voraussetzungen dafür!

Sie wollen an die Spitze eines Unternehmens? Um diesen Mut zu entwickeln ohne übermütig zu werden, ist es wichtig, dass Sie nicht nur auf Ihre fachlichen Kompetenzen bauen, sondern dass Sie ein Bewusstsein für Ihre individuellen Stärken entwickeln – die weit mehr sind als Fachwissen und -können. Es bedeutet, die Potenziale, die in Ihnen schlummern, zu entdecken und weiterzuentwickeln. Es bedeutet, dass Sie sich selbst ehrlich loben lernen – und es bedeutet auch, Ihre Grenzen nüchtern zu bewerten und anzuerkennen. Wenn Ihnen dieses selbstbewusste Abstecken Ihrer individuellen Gestaltungsspielräume gelingt, dann haben Sie eine Souveränität gewonnen, die auch Ihr Umfeld spürt: Wenn Sie an sich selbst glauben, werden auch andere an Sie glauben. Wenn Sie Ihre Karriere stringent an Ihren Stärken ausrichten, dann haben Sie die größte Hürde – sich selbst – auf dem Weg an die Spitze bereits genommen!

Doch wie erkennen Sie Ihre individuellen Stärken? Sind Sie auf einem bestimmten Gebiet wirklich viel besser als andere, oder glauben Sie dies nur – schlicht, weil Sie es jeden Tag tun? Vielleicht können andere dies aber besser und/oder schneller und Ihnen fehlen nur die Vergleichsmöglichkeiten? Schauen

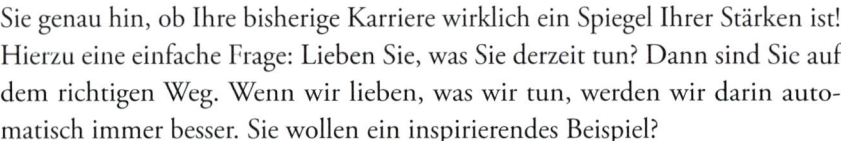

Sie genau hin, ob Ihre bisherige Karriere wirklich ein Spiegel Ihrer Stärken ist! Hierzu eine einfache Frage: Lieben Sie, was Sie derzeit tun? Dann sind Sie auf dem richtigen Weg. Wenn wir lieben, was wir tun, werden wir darin automatisch immer besser. Sie wollen ein inspirierendes Beispiel?

● ●

BEST PRACTICE

Die Erfolgsstrategie des Orakels von Omaha

„Liegt Ihre Leidenschaft in dem, was Sie tun?", fragte Warren Buffett, amerikanische Investorenlegende und Selfmade-Milliardär, einen jungen Unternehmensberater. Dessen prompte Antwort: „Nein, ich mache das nur, weil es mir bessere Aufstiegschancen verschafft. Aber später werde ich etwas ganz anderes machen." Darauf Buffet: „Warum tun Sie nicht sofort dass, was Sie wirklich lieben? Sie würden doch auch nicht allen Sex bis ins Alter aufsparen."

Mit diesem Beispiel beginnt er 2001 eine Rede vor Studenten der Universität von Georgia. Sein Rat an das Publikum: „Sie müssen nicht alles wissen oder können. Ich verstehe nur wenige Dinge. Auf diese konzentriere ich mich. So werde ich erfolgreich bleiben. Andernfalls würde ich wahrscheinlich verlieren. Und ich hätte es verdient."

Buffets Erfolg beruhte von Beginn an auf seiner Stärke im Aufspüren von Geschäftsmodellen, deren wirtschaftliche Entwicklung er für die nächsten zehn bis zwanzig Jahre intuitiv voraussehen konnte. So investierte er nur in Unternehmen, die er als einen klaren Branchenfavoriten ausmachen konnte und deren „Zwanzig-Jahres-Perspektive" sich ihm als einfach und nachvollziehbar darstellte. Dieses Prinzip verfolgt er bis heute mit Leidenschaft und aus tiefer innerer Überzeugung. Und der Erfolg gibt ihm Recht.

Warren Buffett ist laut Forbes 2012 der drittreichste Mann der Welt. Seinen Spitznamen „das Orakel von Omaha" verdankt er der Gründung einer Kommanditgesellschaft als Privatier im Jahr 1956 in der Stadt Omaha im US-Bundesstaat Nebraska. Der Investmentpool erzielte nach kürzester Zeit bereits ein Anlageergebnis von knapp dreißig Prozent. Buffett wurde 2012 wiederholt in Folge zu einem der einflussreichsten Menschen der Welt gekürt.

● ●

Lust auf Macht

Die Stärkeformel Talent, Wissen, Können – und die magische Zahl für jede Spitzenleistung!

Natürlich sind das Wissen, das wir erworben haben, und das Können durch die stetige Ausübung unseres Berufes wichtige Bestandteile unserer Stärke. Sie sind es aber nicht allein. Das Talent oder auch die Fähigkeiten, die in uns schlummern, sind es, die uns einzigartig machen. Das weltweit operierende Beratungs- und Forschungsunternehmen Gallup hat die Stärkeformel „Talent, Wissen und Können" entwickelt. Je besser Sie diese drei Komponenten in ihrem Zusammenspiel erkennen und kultivieren, desto deutlicher zeichnen sich Ihre individuellen Erfolgspotenziale ab.

Die Stärkeformel unterm Mikroskop

Ihr Wissen, das Sie in Ihrer beruflichen Laufbahn errungen haben, ist in Teilen überprüfbar, etwa in Gestalt akademischer Grade. Wissen besteht aus erlernten und verfügbaren Informationen, Fakten, Theorien, Regeln und auch Erfahrungen, die Sie im Laufe Ihres Lebens gesammelt haben. Wissen ermöglicht Ihnen, eine Situation schnell und präzise einzuschätzen. Wissen wächst im Lauf des Lebens. Besonders vor dem Hintergrund des viel propagierten lebenslangen Lernens in unserer Informationsgesellschaft.

Ihr Können bezieht sich auf Fertigkeiten, die Sie nicht nur erlernt, sondern auch trainiert haben, etwa ein komplexes Angebot kundenorientiert zu erstellen oder einen Businessplan umfassend und nachvollziehbar anzufertigen oder – auf den manuellen Bereich bezogen – das Spielen eines Instruments. Übung perfektioniert Können oftmals soweit, dass Sie etwas wie im Schlaf beherrschen und diese Leistung immer wieder reproduzieren können.

Ihre Talente sind in diesem Zusammenhang der Treiber Ihres Erfolgs, das Tüpfelchen auf dem „i", das Potenzial, das in Ihnen schlummert und das in Verbindung mit Wissen und Können zu einer einzigartigen Stärke wird.

Vielleicht haben Sie eine große Begabung darin, komplexe Zusammenhänge zu analysieren. Eine andere hat möglicherweise ein ausgesprochenes Gespür für aufkeimende neue Trends und kann diese Erkenntnisse auf andere

Zusammenhänge übertragen. Grundsätzlich gilt: Talente basieren auf jenen individuellen synaptischen Verbindungen in Ihrem Gehirn, die am stärksten ausgeprägt sind – und die Sie durch das nötige Wissen und gezieltes Training zu einer überragenden Stärke im wahrsten Sinne des Wortes entwickeln können. Die Talente jedes Menschen sind dauerhaft und einzigartig. Ein wichtiger Indikator für Talent sind der Spaß und die Erfüllung, welche für Sie mit der Bewältigung einer Aufgabe verbunden sind.

**Stärke =
Talent + Wissen
+ Können**

In welchem Maße Talent, Wissen und Können sich gegenseitig bedingen und in ihrer sorgfältig kultivierten Kombination den Erfolg sichern, lässt sich am Beispiel des Golf-sports veranschaulichen:

→ Ein gutes Ballgefühl in Kombination mit Koordinationsgeschick bei den unterschiedlichen Schwüngen ist fraglos ein wichtiges, ein unabdingbares Talent. Menschen, die weder Ballgefühl noch körperliches Koordinations-geschick besitzen, werden nur mit sehr geringer Erfolgsaussicht ein gutes Handicap (Spielstärke des Golfers) erreichen. Umgekehrt kann auch das größte Talent verkümmern, wenn es nicht trainiert wird.

→ Wie Sie den Ball in welcher Situation schlagen, wann Sie welchen Schlä-ger nutzen und welche Regeln zu beachten sind – dies alles sind Elemente Ihres Wissens über Golf, die Sie erlernen können. Sie können hunderte von Golf-Büchern lesen, ohne Training werden Sie dennoch die Platzreife nie erlangen.

→ Ihr reproduzierbarer Schwung, Ihr Vermögen, Distanzen richtig einzu-schätzen, und Ihre Erfahrung auf dem Platz, die Sie durch Training und Spielpraxis erlangen, kennzeichnen erst Ihr Können. Hier schließt sich wieder der Kreis zu Ihren Talenten. Ist die eine besonders gut beim Putten (Kurzer Ball-Lauf zum Zielloch), so hat die andere eine besondere Be-gabung für lange Schläge.

→ Eins ist klar: Erst wenn Sie Ihr Talent erkennen und es entwickeln, indem Sie sich erstens das nötige Wissen aneignen und zweitens kontinuierlich Ihr Können praktisch trainieren, erst dann werden Sie mit der Zeit ein attraktives Handicap erlangen. Erkenntnisse, die sich problemlos auf Ihr berufliches Umfeld übertragen lassen.

Noch etwas zum Können: die 10.000-Stunden-Regel

Was denken Sie? Bringt David Garrett musikalische Spitzenleistung als schnellster Violinist der Welt eher wegen seines angeborenen Genies oder weil er extrem hart an seiner Leistung arbeitet? Malcolm Gladwell beweist in seinem Buch „Outliers" sehr unterhaltsam, dass Spitzenleistung zwar auf einem angeborenen Talent aufbaut – aber ohne Training und Ausdauer nie erreicht werden kann. Dies gilt erstaunlicherweise für alle Spitzenleistungen auf vielen verschiedenen Gebieten, vom Sport (Tiger Woods im Golf), über die Softwareentwicklung (Bill Gates) bis zum Pop-Entertainment (Madonna). Viele Untersuchungen konnten sogar eine genaue Zahl an Trainingsstunden identifizieren, die fast zwangsläufig zu Spitzenleistungen führt: 10.000 Stunden!

Trainieren Sie Ihre Stärken!

Worin liegt Ihre Leidenschaft? Gibt es etwas, was Sie schon seit Ihrer Kindheit mit Begeisterung immer wieder tun? Nicht weil Sie dafür bezahlt werden oder weil es von Ihnen erwartet wird, sondern weil es etwas ist, das Ihnen ganz egoistisch einfach Freude bereitet? Dann verbinden Sie zwangsläufig ein Talent mit dem nötigen Wissen und Können zu einer so großen Stärke, dass Spitzenleistung unvermeidbar wird.

Wofür brennen Sie?

BEST PRACTICE

Beatles-Ruhm auf der Reeperbahn

Auf dem Hamburger Kiez gelang den legendären Pilzköpfen der erste entscheidende Schritt auf dem Weg zu ihrer einzigartigen Weltkarriere. Hier legten sie den Grundstein für ihren Erfolg. Zwei Jahre lang spielten die Beatles Anfang der 60er – damals von Weltruhm noch weit entfernt – in den rauen Clubs der Hafenstadt, rund um Reeperbahn und Große Freiheit. Im Indra, Kaiserkeller, Top-Ten-Club und Star-Club mussten die Musiker sieben Tage die Woche bis zu zwölf Stunden pro Nacht Bühnenpräsenz beweisen – und holten sich so den entscheidenden Schliff. Die 10.000-Stunden-Marke hatten sie schon bald erreicht – und eine solche Büh-

nenexpertise errungen, dass sie genau wussten, womit sie die Menschen begeistern konnten. Diesen Vorsprung konnten andere Bands kaum mehr aufholen!

Was Schwächen sind und wie Sie diese meistern

Zunächst knapp und prägnant: Schwächen sind alles, was einer Spitzenleistung im Weg steht. Alles andere sind keine Schwächen! Viele Fähigkeiten, die wir haben, sind schlicht gut oder auch „nur" durchschnittlich. Ist das notwendige Wissen und Können vorhanden, so können wir auch ohne ein ausgeprägtes Talent eine gute bis durchschnittliche Leistung erbringen. Und dies ist keine Schwäche! Das ist völlig in Ordnung. Solange wir einige wenige, ausgeprägte Stärken haben.

Schwächen behindern Spitzenleistungen!

Sie sind eine echte Macherin? Ihre Entschlusskraft und Ihre Durchsetzungsfähigkeit haben Sie schon weit gebracht? Vielleicht sind Sie gerade auf dem Sprung zur Bereichsleiterin? Hier ist nun auch besonderes politisches Geschick gefragt – nicht gerade Ihre größte Stärke? Keine Sorge: Mit der richtigen Strategie sind Schwächen handhabbar – und wenn Sie es einmal von der anderen Seite betrachten: Hätten Sie keine Schwächen, wie sollten Sie (und andere) dann Ihre Stärken zu schätzen wissen!? Einen perfekten Menschen gibt es nun einmal nicht – und ehrlich gesagt, wäre der dann wohl auch ein ziemlich langweiliger Zeitgenosse. Also: Binden Sie Ihre Schwächen in Ihre Stärkestrategie ein!

Die Stärkestrategie zum Umgang mit Ihren Schwächen besteht aus vier Vorgehensweisen, die Sie je nach Situation einsetzen, in Kombination miteinander oder auch als Einzelstrategie. Maßstab ist, mit welcher Strategie Sie der identifizierten Schwäche am besten Paroli bieten können. Auch hier bietet sich das Golfspiel zur Veranschaulichung an.

Strategie Nummer Eins: die Nachbesserung

Ihr Motto: Werden Sie etwas besser, etwas professioneller in dem als eher schwach identifizierten Bereich!

Beispiel Golf: Das Putten beispielsweise liegt Ihnen nicht besonders? Sie mögen eher die Schläge, mit denen Sie große Distanzen überwinden? Ohne Putten geht es aber nicht: Drive for show and put for money! Wenn Sie hier nicht besser werden, „versauen" Sie sich jede Runde. Bleibt Ihnen also nur, so lange zu trainieren, bis Ihr Putt-Spiel akzeptabel ist. Dann können Sie sich wieder Ihren Stärken im Golf zuwenden.

Übertragen auf Ihr berufliches Umfeld heißt das: Geforderte Fähigkeiten, die Sie derzeit nicht erfüllen und an denen Sie nicht vorbeikommen, können Sie mit einem Coaching so weit entwickeln, dass diese sich nicht länger als Hindernis darstellen und Sie sich wieder auf Ihre Stärken konzentrieren können.

Strategie Nummer Zwei: das Hilfsmittel

Ihr Motto: Weichen Sie auf Alternativstrategien aus, wenn Sie spüren, dass Ihre Schwäche Ihre Stärke blockiert!

Beispiel Golf: Bekommen Sie beispielsweise Nervenflattern, weil Sie sich schon während der Runde Ihr Ergebnis ausrechnen und danach so verkrampfen, dass ab dem Zeitpunkt alles schiefgeht? Dann könnte Ihr Hilfsmittel lauten, laut „STOP" zu sagen. Lenken Sie Ihre Aufmerksamkeit bewusst auf Ihre Atmung und versuchen Sie, in diesem Moment an nichts anderes zu denken. Dies ist ein Meditationselement, mit dem Sie sofort eine größere Gelassenheit erreichen können.

Übertragen auf Ihr berufliches Umfeld heißt das: Möglicherweise urteilen Sie als Macherin ab und an vorschnell und übersehen dadurch wichtige Details. Wenn Sie dies in entscheidenden Situationen bewusst vermeiden wollen, können Sie auch hier innerlich laut „STOP" rufen. Angenommen, Sie haben ein wöchentliches Teammeeting, an dem zwei sehr introvertierte Typen teilnehmen, die meistens kaum etwas freiwillig sagen. Diese beiden sind analytisch sehr begabt und haben einen guten Blick für entscheidende Details, die Ihnen womöglich entgehen. Da die zwei Introvertierten aber eher stumm bleiben und Sie schnell über deren Versuche, sich mitzuteilen, hinweggehen, verlieren Sie wichtige Informationen. Wie wäre es, wenn Sie sich eine Erinnerung in Ihren Kalender vor jedem Teammeeting eintrügen, diese Teammitglieder gezielt nach Ihrer Einschätzung zu fragen – statt sie zu übergehen? Ihre eigene Erinnerung wäre Ihr persönliches Stopp-Zeichen.

Strategie Nummer Drei: der Mitspieler

Ihr Motto: Ihre Schwäche ist die Stärke eines anderen? Holen Sie diesen an Ihre Seite!

Beispiel Golf: Passiert es Ihnen öfter, dass Sie Ihre Bälle im tiefen Gras aufgeben müssen, weil die sich hinterlistig vor Ihnen verstecken? Vielleicht haben Sie einen Freund, der Augen hat wie ein Luchs und gern für Sie den Caddy macht? Damit finden Sie nicht nur jeden Ball wieder, sondern haben vielleicht auch noch jemanden, der Ihre Tasche trägt!

Übertragen auf Ihr berufliches Umfeld heißt das: Liegt eine Ihrer Schwächen vielleicht im systematischen Organisieren Ihrer Unterlagen? Sie sind eher der chaotische Typ? Dann beauftragen Sie einen geeigneten Assistenten damit, für den es eine Befriedigung bedeutet, Ihnen Ihre Unterlagen perfekt aufbereitet vorzulegen.

Strategie Nummer Vier: die Zieländerung

Ihr Motto: Akzeptieren Sie Ihre Schwäche und machen Sie das Beste draus!

Beispiel Golf: Sie sind beim Golf besonders gut im langen Spiel, sogar so gut, dass Sie damit den Longest Drive gewinnen können. Das Bunker-Spiel (Bunker sind tiefe Sandkuhlen auf den Bahnen) aber bekommen Sie einfach nicht in den Griff. Nun, für einen Profi-Golfer geht es nicht ohne – aber wer sagt denn, dass Sie Profi-Golferin werden müssen!? Sie spielen Golf, weil Sie Spaß an diesem Spiel haben – und können auch Erfolge durch Ihre langen Schläge feiern.

Übertragen auf Ihr berufliches Umfeld heißt das: Angenommen, ein bedeutender institutioneller Investor aus Frankreich hat kürzlich einen großen Anteil an Ihrem Unternehmen erworben. Sie sollen kurzfristig nach Paris reisen, um die aktuelle Geschäftsstrategie für Ihren Bereich vorzustellen. Ihr Französisch ist völlig eingerostet und Sie haben keine Zeit mehr, es auf Vordermann zu bringen? Wählen Sie bewusst einen hochemotionalen Einstieg für Ihre Präsentation. Erzählen Sie eine Geschichte und malen Sie Bilder im Kopf Ihrer

Zuhörer. Dann entschuldigen Sie sich für Ihr schlechtes Französisch. Erzählen Sie einen Witz darüber, dass Sie schon in der Schule Ihren Französischlehrer in den Wahnsinn getrieben hätten, und erklären, dass Sie jetzt ins Englische wechseln werden, um Ihre Zuhörer nicht weiter zu quälen. Nutzen Sie Ihre Präsentationsstärke, um Ihre sprachliche Schwäche in den Schatten zu stellen. Zu einer Schwäche zu stehen, beweist besondere Stärke! Sie werden erstaunt sein, wie positiv die Reaktion Ihrer Mitmenschen darauf sein wird.

Doch Vorsicht: Verwechseln Sie nicht Fehler und Schwächen miteinander. Sich auf Stärken zu konzentrieren, bedeutet, Schwächen nur soweit zu reduzieren, dass diese Ihre Spitzenleistung nicht verhindern. Dann können Sie Schwächen getrost als Ihre Grenze akzeptieren. Doch das bedeutet keinesfalls, aus Fehlern nicht zu lernen! Fehler sind keine Schwächen! Jeder macht Fehler. Und Fehler sind durchaus positiv. Aus Fehlern lernen wir mehr als aus Erfolgen. Erfolge lassen uns schnell übermütig werden. Fehler erhöhen unsere Aufmerksamkeit, lassen uns neue Fragen stellen, unser vertrautes Terrain mutig verlassen und beflügeln uns zu wirklich überragenden Leistungen. Reinhold Messner, der Gipfelstürmer schlechthin, sagt selbst: „Ich lerne, wenn ich gescheitert bin, und nicht, wenn ich Erfolg hatte."

Schwächen sind keine Fehler!

· ·

NACHGEFRAGT

Angelika Gifford

„Frauen sollten nicht versuchen, die besseren Männer zu werden."

Angelika Gifford ist Senior Director Microsoft Europa, Mittlerer Osten und Afrika und Aufsichtsrätin der TUI AG.

Welche Rolle spielen aus Ihrer Sicht individuelle Stärken im Vergleich zu Erwartungen, die von außen an Top-Karrieren formuliert werden?

Das ist eine komplexe Frage, bei der es mir sinnvoll erscheint, punktuell einzugrenzen. Aus meiner Sicht werden im Allgemeinen drei Dinge von Top-Führungskräften erwartet. Erstens ist es die Fähigkeit zu strategischem Denken und Handeln und das Beherrschen der dazugehörigen Instrumente. Dazu gehört das Denken in sehr langfristigen Visionen ebenso wie das Denken und Handeln in Zeithorizonten von drei bis fünf Jahren.

Zweitens sind die Mitarbeiterführung und – damit verbunden – eine überdurchschnittliche Kommunikations- und Begeisterungsfähigkeit wichtig. Nur wer selbst für eine Sache brennt, kann andere anzünden.

Drittens: Durchsetzungsstärke. Führungskräfte sind in der Lage, je nach Situation auch mal mit der Hand auf den Tisch zu klopfen und sehr klar, gegebenenfalls auch mal sehr fordernd zu kommunizieren. Meine Beobachtung ist hier, dass Männer tendenziell eher solche Durchsetzungsstärken haben, Frauen hingegen eher zum Drum-Herumreden neigen. So gesehen ist die Durchsetzungsstärke etwas, an dem Frauen im Allgemeinen stärker arbeiten müssen, um eine Top-Karriere zu machen, als Männer. Gerade im Krisenmanagement, das immer öfter wichtig ist, bedarf es einer deutlichen Kommunikation und auch der Durchsetzungsstärke. Interessant: Was bei Männern dann als selbstverständlich wahrgenommen wird, fällt bei einer Frau als außergewöhnlich auf. Ich kann aufgrund meiner eigenen Karriere Frauen nur raten, risikofreudiger zu sein, das klare Wort nicht zu scheuen!

In diesem Zusammenhang: Ihr wichtigster Rat an Frauen – was sollten diese unbedingt tun und was sollten sie in jedem Fall vermeiden?

Zum Ersten: Ich empfehle, dass Frauen nicht versuchen sollten, die – im Sinne des Klischees – besseren Männer werden zu wollen. Nehmen wir das Beispiel Führung: Ich selbst führe einerseits gerne faktenbasiert und insofern rational. Andererseits versuche ich dabei auch dosiert emotional zu sein, denn das entspricht mir. Dieser persönliche Führungsstil hat sich als recht erfolgreich erwiesen, denke ich. Meine Mitarbeiter bekommen dadurch auch einen emotionalen Zugang zu Sachthemen, um die es ja letztlich geht, können besser andocken und Begeisterung entwickeln. Ich kann sie so besser überzeugen. Und sie mich übrigens im Zweifel auch, denn Führung ist ja nie nur Einbahnstraße, darf es nicht sein. Wenn ich zu tough und rein rational auftrete – und im Sinne des Klischees – eher männlich, dann riskiere ich eine emotionale Distanz, die der Sache nicht dient. Frauen stecken da ganz grundsätzlich in einem Spannungsfeld. Man erwartet üblicherweise von ihnen, beim Führen soft zu sein, Verständnis aufzubringen. Sind sie das zu sehr, heißt es nicht selten, sie seien führungsschwach. Dieses Spannungsfeld müssen sie meistern. Dafür braucht es vor allem das Gespür, das zu tun, was am besten zur Situation passt.

Mein zweiter Rat an Frauen: Betrachtet Eure Herausforderungen einerseits ernst – aber zugleich auch spielerisch. Identifiziert Euch, begeistert Euch – aber haltet auch Abstand. Das ist der Unterschied zwischen etwas sein und etwas haben. Wenn ich diese Aufgabe bin und meine Lösung wird abgelehnt, bin ich zutiefst enttäuscht. Wenn ich diese Aufgabe habe, bin ich zwar nicht erfreut, wenn meine Lösung nicht akzeptiert wird – aber das berührt mich nicht in meiner Persönlichkeit. Und ich lerne dazu.

Mein dritter Rat an Frauen: Betreibt Stakeholder-Management für Euch selbst. Denkt an die informellen Gespräche vor dem Meeting. Um es plakativ auszudrücken: Der Mann, der eine Entscheidung zu seinen Gunsten erzielen möchte, trifft sich vorher mit den Meinungsmachern in der Parkgarage. Er hat begriffen, wie wichtig Self-Selling ist. Frauen denken oft, die Sache sei das Wichtigste, dass sie hier etwas voranbringen – und arbeiten und arbeiten. Dabei vergessen sie, sich selbst zu positionieren. Und denken fälschlicherweise, ihr Einsatz würde schon an der richtigen Stelle bemerkt – falsch! Ein kleiner Tipp: Sendet die Mail mit wichtigen Erfolgen an den Vorgesetzten oder an die Geschäftsführung. Oder ein Telefonat in der Mittagspause, spielerisch. Auch solche Kleinigkeiten haben große Wirkung.

Inwiefern spiegeln Ihre wichtigsten beruflichen Erfolge Ihre individuellen Stärken?
Ich war immer schon neugierig: auf andere Länder, andere Kulturen, auf andere Menschen. Schon mit 15 hatte ich die Gelegenheit, längere Zeit in den USA, in Frankreich, in England zu verbringen. Das hat mich sehr früh dafür sensibilisiert, dass Menschen aus unterschiedlichen Kulturen mit vielen Dingen und auch miteinander unterschiedlich umgehen. Offenheit und Respekt vor anderen Meinungen und Lebenseinstellungen sind wichtig, sie wirklich verstehen zu wollen, das zähle ich zu meinen Stärken.

Als zweite Stärke sehe ich die Verbindung von Zahlen-Daten-Fakten-orientiertem Denken und meiner Emotionalität. Wenn ich von einer Sache überzeugt bin, bin ich leidenschaftlich und setze mich mit Nachdruck für Dinge ein. Auf andere wirke ich so authentisch – und das bin ich auch. Ich stehe zu meinen Entscheidungen und zu meiner Meinung – lasse mich aber je nach Kontext auch von neuen Fakten überzeugen. Im Aufsichtsrat bin ich so gesehen keine andere als gegenüber dem

Kunden, bei der TUI nicht anders als bei Microsoft. Bei mir wissen andere schnell, woran sie sind.

Mein dritte Stärke: Ich habe klare Ziele. Meine Ziele waren und sind: Ich will international arbeiten, mit Teams arbeiten und mich an Kundenbedürfnissen orientieren – strategisch und operativ. Wo ich das tue, hat damit nichts zu tun. Ich bin bei der Deutschen Bank gestartet, zur IT-Branche gewechselt, von der ich damals keine Ahnung hatte, und habe dann bei unterschiedlichen internationalen Firmen gearbeitet. Für mich stand immer fest, wenn ich meinen Job gut mache, hart arbeite und mir selbst treu bleibe, dann kommen die Dinge zu mir. Es bringt nichts, bei Widerständen alles hinzuschmeißen und in der Hoffnung zu leben, auf der anderen Seite sei das Gras grüner. Genauso wenig halte ich davon, auf lange Sicht um eine bestimmte Position zu kämpfen. Damit macht man sich nur unglücklich, wenn es dann nicht klappt. Ich sage: Dann eben nicht, es wird etwas anderes kommen!

Entdecken Sie Ihre Stärken – kommen Sie Ihrer Einzigartigkeit auf die Spur!

Sie denken sich gern auf ein Stichwort hin Geschichten für Ihre Kinder aus? Möglicherweise haben Sie eine große Begabung in der Szenario-Planung für Ihr Unternehmen. Was würde es für Ihr Unternehmen bedeuten, wenn …? Mit dieser Fähigkeit könnten Sie einerseits neue Chancen bis hin zu neuen Geschäftsfeldern entdecken, als auch drohende Risiken so rechtzeitig bemerken, dass geeignete Gegenmaßnahmen entwickelt werden können. Nur ein Beispiel, wie vermeintlich rein private Interessen und unter Beweis gestellte Fähigkeiten beruflich neue Impulse setzen können. Es können natürlich auch ganz andere Dinge sein, die Ihnen großen Spaß machen, für die Sie schon Anerkennung eingesammelt haben – und die Sie bisher überhaupt nicht mit Ihrer beruflichen Karriere in Zusammenhang gebracht haben. Dinge, die wir wirklich gerne tun, haben generell das Potenzial, auch in der beruflichen Laufbahn neue Weichen zu stellen.

Erforschen Sie sich selbst!

Nehmen Sie sich etwas Zeit. Entspannen Sie sich. Lassen Sie sich von niemandem stören. Beginnen Sie damit, ehrlich und aufrichtig über die folgenden 13 Fragen nachzudenken. Notieren Sie sich Ihre Antworten.

Viele Fragen klingen auf den ersten Blick sehr ähnlich, die unterschiedliche Zielrichtung ist für Ihre innere Klarheit aber sehr wichtig. Alles, was Sie über sich entdecken, kann weit über den aktuellen Kontext hinaus für Ihr Leben und Ihre berufliche Karriere Bedeutung gewinnen.

→ Was kann ich richtig gut?
→ Was bringt mir den meisten Spaß?
→ Bei welcher Tätigkeit vergesse ich regelmäßig die Zeit?
→ Welche Tätigkeit verschafft mir eine tiefe Befriedigung?
→ Habe ich ein Spezialgebiet?
→ Wo habe ich bisher meine größten Erfolge gefeiert?
→ Auf welchem Gebiet lerne ich besonders leicht?
→ Welche Tätigkeit gibt mir Energie?
→ Tue ich jeden Tag bei der Arbeit das, was ich am besten kann?
→ Wie würden andere mich beschreiben?
→ Welche Tätigkeit bringt mir keinen Spaß und raubt mir jegliche Energie?
→ Womit blockiere ich mich regelmäßig selbst?
→ Was möchte ich gern an mir ändern, wenn mir Erfolg garantiert wäre?

Welche Erkenntnisse können Sie aus Ihren Antworten gewinnen? Können Sie bereits erste Stärken ausmachen?

Führen Sie ein Tagebuch!

Eigene Stärken aufrichtig zu benennen setzt voraus, sich seiner selbst bewusst zu werden. Damit lernen Sie automatisch, sich selbst ehrlich anzuerkennen. Wie das geht, ohne zu einem Blender zu werden? Wir laden Sie ein, mit sich selbst einen Fünf-Minuten-Termin am Ende eines jeden Arbeitstages auszumachen. Während dieser Zeit analysieren Sie kurz Ihre Erfolge des Tages:

→ Was ist mir heute besonders gut gelungen? (Werden Sie konkret, es können auch Kleinigkeiten sein.)

→ Welche meiner Fähigkeiten oder Eigenschaften waren dabei entscheidend?

→ Worauf bin ich heute stolz?

→ Welche positive Rückmeldung habe ich heute von anderen erhalten?

Schreiben Sie Ihre Erfolge und die damit verbundene Anerkennung täglich auf. Egal wie klein sie Ihnen auch im ersten Moment erscheinen mögen. Lesen Sie sich Ihren Eintrag danach selbst laut vor. So verankern Sie Ihren Erfolg besser in Ihrem Bewusstsein und in Ihrem Unterbewusstsein! Sie stärken mit dieser Methode nach und nach Ihre synaptischen Verbindungen in Ihrem Gehirn. Wenn diese durch ständiges Wiederholen stark genug sind, wird es Ihnen leichtfallen, selbstbewusst in ehrlicher Anerkennung sich selbst gegenüber und ohne Arroganz und Selbstüberschätzung anderen gegenüber aufzutreten und zu kommunizieren. Dieses Vorgehen hat für Sie ganz konkrete Vorteile:

→ Egal wie Sie den Tag erlebt haben, Sie schließen Ihren Arbeitstag immer positiv ab.

→ Nach und nach kommen Sie Ihren tatsächlichen Talenten, Fähigkeiten, Ihrem Können und damit Ihren Stärken auf die Spur.

→ Sie können nach kurzer Zeit klar benennen, was Ihre Stärken sind und wie diese zu Ihrem Erfolg und zum Erfolg Ihres Unternehmens beitragen.

→ Sie sammeln über das Jahr wichtige Argumente für Ihr jährliches Gehaltsgespräch.

→ Ihr Selbstbewusstsein steigt. In ehrlicher Anerkennung der eigenen Erfolge und Potenziale.

→ Gibt es Tage, an denen Sie das Gefühl haben, dass Ihnen nichts gelingt und Ihre innere Stimme Ihnen sagt: „Was bildest Du Dir überhaupt ein, Du kannst doch gar nichts Besonderes?" Dann nehmen Sie sich Ihr Tagebuch und lesen Sie darin. Sie werden sehen, die Welt sieht gleich ganz anders aus.

Machen Sie einen Test!

Tests können Ihnen ebenfalls wertvolle neue Erkenntnisse zu Ihren Stärken bringen. Allerdings wird mit Tests auch viel Schindluder getrieben – und auf Kaffeesatzniveau dem Probanden vermeintlich seine Persönlichkeit erklärt. Der Stärken-Test von Gallup beruht auf breiten, über lange Zeiträume angelegten Studien: Über das Gallup Strengths Center (www.gallupstrengths center.com) erhalten Sie weiterführende Informationen zur Gesamtthematik „Stärken" und zum Tool Clifton StrengthsFinder®. Es gibt das Strengths Discovery Package und das Strengths Development Package. Bei beiden Paketen kann der Testteilnehmer nach Abschluss des Tests auf der Center-Website seine Testergebnisse abrufen. Darüber hinaus stehen im Center weiterführende Materialien zur Verfügung, um Talente zu Stärken auszubauen.

→ Mit dem Strengths Discovery Package entdeckt der Testteilnehmer seine Top-5-Stärken. Der Zugang kostet 9,99 USD. Weiterführende Materialien im Top-5-Paket: •Strengths Insight and Action-Planning Guide •Strengths Insight Guide •Signature Theme Report (Top 5 Strengths) •Action-Planning Tool •Team Talent Map Tool.

→ Mit dem Strengths Development Package entdeckt der Testteilnehmer 34 individuelle Stärken. Der Zugang kostet 89,– USD. Weiterführende Materialien im 34-Stärken-Paket: •Strengths Insight and Action-Planning Guide •Strengths Insight Guide •Signature Theme Report (Top 5 Strengths) •Theme Sequence Report (All 34 Strengths) •Action-Planning Tool •Team Talent Map Tool.

Die Tests gibt es in deutscher Sprache, Auswertung und Zusatzmaterial sind aktuell noch ausschließlich in Englisch, die deutsche Version wird derzeit entwickelt.

Adressen zu weiteren Tests finden Sie auf **www.lust-auf-macht.de**. Diese und weitere ergänzenden Informationen, Vorlagen und Arbeitshilfen können Sie als Leserin in einem passwortgeschützten Bereich herunterladen. Das Passwort für Ihre Anmeldung lautet: PCB82/AD.

WISSEN UND FORSCHEN
Wenn weibliche Stärken zur Stolperfalle werden

Die Konzentration auf bestimmte Stärken ist wichtig für die Karriere – aber Vorsicht: Sind es auch die richtigen Stärken, auf die Sie setzen? Eine Studie der TU Berlin zeigt plastisch die Fallen auf, die die moderne Arbeitswelt karrierebewussten Frauen stellt. Heute gelten Soft Skills wie Teamgeist, Kooperationsfähigkeit, Konfliktkompetenz und integratives Führungsverhalten geschlechtsübergreifend als Merkmale verantwortungsvoller Führung. Frauen, die nun unbedingt beweisen wollen, dass sie über diese Fähigkeiten verfügen und sich damit vermeintlich für Top-Positionen qualifizieren, geraten schnell in die „Frauen-Falle". Ach ja, typisch weiblich. Und konkurrenzbewusste männliche Mitbewerber ziehen an ihnen vorbei. So wichtig gerade bei globalen Projekten beispielsweise Kooperationsfähigkeit ist, so ist es doch umgekehrt genau dieses Verhalten, das ein markantes Auftreten – „hier bin ich!" – verhindert und wodurch auch das für die Empfehlung zur Top-Position so wichtige Alleinstellungsmerkmal nicht sichtbar wird. (Quelle: „Auf dem Weg nach oben", Tagesspiegel 22.5.2011)

Betrachten Sie Ihre Vorbilder!

Welche Menschen bewundern Sie? Es kann jemand sein, den Sie persönlich kennen. Oder eine Gestalt aus der Geschichte, der Literatur, der Politik, aus

Ihrem beruflichen Umfeld, aus der Familie oder aus einem völlig anderen Bereich. Entscheidend ist, dass diese Menschen für Sie ein Vorbild sind.

➜ Notieren Sie sich die Namen von zwei bis drei Menschen, die Ihre persönlichen Vorbilder sind.

➜ Nun stellen Sie sich Ihre Vorbilder einzeln vor. Welche Eigenschaften und Fähigkeiten bewundern Sie am meisten? Das Aussehen ist davon ausgenommen! Notieren Sie sich die drei Merkmale pro Vorbild, die Sie am meisten bewundern. Vielleicht Überzeugungskraft? Gelassenheit? Durchsetzungsstärke? Logisches Argumentieren? Weitblick? Verkaufsstärke? Verstehen Sie diese Beispiele bitte nur als Anregung für Ihre Überlegungen!

Egal, was Sie an Ihren Vorbildern bewundern, es ist vermutlich etwas, das bereits in Ihnen selbst angelegt ist! Sie haben es möglicherweise noch nicht kultiviert, damit es nach außen sichtbar wird. Das, was bislang unerkannt in Ihnen veranlagt ist, könnte der Grund dafür sein, dass diese Eigenschaften und Fähigkeiten Sie bei anderen beeindrucken und inspirieren. Zu wissen, was wir an anderen bewundern, ermöglicht uns, unsere eigenen unentdeckten Potenziale zu erschließen.

Ihr Vorbild = Ihr Talent!

Wenn Sie nun ein Talent entdeckt haben, das noch in Ihnen schlummert, eignen Sie sich das nötige Wissen an und dann trainieren Sie Ihr Talent. Sie werden schnell eine wertvolle Stärke hinzugewinnen.

Fragen Sie andere!

Es ist wichtig zu wissen, wer Sie selbst sind. Ebenso wichtig ist, wie Sie auf andere Menschen wirken. Manchmal nehmen andere uns ganz anders wahr, als wir selbst uns sehen. Das Selbst- und das Fremdbild klaffen auseinander. Doch die Wahrnehmung der anderen zählt!

Dies kann im Hinblick auf das Entdecken Ihrer Stärken durchaus vorteilhaft sein. Viele Handlungen, die auf unseren Stärken basieren, fallen uns naturgemäß besonders leicht. Entsprechend halten wir diese häufig für selbstverständlich. Ja, wir erkennen die Stärke dahinter nicht einmal mehr. An-

Fremdbilder machen Stärken bewusst!

dere Menschen nehmen diese sehr wohl wahr. Daher ist es sinnvoll, sie danach zu fragen: Sie halten es für selbstverständlich, dass Sie Anregungen Ihrer Mitarbeiter in Ihre Entscheidungen integrieren? Vielleicht sind Sie vollkommen erstaunt, als Sie bei einer Feedback-Runde ein dickes Lob von Ihren Mitarbeitern für Ihren motivierenden Führungsstil bekommen?

Versuchen Sie nun, sich in die Menschen hineinzuversetzen, die für Ihr Fortkommen wichtig sind. Wo würden für Sie wichtige Menschen Ihre größten Stärken sehen? Gäbe es auch Verbesserungspotenzial? Haben Sie eine vertrauensvolle Beziehung zueinander, die im Zweifel auch Kritik zulässt? Dann fragen Sie, wie dieser andere Mensch Sie wahrnimmt!

Überlegen Sie sich vorab, was Sie tun können, um Ihrem Gesprächspartner zu zeigen, dass Sie gewillt sind, ernsthaft zuzuhören. Machen Sie deutlich, dass es Ihnen um die Verbesserung der eigenen Fähigkeiten geht. Dies gilt sowohl für positives als auch negatives Feedback. Klären Sie vorab, dass Sie besonders mit möglichen Verbesserungsvorschlägen professionell umgehen werden. Halten Sie sich daran, egal, was Sie hören werden! Es ist einfach, Lob entgegenzunehmen. Aber wir alle haben auch unsere Fehler und Schwächen. Erfolgreiche Menschen sammeln alle Informationen, die sie bekommen können. Auch wenn sie manchmal unerfreulich sind.

➔ Notieren Sie sich, was Sie inzwischen selbst als Ihre drei größten Stärken sehen.

➔ Fragen Sie, ob Ihr Gegenüber Ihrer Selbsteinschätzung zustimmt.

➔ Was sieht dieser Mensch sonst noch in Ihnen?

➔ Welche Ihrer vom Gegenüber wahrgenommenen Stärken ist aus seiner Sicht besonders wertvoll für das Unternehmen, in dem Sie arbeiten? Worin zeigt sich das?

➔ Könnten Sie aus Sicht des Gefragten diese Stärke noch weiter ausbauen, um noch effektiver zu werden?

➔ Sieht Ihr Gegenüber auch Verbesserungspotenzial?

Einen Fragebogen, den Sie hierfür nutzen können, können Sie unter **www.lust-auf-macht.de** herunterladen.

Leben Sie Ihre Stärken – wie Sie Ihre Potenziale optimal entfalten!

Sie können jetzt Ihre individuellen Stärken benennen. Nutzen Sie diese auch voll und ganz? Richten Sie Ihre Karriere und Ihr Wirken daran aus? Oder werden Sie sogar daran gehindert, Ihre Stärken zu leben?

Es war einmal vor langer Zeit, da entschieden die Tiere, dass sie etwas Heldenhaftes tun müssten, um den Herausforderungen der modernen Welt begegnen zu können. Also gründeten sie eine Schule. Sie verabschiedeten einen Lehrplan, der aus Laufen, Klettern, Schwimmen und Fliegen bestand. Um die Umsetzung des Lehrplans zu erleichtern, sollten alle Tiere alle Fächer belegen.

Die Ente war ausgezeichnet im Fach Schwimmen. Sogar besser als ihr Lehrer. Aber sie war nur mittelmäßig im Fliegen und ganz schlecht im Laufen. Da sie im Laufen so schlecht war, musste sie nach dem Unterricht nachsitzen. Schließlich musste sie sogar die Schwimmstunden streichen, um sich im Laufen zu üben. Ihre mit Schwimmhäuten besetzten Füße wurden dadurch ganz wund, so dass sie nun auch im Schwimmen nur noch Durchschnitt war. Doch durchschnittliche Leistungen waren für die Schule akzeptabel, so dass sich niemand außer der Ente sorgte.

Der Hase startete als Klassenbester im Laufen, aber der Schwimmunterricht verursachte bei ihm einen Nervenzusammenbruch.

Das Eichhörnchen war hervorragend im Klettern, bis es im Fach Fliegen einen riesigen Frust entwickelte, weil sein Lehrer es zwang, von unten nach oben statt von oben nach unten in der Baumkrone zu beginnen. Es bekam einen heftigen Krampf von der Überanstrengung und erhielt schließlich nur eine Drei im Klettern und eine Vier im Laufen.

Der Adler war das Problemkind der Klasse und wurde streng bestraft. Im Fach Klettern schlug er alle anderen um Längen, wenn es darum ging, als erster die Baumkrone zu erreichen. Er bestand aber darauf, dies auf seine Art zu tun, indem er flog.

Am Ende des Jahres machte ein abnormaler Aal, der im Schwimmen und Laufen ganz gut war und mehr schlecht als recht klettern und fliegen konnte, den besten Abschluss und hielt die Abschiedsrede.

(frei nach „The Animal School" von George Reavis)

**Spitzen-
leistung
gründet auf
Stärken!**

Kein Wunder, dass in vielen Unternehmen Mittelmaß regiert. Die Aktualität und Brisanz dieser Fabel beweist eine internationale Umfrage von Gallup. In 63 Ländern wurden 1,7 Millionen Mitarbeiter aus 101 Unternehmen gefragt: „Haben Sie bei Ihrer Arbeit Gelegenheit, jeden Tag das zu tun, was Sie am besten können?" Nur 20 Prozent der Befragten stimmten der Aussage entschieden zu, dass sie ihre Stärken jeden Tag an ihrem Arbeitsplatz einsetzen! Was liegt hier für ein Potenzial brach! Also raus aus der Falle, vermeintlich alles können zu müssen und so tatsächlich in jeder Disziplin nur mittelmäßig zu sein. Spitzenleistung beruht auf Stärken, nicht auf Durchschnitt! Suchen Sie sich Aufgaben und Positionen, in denen Sie Ihre Stärken jeden Tag zum Einsatz zu bringen! In Ihrem Unternehmen ist das nicht möglich? Wechseln Sie!

Entfalten Sie Ihr volles Potenzial

Kämpfen Sie nicht gegen sich. Entfalten Sie Ihr volles Potenzial! Wie Ihnen das am besten gelingt?

John H. Zenger, CEO von Zenger Folkman und anerkannter Führungs-experte, hat hierfür das sogenannte Kompetenzverstärkertraining entwickelt. Die Kernaussage: Beherrschen Sie ein oder zwei Dinge perfekt – und trainieren Sie diese dauerhaft mit Komplementär-Talenten und Eigenschaften. Überlegen Sie also: Welche Komplementärkompetenz würde Ihre vorherrschende Stärke, die Sie in Ihrem Unternehmen besonders produktiv einsetzen können, optimal erweitern und verstärken? Zenger hat insgesamt 16 karriererelevante Führungskompetenzen respektive Erfolgspotenziale entwickelt. In Abb. 2 haben wir (frei nach Zenger) den 16 Führungskompetenzen die jeweils wichtigsten Komplementärkompetenzen zugeordnet.

Nehmen wir mal an, eine große Stärke von Ihnen sei Ihre Ehrlichkeit und Integrität. Wenn Sie sich jedoch dauerhaft allein auf dieses Merkmal verlassen, bleiben Sie spätestens beim Abteilungsleiter stehen. Wir schlagen frei nach Zenger vor: Lassen Sie konsequent Ihren Ankündigungen Taten folgen und setzen Sie sich mit Ihrem Verständnis integrer Firmenpolitik auch durch! Seien Sie nicht der vergrämte „Moralapostel", sondern zeigen Sie Optimismus,

Die 16 Führungskompetenzen und die jeweils wichtigsten Komplementärverstärker

Führungskompetenzen	Komplementärverstärker	Führungskompetenzen	Komplementärverstärker
Öffnung zur Außenwelt	Entwickelt weitreichende und strategische Perspektiven und ist ein guter Informationsverwerter	Entwickelt Strategische Perspektiven	Ist kundenorientiert, zeigt Geschäftssinn und inspiriert und motiviert andere
Begabter Kommunikator	Ist innovativ, Analytiker und Problemlöser und entwickelt strategische Perspektiven	Kooperiert und fördert Teamwork	Passt sich Änderungen an, ist zielorientiert und entwickelt strategische Perspektiven
Integrität, Aufrichtigkeit	Ist durchsetzungsstark, inspiriert und motiviert andere und ist interessiert und rücksichtsvoll gegenüber anderen	Fördert den Wandel	Zollt anderen Anerkennung, entwickelt andere weiter und ist Netzwerker
Entwickelt andere weiter	Entwickelt sich selbst weiter, entwickelt strategische Perspektiven und ist innovativ	Entwickelt sich selbst weiter	Ergreift die Initiative, inspiriert andere und respektiert andere
Inspiriert und motiviert andere	Ist zielorientiert, visionär und innovativ	Setzt anspruchsvolle Ziele	Technisches und geschäftliches Wissen, verschafft sich Unterstützung und inspiriert andere
Ergreift die Initiative	Kann gut mit Unsicherheit umgehen, bleibt am Ball und ist ehrlich und integer	Analytiker, Problemlöser	Kommunikator, ist bereit für Herausforderungen und ergreift die Initiative
Konzentration auf Ergebnisse	Antizipiert Probleme, gibt anderen Feedback und zollt Anerkennung	Ist innovativ	Analytiker und Problemlöser, lernt aus Erfolgen und Misserfolgen und entwickelt strategische Perspektiven
Knüpft Beziehungen	Ist ehrlich und integer, entwickelt andere weiter und schätzt Diversität	Technisch-fachliches Know-how	Netzwerker, Kommunikator, ergreift die Initiative

Abb. 2: Kompetenzverstärker

Kapitel 1: Nehmen Sie Ihre Stärken in den Fokus – werden Sie sich Ihrer selbst bewusst dass mit Ehrlichkeit die Dinge besser laufen. Und trainieren Sie die ergänzende Fähigkeit, auf den Punkt zu kommen, sich auf Ergebnisse zu fokussieren.

Ein zweites Beispiel: Sie haben herausragende analytische Fähigkeiten. Sie erkennen viel eher als andere Muster und Strukturen in scheinbar chaotischen Verbindungen. Sie stellen Zusammenhänge her, die die Produktivität Ihres Unternehmens drastisch steigern können. Und Sie prüfen Ihre Annahme mit Zahlen, Daten und Fakten, bevor Sie Ihre Idee präsentieren. Sie haben also eine wertvolle Idee aufgrund Ihrer hohen analytischen Stärke entwickelt. Sie sollten sicherstellen, dass Sie diese Idee auch in eine emotionale Geschichte verpacken können. Schließlich sollten Sie nun Menschen, die nicht so analytisch sind wie Sie, von Ihrer Idee nicht nur überzeugen, sondern sogar begeistern und damit zum Handeln motivieren! Hier läge Ihr größter „Stärkenturbo". – Das liegt Ihnen nicht? Die meisten analytischen Menschen sind eher introvertiert und damit keine geborenen Verkäufer ihrer Ideen. Je mehr Einfluss Sie gewinnen wollen, desto mehr wird aber genau diese Fähigkeit entscheidend. Lernen Sie unbedingt, wie Sie Ihre Ideen und Vorschläge optimal verkaufen! Auch, wenn Sie eher introvertiert sein sollten. Was das für Ihren Erfolg bedeuten kann, sehen Sie am Beispiel von Al Gore.

● ●

BEST PRACTICE

Der Umweltaktivist

Erinnern Sie sich an Al Gore? Al Gore war der 45. Vizepräsident der Vereinigten Staaten unter Präsident Bill Clinton. Nach seiner gescheiterten Präsidentschaftskandidatur im Jahr 2000 gegen George W. Bush verschrieb er sich voll und ganz dem Umweltschutz und hielt weltweit Vorträge zu diesem Thema. Dabei war Al Gore einer der schlechtesten Präsentatoren, die Sie sich vorstellen können. Seine Rhetorik und seine Körpersprache waren so starr und unnatürlich, dass er in den Medien sogar als Außerirdischer betitelt und lächerlich gemacht wurde. Doch wie konnte dieser hölzern wirkende Mensch kurz darauf sogar einen Oskar für seinen Dokumentarfilm „Eine unbequeme Wahrheit" gewinnen? Er erkannte eines Tages, dass er sein Publikum emotional packen musste, wenn er mit seiner Botschaft Erfolg haben wollte. Er durfte nicht einfach Fakten aneinanderreihen, sondern musste vielmehr hoch emotionale Geschichten erzählen. Er stellte sich seiner Schwäche und engagierte die besten Coaches und Berater, um die Fähigkeit des Geschichtenerzählens zu lernen und immer weiter zu trainieren. Heute ist Al Gore ein gefeierter Redner, der sein Publikum so fesselt und inspiriert, dass er 2007 für seine weltweiten Bemühungen um eine Bewusstmachung der Klimakrise und ihre globalen Gefahren sogar den Friedensnobelpreis erhielt.

Dies bedeutet nicht, dass Sie nun alle Schwächen, die Sie bei sich erkennen, durch harte Arbeit zu einer Stärke verwandeln sollen. Das wird kaum gelingen. Im Gegenteil: So wird aus einem stolzen Adler garantiert ein lahmer Geier. Es geht nicht darum, in allem gut zu sein. Es geht darum, sich mit wenigen Stärken, die für Ihr Unternehmen besonders wertvoll

Aus Schwächen Stärken entwickeln!

sind, von anderen Führungskräften deutlich abzuheben und diese Stärken durch „Hilfsmaßnahmen" weithin zum Strahlen zu bringen. Stärken Sie Ihre herausragenden Fähigkeiten weiter. Finden Sie die Komplementärkompetenz, die Ihre größte Stärke zur vollen Entfaltung bringt. Hierauf sollten Sie sich konzentrieren. Fähigkeiten, die nur mittelmäßig oder schwach sind, werden dann zwangsläufig in den Hintergrund treten. Wenn Sie auf einem wichtigen Gebiet echte Spitzenleistung bringen, fällt es leicht, eigene Grenzen anzuerkennen und nur an Schwächen zu arbeiten, deren Überwindung für das Erreichen Ihres Zieles unumgänglich ist: Eine Schwäche kann sogar zu einer Stärke werden, wenn Sie Ihre Hauptstärke voll zur Entfaltung bringen!

WISSEN UND FORSCHEN

In sechs Monaten zur Stärke

Es ist wissenschaftlich nachgewiesen, dass nach rund sechs Monaten neu erlerntes Verhalten in das Verhaltensrepertoire des Menschen fest eingebunden ist. Bei Leistungssportlerinnen wurde gezielt ein bestimmtes Verhalten trainiert, um die Potenziale freizusetzen, die bislang nicht ausreichend genutzt worden waren. Durch begleitende Gehirnscans auf Basis des Zürcher Ressourcen-Modells (www.zrm.ch) konnte nach Ablauf von sechs Monaten eine Erweiterung des neuronalen Netzes nachgewiesen werden. (Quelle: NZZ Format, 2.6.2012, 3Sat, 18:30 Uhr „Der innere Schweinehund")

Gibt es also eine Fähigkeit, die Sie noch nicht besitzen und die Ihre größte Stärke derzeit an der vollen Entfaltung hindert wie bei Al Gore? Dann sollten Sie hieran arbeiten. Alle anderen Ihrer Fähigkeiten, die nur mittelmäßig oder schwach sind, können Sie getrost als Ihre persönliche Grenze betrachten. Bedenken Sie: Kein Mensch ist perfekt!

NACHGEFRAGT

Gilbert Malgiaritta

„Außergewöhnliche Karrieren entstehen aus den eigenen Fähigkeiten und Stärken."

Gilbert Malgiaritta, lic. oec. HSG, Executive Director Open Programs, SGMI Management Institut St. Gallen

Welche Rolle spielen aus Ihrer Sicht individuelle Stärken im Vergleich zu Erwartungen, die von außen an Top-Karrieren formuliert werden?

Von außen betrachtet geben Top-Karrieren oft ein sich immer wieder gleichendes Bild ab: Es zeichnet Menschen, die anscheinend alles können und stets erfolgreich sind. Diese stereotype Darstellung wird zusätzlich nicht selten von der Kraft der Medien unterstützt. Dass aus solchen Bildern genau diese Erwartungen auch an zukünftige Führungskräfte formuliert werden, versteht sich von selbst. Die Frage stellt sich aber, woraus erfolgreiche Karrieren entstehen. Ähnlich wie beim Aufbau von Wettbewerbsvorteilen in Unternehmen, liegt die Antwort wohl auch hier bei den eigenen Fähigkeiten und Stärken. Ob es sich dabei um kommunikative, technische, gestalterische, fachliche o.a. Fähigkeiten handelt, spielt oft keine zentrale Rolle – das zeigen viele Beispiele aus der Unternehmenswelt. Karrieren haben mit wenigen Ausnahmen ihren Ursprung in einzelnen individuellen Stärken, die es Menschen ermöglichen, vorwärts zu kommen. Notabene auch in Gebieten außerhalb ihrer eigentlichen Kernkompetenzen.

In diesem Zusammenhang: Ihr wichtigster Rat an Frauen – was sollten diese unbedingt tun und was sollten sie in jedem Fall vermeiden?

Angefangen bei Letzterem: Vermieden werden sollte eine Anspruchshaltung, alle proklamierten Eigenschaften einer Karrierefrau perfekt erfüllen zu können. Damit einhergehend folgt auch schon die Beantwortung des ersten Teils der Frage: Es geht nicht darum, aus Schwächen Stärken zu machen, sondern vielmehr darum, die eigenen Fähigkeiten zu stärken. Durch diese Ausstrahlung können sich viele Türen öffnen. Um die Türen dann ganz aufzustoßen, können mit gezielten Weiterbildungsmaßnahmen die wichtigsten Wissenslücken gefüllt werden. Das genügt. Genau wie ein Tennisspieler kein Kunstturner sein muss, aber über eine gute Basis an koordinativen Fähigkeiten verfügen sollte. Eine breite Wissensbasis gepaart mit hervorragenden Fähigkeiten in bestimmten Themenfeldern stellt somit einen fruchtbaren Nährboden für außergewöhnliche Leistungen bereit. Und wenn dann noch punktuell an den eigenen Stärken weiter gefeilt wird, ist auch die Nachhaltigkeit dieses Nährbodens sichergestellt.

Inwiefern spiegeln Ihre wichtigsten beruflichen Erfolge Ihre individuellen Stärken?

Auf meine eigene Person bezogen, trifft der Zusammenhang zwischen Einbringung von individuellen Stärken und dem beruflichem Erfolg sicherlich zu. Dazu gehört aber auch die Bereitschaft des Unternehmens, einen Mitarbeiter verstärkt dort einzusetzen, wo er seine Fähigkeiten am besten zur Entfaltung bringen kann. Dies war zum Glück bei mir genau so der Fall. Merkt man hingegen, dass man in einem Unternehmen die eigenen Stärken nicht einbringen kann – sei dies aufgrund der Tatsache, dass diese dort gar nicht gefragt sind oder dass vom Unternehmen keine Unterstützung in der Findung der optimalen Einsatzbereiche zu erwarten ist –, so tut man am besten daran, sich beruflich neu zu orientieren. Auch diese Erfahrung konnte ich im Laufe meines Berufslebens machen. Neue Fähigkeiten aufzubauen, die weit weg von den eigenen Stärken sind, um in einem Unternehmen eine angestrebte Position zu erreichen, halte ich hingegen für problematisch. Dies könnte leicht in eine Sackgasse führen.

• •

Kreisen Sie Ihr Ziel ein – was wollen Sie wirklich erreichen?

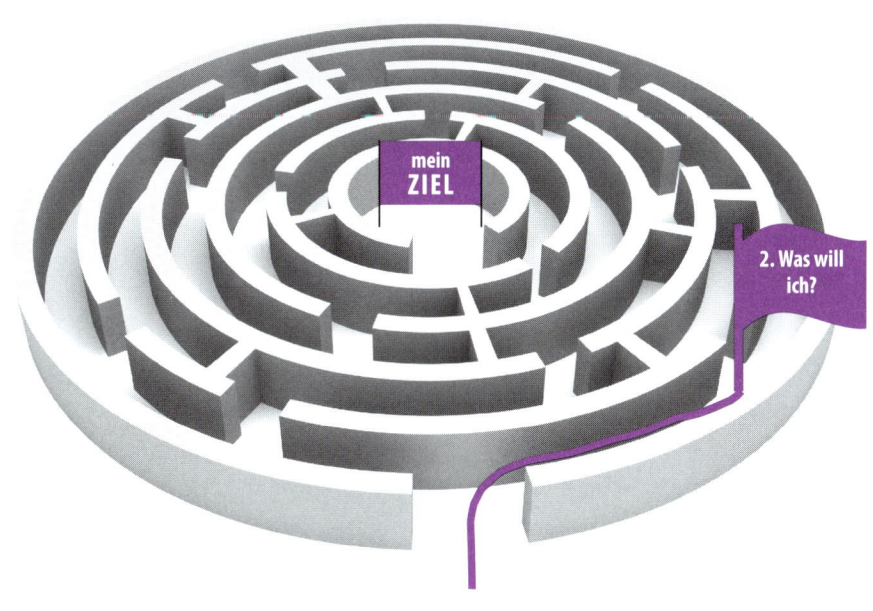

Kapitel 2: Kreisen Sie Ihr Ziel ein – was wollen Sie wirklich erreichen?

45

W as bedeutet Erfolg? Bedeutet Erfolg für die eine einen eindrucksvollen Titel und damit verbundenes Prestige, so ist es für die andere die Höhe des Gehalts. Für eine dritte bedeutet Erfolg Wissen um bestimmte Prozesse und Wirkmechanismen und wieder andere definieren Erfolg darüber, sich selbst zu verwirklichen. Damit wird klar, Erfolg ist etwas sehr Individuelles. Das, was Sie als Erfolg definieren, wäre für einen anderen Menschen möglicherweise eine Niederlage. Das klingt erst einmal verwirrend? Letztlich ist es ganz einfach:

Erfolg heißt, Ziele zu erreichen!

Genauer: Erfolg bedeutet das Erreichen von *eigenen* Zielen. Nicht mehr und nicht weniger. Notfalls auch gegen die Ziele anderer. Damit ist Erfolg zwangsläufig sehr individuell. Und setzt voraus, dass Sie ein klares und konkretes Ziel vor Augen haben. Geht es Ihnen so? Dann sind Sie vielen anderen schon weit voraus. Wenn nicht, halten Sie es vielleicht so, wie Peter Ustinov einmal anmerkte: „Viele Frauen wissen nicht, was sie wollen, aber sie sind fest entschlossen, es zu bekommen." Warum sollten wir diese Energie nicht zielgerichtet nutzen?

Angenommen, wir wüssten ganz genau, was wir wollten? Was würde dann geschehen? Womöglich kämen wir von der passiven, manchmal ohnmächtigen Seite auf die aktive, selbstbestimmte. Plötzlich könnten wir uns bewusst jeden Tag für oder gegen etwas entscheiden, was uns unseren Zielen näher bringt, als nur vermeintlich getrieben durch die Welt zu hetzen und nicht so recht zu wissen, wie wir uns bloß entscheiden sollen. Wir könnten besser Prioritäten setzen, weil wir unterscheiden könnten, was uns unserem Ziel näher bringt und was unserem Ziel zuwiderläuft. Wir könnten unsere gesamte Energie fokussieren. Und wir könnten nicht nur uns selbst, sondern auch andere besser motivieren und begeistern, wenn wir eine Richtung vorgeben, an die wir selbst glauben. Womöglich erhielten wir einen konkreten Kompass für unser Leben. Und diesen können wir selbst konstruieren!

Wie lautet Ihr Ziel?

Sollten Sie selbst keine Ziele haben, können Sie sich darauf verlassen, dass andere Menschen in Ihrer Umgebung Ziele verfolgen. Manche offen. Manche verdeckt. Wer kein Ziel hat, wird kaum Erfolg haben! Noch schlimmer: Wer kein Ziel hat, reagiert nur passiv auf die

Ziele und Erwartungen anderer! Seien Sie ehrlich mit sich selbst: Wollen Sie selbst steuern oder gesteuert werden?

●●●

BEST PRACTICE
Ziele können sich wandeln

Katja Kraus, ehemalige deutsche Fußballnationalspielerin und als erste Frau acht Jahre lang bis zum März 2011 Mitglied des Vorstandes des HSV (Hamburger Sport-Verein), schreibt nach ihrem eigenen Machtverlust ein Buch über das Erleben von Macht und den Umgang mit Machtverlust. In einem Interview mit einem Chefredakteur der Zeitungsgruppe WELT zeigt sich deutlich, wie unterschiedlich Menschen Ziele interpretieren. Der Interviewer fragt mehrfach nach Kraus' aktuellen Karriereplänen, welche Position sie jetzt anstrebe und in welcher Funktion man sie in naher Zukunft erleben würde. Kraus wiederholte Antwort: „Ich bin mit meiner jetzigen Situation sehr zufrieden."

●●●

Am Beispiel von Katja Kraus wird deutlich, wie sehr Ziele von den individuellen Vorstellungen von Erfolg geprägt sind. Für die ehemalige Nationalspielerin scheint heute das Erkennen und Verstehen von Machtstrukturen an erster Stelle zu stehen, für den Journalisten ist es das Innehaben einer bestimmten Machtposition. Diese Vorstellung hat er in seiner Fragestellung auf seine Gesprächspartnerin übertragen. Beim Setzen von eigenen Zielen ist es daher extrem wichtig, genau darauf zu achten, ob es auch wirklich die eigenen Ziele sind oder ob Sie Ziele unbewusst von anderen übernehmen.

Manche Menschen jagen unwillkürlich Zielen hinterher, um die Vorstellungen von Eltern oder Partnern zu erfüllen. Sie konkurrieren mit ihren Geschwistern. Oder sie versuchen, ihrem weiteren sozialen Umfeld zu imponieren. Dabei übersehen sie, dass fremde Ziele ihr Durchhaltevermögen und ihre Durchsetzungsfähigkeit immer mehr schwächen. Nur wenn wir selbst an unser Ziel glauben, haben wir die nötige Kraft, es notfalls auch gegen Widerstand systematisch weiter zu verfolgen, egal auf welche Resonanz wir damit stoßen!

Sind Ihre Ziele Ihre Ziele?

Haben Sie Visionen? – Es geht auch ohne Arzt

„Wer Visionen hat, sollte zum Arzt gehen", äußerte Helmut Schmidt 1980 im Bundestagswahlkampf gegenüber Willi Brandt. Wir sagen: Wer starke, große Visionen hat, sollte seinen Einfluss kontinuierlich erweitern und Wege finden, um diese Visionen wahr zu machen. Visionen in unserem Verständnis sind kein krankhaftes Phantasieren, sondern die Vorstellung von etwas Besserem, Erstrebenswertem. Visionen sind es, die den menschlichen Fortschritt ermöglichen. Ohne Visionen gäbe es kein Internet, keine Erkundung des Weltraums oder Herztransplantationen. Ohne Visionen würden wir heute noch in Höhlen leben.

Kleinklein oder viel zu groß?

Als Kinder konnten wir uns die absurdesten Dinge ausdenken und uns diese vor unserem inneren Auge in allen Facetten ausmalen. Völlig egal, ob es darum ging, Prinzessin, Cowboy, Indianer oder sogar ein Tier zu sein, das wir wunderschön fanden. Wir konnten mühelos in jede Rolle schlüpfen, die uns begehrenswert schien. Wir schufen spielerisch die passende Welt zu der gewünschten Rolle vor unserem inneren Auge und malten diese immer bunter aus.

Je älter wir wurden, desto mehr ging uns diese Eigenschaft verloren. Stattdessen ermahnen wir uns heute selbst, realistisch zu bleiben. Wir wagen nicht mehr, fantasievoll und groß zu denken. Für unsere Vorstellung von unseren Mitmenschen gilt das allerdings oft nicht. Anderen trauen wir alles Mögliche zu, uns selbst viel zu wenig! Wir sind überzeugt, dass Dinge, die uns selbst im ersten Moment unrealistisch erscheinen, schlichtweg unmöglich sind. Dabei vergessen wir, dass der einzige Weg, etwas dazuzulernen, darin besteht, die eigenen geistigen Grenzen zu überschreiten und etwas Neues zu wagen.

Also warum nicht wieder von Zeit zu Zeit zum Kind werden? Träumen Sie! Trauen Sie sich und trauen Sie sich selbst auch wieder die scheinbar unrealistischen Dinge zu. Nur so können wir uns weiterentwickeln. Denn alles beginnt mit einer Vorstellung in unserem Kopf.

Der Traum eines kleinen Mädchens in Bagdad

Zaha Hadid zählt heute zu den einflussreichsten zeitgenössischen Architekten der Welt, in dieser Liga hat bisher keine Frau mitgespielt. Bereits in ihrer Kindheit träumte sie vom Gestalten. Sie entwarf ihr eigenes Kinderzimmer neu und ihr Entwurf diente sogar einem Tischler als Vorlage für die Gestaltung vieler Kinderzimmer in Bagdad. Als Elfjährige stand ihr Berufswunsch fest: Sie wollte Architektin werden. „Damals entstanden in Bagdad die wunderbarsten neuen Gebäude, ich konnte das jeden Tag verfolgen. Das war ein sehr eindrucksvolles Erlebnis." Nach ihrem Architekturstudium in London und einer Zusammenarbeit mit Rem Koolhaas gründete sie 1980 ihr eigenes Architekturbüro. 1983 erregte sie erstmals internationales Aufsehen mit dem Entwurf für den Freizeit- und Erholungspark The Peak Leisure Club an einem Berghang in Hongkong. Hadid galt in Folge als Vordenkerin des Dekonstruktivismus. Lange Zeit allerdings waren ihre Projekte den Bauherren zu kühn. Es galt, eine lange Durststrecke zu überstehen. Erst 13 Jahre nach Gründung ihres Architekturbüros konnte sie 1993 ihren ersten Entwurf realisieren: das Feuerwehrhaus des Vitra-Werks in Weil am Rhein. „Meine Bauten versprechen Optimismus. Von Utopien zu sprechen ist heute ein wenig schwierig, aber vielleicht sollten wir selbst das mal wieder tun. Ich glaube jedenfalls daran, dass sich in der Architektur etwas ausdrücken kann, von dem wir noch nicht ahnen, dass es möglich ist – eine neue Ordnung der Dinge, ein anderer Blick auf die Welt. Meine Architektur hat bewiesen, dass nicht alles für immer bleiben muss, wie es mal war." (Quelle: DIE ZEIT, „Ich will die ganze Welt ergreifen", Interview mit Zaha Hadid, 14.6.2006)

Haben Sie auch eine Vision? Ist Ihre Vision stark genug, um ebenfalls 13 Jahre oder vielleicht länger durchzuhalten? Oder fühlen Sie sich momentan eher verunsichert und denken, ein solcher Weg würde zu Ihnen nicht passen? Jeder Mensch kann eine starke Vision entwickeln. So wie jeder von uns seine individuellen Stärken hat, so können wir auch individuelle Vorstellungen von uns selbst und unserem Leben entwickeln, die größer sind als wir selbst. Schon Aristoteles stellte fest: „Ohne ein Fantasiebild ist Denken unmöglich." Das klingt einerseits sehr simpel. Zugleich kann dies eine der größten Herausforderungen sein. Es erfordert ein völliges Loslassen der Gebote, die uns oft ein Leben lang begleitet haben: „Sei bescheiden", Spiel Dich nicht so auf", „Du glaubst wohl, Du bist etwas Besseres", „Schuster, bleib bei Deinen Leisten". All diese Aussagen dienen dazu, uns selbst klein zu halten. Stattdessen sind Sie nun gefordert, all die Glaubenssätze, die Sie behindern, über Bord zu werfen, um Ihren Stärken die entscheidende Richtung zu geben. Warum ist das so wichtig?

Starke Visionen motivieren!

Eine Vorstellung davon, was wir tun wollen, wenn es die vermeintlich unüberwindbaren Zwänge und Probleme nicht gäbe, befeuert uns in der Entfaltung unseres Potenzials. Eine starke Vision kann zur entscheidenden Motivationsquelle werden. Sie spornt uns an, Schwierigkeiten und Widerständen mutig entgegenzutreten und nicht aufzugeben. Bei Niederlagen wieder aufzustehen, neue Wege zu suchen, Neuland zu betreten, zu lernen und uns weiterzuentwickeln. Wenn Sie Ihre ureigene Vision entwickeln, die Sie zutiefst begeistert, und den Mut finden, nach Wegen zu suchen, diese Vision wahr zu machen, wird Erfolg über kurz oder lang fast unvermeidlich.

Nehmen Sie sich eine kleine Auszeit und denken Sie entspannt und in Ruhe über die folgenden fünf Fragen nach. Versuchen Sie, Ihren Impuls zu unterdrücken, Ihre Ausflüge in die Fantasie im gleichen Moment schon wieder zu bewerten und als undurchführbar abzutun. Gerade wenn sie ein analytischer Mensch sind, wird dies erst einmal gegen viele Ihrer Grundsätze verstoßen. Versuchen sie es trotzdem. Es lohnt sich!

→ Was würde Sie wirklich begeistern?
→ Was würden Sie tun, wenn Ihnen Erfolg garantiert wäre und Scheitern unmöglich?
→ Wird Sie dies auf lange Sicht befriedigen? Was genau macht Sie zufrieden?
→ Wofür lohnt es sich aus Ihrer persönlichen Sicht, sich mit vollem Einsatz zu engagieren?
→ Welche Leistung würde Sie am Ende Ihres Lebens stolz machen?

Eine Vision wirkt in uns am stärksten, wenn wir möglichst viele Sinnesvorstellungen dazu entwickeln. Malen Sie sich vor Ihrem inneren Auge alle möglichen

Geschehnisse und Empfindungen aus, als wenn sich Ihre Vision schon verwirklicht hätte.

→ Was tun Sie?
→ Was sagen Sie?
→ Wie sehen Sie aus?
→ Wo sind Sie?
→ Wie sieht Ihre Umgebung aus?
→ Was hören Sie?
→ Gibt es auch etwas zu schmecken?
→ Was riechen Sie?
→ Was genau fühlen Sie?
→ Was noch? Welche Geschehnisse und Empfindungen fallen Ihnen noch ein?

Diese Übung in Sachen Fantasie beruht auf Erkenntnissen der Hirnforschung. Wenn wir mit einer bestimmten Handlungsweise sehr erfolgreich sind, werden wir genau dieses Verhalten noch intensivieren. Der Verstärkereffekt kann aber schon wesentlich früher einsetzen: Bereits die reine Vorstellung unseres Erfolges treibt uns an und motiviert uns zu einem bestimmten Handeln. Dabei weist uns unsere individuelle Vision die grundsätzliche Richtung. Egal, ob andere unsere Vorstellung von der Zukunft für vollkommen durchgedreht halten.

Eine Vision ist kein konkretes Ziel, welches Schritt für Schritt, beginnend im Hier und Jetzt planvoll umgesetzt werden könnte. Sie bietet vielmehr den inneren Kern unserer intrinsischen Motivation, also der inneren Begeisterung, aus der heraus wir Dinge tun – unabhängig davon, ob uns dafür eine Belohnung beispielsweise in Gestalt einer Beförderung erwartet. Visionäre denken groß und kleben nicht an den möglichen Problemen fest, die das Vorhaben torpedieren könnten und uns so den Blick für das große Ganze verstellen. Eine Vision zeichnet ein Zukunftsbild, das Sie unbedingt verwirklichen möchten, für das Sie ganz und gar brennen, unabhängig von der Meinung anderer.

WISSEN UND FORSCHEN

Intrinsische und extrinsische Motivation

Die Dinge, die Menschen aus einer inneren Begeisterung heraus tun, nennt man in der Psychologie „intrinsisch motiviert". Etwa, wenn ein Mensch sich neues Wissen aneignet, weil dieses Wissen ihm Freude macht. Lernt der Mensch aber vor allem deswegen, weil er sich beispielsweise eine Beförderung erwartet, die ohne dieses Wissen nicht möglich wäre, so beruht sein Wissenserwerb auf einer „extrinsischen Motivation". Die intrinsische Motivation kommt aus uns selbst heraus. Die extrinsische Motivation beruht auf äußerlichen Faktoren.

Menschen können eine Vision durch konkrete Ziele verwirklichen. Vorstand werden zu wollen, kann beispielsweise ein solches (Zwischen-)Ziel sein. Die Vision dahinter ist höchstwahrscheinlich eine andere (es sei denn, der Vorstandsposten selbst ist für Sie schon die große Vision, aber davon gehen wir jetzt mal nicht aus). Ihre Vision könnte darin bestehen, eine neue Unternehmenskultur zu schaffen und eine vollkommen andere Art der Zusammenarbeit zu etablieren. Oder einen neuen Ansatz von Führung zu kultivieren, der nicht alles einem kurzfristigen Shareholder Value unterordnet und sich langfristig an einem Optimum ausrichtet. Dann ist der Vorstandsposten die Voraussetzung, um Ihre Vision verwirklichen zu können. Stören Sie sich nicht daran, wenn andere womöglich Ihre Vision als völlig abgehoben und unrealistisch abtun! Bedenken Sie: Alle großen Ideen wurden zuerst belächelt – oder sogar heftig angefeindet und bedroht. Als beispielsweise Anfang des 16. Jahrhunderts Nikolaus Kopernikus unser heliozentrisches Sonnensystem entdeckte und damit das Jahrhunderte während Modell unseres Planeten Erde als Mittelpunkt der Welt umstürzte, schützte er sich vor Hohn und Spott der Fachwelt und vor noch ernsteren Konsequenzen, indem er nur engsten Vertrauten seine Forschungen zugänglich machte und in seinem Testament verfügte, dass seine Schriften erst nach seinem Tod zu veröffentlichen seien. In unserem Kulturkreis können Sie frei Ihre Gedanken spinnen. Folter und Todesstrafe wegen umstürzlerischer Gedanken drohen Ihnen nicht mehr.

Visionen, Vorstellungen von etwas bisher Unverwirklichtem, Nicht-Ge-
dachtem sind es, die den Menschen als denkendes Wesen auszeichnen. Selbstverständlich benötigen Sie Zeit, um über Ihre Vision nachzudenken. Oft geraten wir gerade in der heutigen Arbeitswelt,
die an Tempo kaum noch zu überbieten ist, in eine Aktivi-
tätsfalle. Wir arbeiten härter und härter, ohne einmal innezuhalten und zu prüfen, ob dies wirklich das ist, was wir wollen.

Zeit zum Nachdenken?

Unsere große Produktivität gibt uns vermeintliche Sicherheit. Doch verwechseln wir häufig Effizienz mit Effektivität. Leider stellen wir dann erst
meist sehr spät in unserem Leben fest, dass wir doch eigentlich etwas ganz
anderes wollten und einfach nur perfekt für andere funktioniert haben. Tappen
Sie nicht in diese Falle! Wovon träumen Sie? Können Sie daraus eine Vision
ableiten? Je detaillierter Ihre Vision ist, desto motivierender wird sie. Sie wird
sozusagen unwiderstehlich und spornt sie an, aus Ihrem Traum Wirklichkeit
zu machen. Bestsellerautor Stephen R. Covey nennt dies in seinem Buch „Die
7 Wege zur Effektivität" sehr überzeugend das Prinzip „Am Anfang das Ende
im Sinn haben".

Sobald sich Ihre Vision vor Ihrem geistigen Auge deutlicher abzeichnet,
beginnen Sie, diese Ihre Vorstellung für die Zukunft zu dokumentieren und
immer weiter mit allen Sinnen auszuschmücken. Statten Sie Ihre Vision mit
inneren Bildern aus. Machen Sie sich Notizen. Sammeln Sie alle Zitate und
Gedanken, die Ihnen hierzu in den Sinn kommen. Gibt es Orte, an die Sie
in diesem Zusammenhang denken? Denken Sie an eine bestimmte Musik,
die Sie hierzu inspiriert oder gedanklich Ihren Ton trifft? Je mehr Facetten
Sie Ihrer Vision hinzufügen, desto mehr Kraft entfaltet diese für Sie. Bis Sie
selbst schließlich an die Machbarkeit glauben. Damit steigt die Wahrscheinlichkeit außerordentlich, dass Sie Mittel und Wege finden werden, Ihre Vision zu realisieren. Egal wie absurd oder verrückt sie Ihrem Umfeld erscheinen
mag. Es geht um Ihren freien Willen, nicht um den Willen anderer Menschen. Neue Ideen und gar mutige Visionen lassen sich immer leichter zerreden als in die Tat umsetzen. Wenn Sie nicht daran glauben, wer soll es dann
tun?

BEST PRACTICE

Eine Frau, die Meinung macht

„Meinen ersten Job hatte ich bei einem kleinen TV-Sender in Providence. Die waren mutig genug, mich einzustellen, wohl weil sie gespürt haben, dass es mir mit dem Journalismus wirklich ernst war", erzählt Christiane Amanpour, Star-Journalistin und Anchor Woman beim US-Sender ABC und CNN-Korrespondentin im Interview mit dem Harvard Business Manager: „Ich wusste schon von klein auf, was ich werden wollte: Auslandskorrespondentin." Die vielfach Ausgezeichnete, u. a. Trägerin des renommierten Peabody Award für herausragende Leistungen in der Fernseh- und Hörfunkproduktion, sieht ihren Erfolg in ihrem „Sendungsbewusstsein und der Bereitschaft, für mein Ziel wirklich alles zu geben". Mit ungeheurer Einsatzbereitschaft, Mut und einem ausgeprägten Gespür für journalistische „Hotspots" hat sich Amanpour an die Spitze gearbeitet: „Wenn mir eine Aufgabe zu groß erschien, habe ich mich nur noch mehr angestrengt. Ich habe immer mein Bestes gegeben und ich bin überzeugt, dass sich das langfristig auszahlt." Durch ihre Unbestechlichkeit und ihr humanitäres Engagement gewinnt sie international Interviewpartner, die sich anderen Journalisten verwehren. Amanpour gehört heute zu den 100 einflussreichsten Frauen der Welt. (Quelle: HBM, Juli 2012)

Was ist Ihr persönliches Fundament? – Ihre Werte und Grundsätze

Wenn wir andere danach fragen, was Ihnen in Ihrem Leben wirklich wichtig ist, hören wir die erstaunlichsten Dinge. Menschen, die 70 Stunden die Woche arbeiten, antworten: meine Familie. Menschen, deren letzte große Reise zehn Jahre zurück liegt, antworten: in ferne Länder reisen. Menschen, die trotz eines hohen Einkommens nichts sparen, antworten: finanzielle Sicherheit.

Könnte es sein, dass uns unsere eigenen Werte gar nicht so bewusst sind? Dass manchmal ein tiefer Graben zwischen unserer Lebensgestaltung und unseren tief verwurzelten Lebensmotiven klafft?

Sie können bereits mit einem kleinen Selbsttest Ihren wahren Wünschen, Werten und Lebensmotiven auf die Spur kommen:

1. Überlegen Sie in Ruhe, welche Werte und Grundsätze für Sie sehr wichtig sind. Welche sind für Sie unverletzlich? Tragen Sie dies in der ersten Spalte ein.
2. Danach richten Sie bitte Ihre Gedanken auf Ihren Alltag. Womit verbringen Sie den Großteil Ihrer Zeit? Was sind Ihre zeitintensivsten Tätigkeiten, die immer wieder auftauchen? Tragen Sie diese bitte in die zweite Spalte ein.

Was ist mir wirklich wichtig im Leben?	Womit verbringe ich den Großteil meiner Zeit?
•	•
•	•
•	•

3. Betrachten Sie beide Spalten. Können Sie Verbindungen zwischen Punkten aus den verschiedenen Spalten ziehen? Haben Sie beispielsweise „berufliche Anerkennung" in der linken Spalte eingetragen, dann schauen Sie nun in der Spalte rechts, ob Sie mit Ihren Aktivitäten in Ihrem beruflichen Umfeld wirklich dazu beitragen, dass Ihre Verdienste auch im Umfeld sichtbar werden. Tun Sie genügend dafür? Oder „blühen" Ihr Fleiß und Ihr Können unbemerkt im Verborgenen?

Haben Sie überall Querverbindungen gefunden? Herzlichen Glückwunsch. Dann leben Sie bereits heute im Einklang mit Ihren persönlichen Werten.

Sie haben keine Querverbindungen gefunden, sind aber trotzdem mit Ihrer aktuellen Situation zufrieden? Dann könnte die Überlegung interessant sein, dass Sie beim Eintragen der Werte in eine gedankliche Falle gestolpert sind. Und sich Werte notiert haben, die Ihnen wertvoll erscheinen, die aber nicht Ihren tatsächlichen Lebensmotiven entsprechen!

Sie haben keine Querverbindungen gefunden und sind mit Ihrer aktuellen Situation unzufrieden? Dann ist davon auszugehen, dass Sie Ihre Lebenswerte zwar klar erkannt haben, diese aber nicht leben, sondern dagegen sogar kontinuierlich verstoßen. Was müssten Sie ändern, um Ihre Handlungen in Einklang mit Ihren Werten zu bringen?

Jeder Mensch hat seine eigenen Werte und inneren Überzeugungen. Diese sind tief in uns verankert. Teilweise werden die Werte der Gemeinschaft kulturell vererbt. Besonders prägend sind die Werte unserer Familie. Welches Verhalten wird gelobt, welches bestraft? Und neben unserer Erziehung wirken natürlich auch unsere Erfahrungen. So erlangen wir bereits als Kinder nach und nach unsere individuelle Sichtweise auf die Welt. Unsere Werte, die wir teils erben, teils anerzogen bekommen, aber auch aufgrund unserer Erfahrungen ableiten, bilden schließlich unser persönliches Wertegerüst, nach dem wir die Welt um uns herum einordnen und beurteilen.

Wie bewerten Sie?

Werte dienen uns überwiegend unbewusst dazu, uns in einer teilweise chaotischen Welt schnell zu orientieren und entsprechend zu handeln. Unsere Werte leiten uns, indem wir sie als Maßstab anlegen. Wir messen, ob etwas richtig oder falsch, gut oder schlecht, förderlich oder hinderlich ist. Da Werte für jeden Menschen individuell, also verschieden sind, bewerten Menschen dieselben Dinge möglicherweise völlig unterschiedlich. Einfach weil sie unterschiedliche Wertmaßstäbe ansetzen. Unsere Werte entscheiden maßgeblich darüber, in wen wir uns verlieben, mit wem wir befreundet sind, wie wir unsere Kinder erziehen, wen wir wählen, was wir essen, wie wir uns kleiden, wie wir uns einrichten, welches Auto wir fahren, welche Tiere wir besonders mögen und vieles mehr.

Bestätigen sich unsere Werte im Alltag, entsteht in uns ein Wohlgefühl. Werden unsere Werte hingegen verletzt, bekommen wir schnell ein schlechtes Gefühl. Mein Kopf sagt dies, aber mein Bauch sagt das. Sofern wir uns unserer Werte nicht bewusst sind, können wir uns schwerlich entscheiden. Möglicherweise bedeutet eine nüchtern betrachtete, scheinbar optimale Lösung für uns einen eklatanten Werteverstoß. Und schon befinden wir uns in einem Entscheidungskonflikt.

Eine Vorlage für eine sehr ausführliche Selbstüberprüfung Ihrer individuellen Werte finden Sie auf www.lust-auf-macht.de.

Wären wir uns unserer Werte und Lebensmotive wirklich bewusst und stünden auch dazu, dann würden wir wohl viel seltener in einen Konflikt mit uns selbst und mit anderen geraten. Stattdessen könnten wir sehr klar für uns selbst bestimmen, auf Basis welcher Kriterien wir etwas als richtig oder als falsch bewerten. Was unsere Ziele unterstützt und was unseren Zielen zuwider läuft. Wir wüssten also unabhängig von den Bewertungen und Handlungen anderer, was zu tun wäre. Wenn unsere Welt immer komplexer und komplizierter wird, wird es dann nicht immer wichtiger, einen zuverlässigen Kompass zu besitzen, auf den wir uns verlassen können? – Ganz bewusst?

● ●

BEST PRACTICE

Die Werte des Ehepaars Schmidt

Der Kampf gegen die RAF gehörte zu den großen Themen in der Kanzlerschaft Helmut Schmidts. Symptomatisch für Schmidts Unbedingtheit und seinen Wertekompass ist, was seine 2010 verstorbene Ehefrau Loki Schmidt über eine Absprache mit ihrem Mann auf dem Höhepunkt der terroristischen RAF-Aktivitäten erzählte: „Bei einem nächtlichen Spaziergang durch den kleinen Park des Bonner Kanzlerbungalows während der Besetzung der Stockholmer Botschaft haben Helmut und ich abgemacht: Wenn einer von uns gekidnappt wird – den Terroristen der RAF traute man ja alles zu –, darf der andere keine Forderung der Kidnapper erfüllen. Am nächsten Tag haben wir unsere Vereinbarung schriftlich niedergelegt. Anschließend war uns beiden wohler." (Quelle: Welt Online, „Loki Schmidt – ein etwas ungewöhnliches Leben", 21.10.10)

● ●

Helmut und Loki Schmidt waren bereit, für ihre als richtig erachtete Einstellung jede Konsequenz zu tragen, notfalls den Verlust des eigenen Lebens und des Partners. Die sehr private Begebenheit ist in der Öffentlichkeit weniger bekannt. Seine Integrität hat der Altbundeskanzler in vielen seiner Handlungen unter Beweis gestellt. Als Krisenmanager bei der Sturmflut 1962, als in Hamburg bereits die Deiche gebrochen waren, nutzte Schmidt bestehende Kontakte zur Bundeswehr und NATO, um schnelle und umfassende Hilfe zu ermöglichen – ohne für dieses Handeln durch gesetzliche Grundlagen legitimiert zu sein. „Hier ging es um Menschenleben, deshalb habe ich keine Sekunde gezögert." Diese Entscheidung galt später als Initialzündung für Einsätze der Bundeswehr als Amts- und Nothilfe bei Naturkatastrophen. Diese

Integrität wirkt heute mehr denn je auf die Menschen und erhebt Helmut Schmidt zu einem Ideal der richtigen, der führenden Meinung. Derartige Prinzipien nehmen wir sonst selten in der Öffentlichkeit wahr. Im Gegenteil: Wir beobachten viel öfter, dass der eigene Machterhalt mehr wiegt als das Einstehen für Werte. Doch nur wer sich seine Werte und Prinzipien bewusst macht, kann sie zum sicheren Maßstab seiner Entscheidungen machen und Integrität erreichen.

Wie integer sind Sie?

Und warum ist es so wichtig, dass Sie sich Ihrer Werte frühzeitig (!) bewusst werden? Wenn Sie sich auf den Weg an die Spitze von Unternehmen machen, werden Sie früher oder später mit hoher Wahrscheinlichkeit an einen Punkt geraten, wo Sie sich entscheiden müssen: für Ihren eigenen Vorteil und gegen die Interessen Ihres Unternehmens und Ihrer Mitarbeiter, auch wenn sich diese Entscheidung gegen Ihre eigenen Werte, Ihre inneren Prinzipien richtet? Oder gegen Ihren eigenen Vorteil und zum Wohle Ihres Unternehmens und Ihrer Mitarbeiter im Einklang mit Ihren Werten? Diese Entscheidungen werden zum Charaktertest. Nicht mehr und nicht weniger. Integre Menschen mit klaren Werten und Prinzipien gewinnen Vertrauen und Respekt!

Gerade wenn es unangenehm wird, können Sie leichter nicht nur gegen äußere Widerstände, sondern auch im Kampf mit sich selbst bestehen, wenn Sie Ihre Werte genau kennen. Sollten Sie sich erst Gedanken über Ihre wirklichen Werte machen, wenn Sie in der nächsten Sekunde eine Entscheidung fällen müssen – dann ist die Wahrscheinlichkeit groß, dass Sie Ihren persönlichen Integritätstest nicht bestehen. Verraten Sie sich selbst oder wollen Sie sich auch morgen noch wie Helmut Schmidt im Spiegel in die Augen schauen können?

Legen Sie Ihr Ziel fest – was wollen Sie konkret bis wann erreichen?

Angenommen, Ihre Vision ist schon so stark, dass Sie sich entschließen, ab sofort alles daran zu setzen, Ihren Traum wahr werden zu lassen. Was wäre Ihr konkretes Ziel

- → für die nächsten 24 Stunden,
- → den nächsten Monat,
- → die nächsten zwölf Monate,
- → die nächsten drei Jahre, um Ihrem Traum näher zu kommen?

Erfolg umfasst für Sie auch eine angemessene Bezahlung? Wollen Sie 390.000 oder lieber 3,9 Millionen USD im Jahr verdienen? Dann sind Ziele, die Sie sich erstens ganz konkret selbst setzen und zweitens auch aufschreiben, das Wertvollste, was Sie tun können! Damit kommen Sie Ihrer Vision einen Riesenschritt näher! Sie glauben das nicht? Marc McCormack beschreibt in seinem Buch „What They Don't Teach You At Harvard Business School", dass Harvard-Absolventen, die sich selbst ein konkretes Ziel für ihr künftiges Berufsleben gesetzt hatten, zehn Jahre nach ihrem Abschluss dreimal so viel im Vergleich zu jenen Kommilitonen verdienten, die sich kein Ziel gesetzt hatten. Das habe eine Langzeitstudie der Harvard-Universität ergeben. Damit nicht genug. Diejenigen, die sich ein Ziel gesetzt und dieses auch noch aufgeschrieben hatten, verdienten nach zehn Jahren zehnmal so viel im Vergleich zu ihren Kommilitonen ohne Ziel! Eine Korrelation zu den Abschlussnoten konnte dabei nicht festgestellt werden!

Schreiben Sie Ihr Ziel auf!

Wenn Sie bei gleichen Startbedingungen zehnmal so viel verdienen wollen wie Ihr Kollege, setzen Sie sich ein konkretes Ziel und schreiben Sie dieses auf. Halten Sie es sich Tag für Tag vor Augen und überlegen Sie, welche Maßnahme Sie heute Ihrem Ziel näher bringen. Allein dadurch können Sie Prioritäten besser setzen und sich auf die notwendigen Schritte fokussieren.

Überlegen Sie bitte für sich ein konkretes, kurzfristig auch umsetzbares Ziel: Sie arbeiten zum Beispiel in einem internationalen Konzern und hegen Ambitionen auf die Spitze. Eine der Voraussetzungen besteht heute darin, zwei bis drei Jahre Auslandserfahrung in Asien zu sammeln. Doch ist das als Ziel ausreichend: „Ich möchte in China arbeiten"? Das ist wohl eher ein Wunsch. Sehr unkonkret und vage formuliert, bleibt „Ich möchte in China arbeiten" etwas, was durchaus im Raum steht, aber noch nicht zum Handeln auffordert. Mit der SMART-Formel wird aus einem vagen Wunsch ein konkretes Ziel, das zum Handeln motiviert und Ihnen den Weg

Werden Sie konkret!

weist! Die SMART-Formel wurde vom Wirtschafts- und Organisationspsychologen Gary P. Latham (Universität von Toronto) und dem amerikanischen Psychologen und Motivationsforscher Edwin A. Locke entwickelt.

Die Smart-Formel:

Spezifisch
Messbar
Attraktiv
Realistisch
Terminiert

Spezifisch: Formulieren Sie Ihr Ziel so eindeutig wie möglich und so umfassend wie nötig. Quoten, Noten und genaue Zahlen sind wirksamer als allgemein formulierte Aussagen. „Ich möchte in China arbeiten" ist viel zu allgemein, zu Ende gedacht ist folgendes Szenario: „Ich gehe innerhalb von zehn Monaten für mindestens ein und maximal drei Jahre nach Shanghai in unser Tochterunternehmen. Als Produktionsleiterin führe ich ein Qualitätsmanagementsystem ein, um die Qualitätsansprüche an unsere Produkte, wie sie aus der Firmenzentrale definiert sind, zu gewährleisten und das dortige Qualitätsproblem zu lösen. Ich leiste damit nicht nur einen wertvollen Beitrag zu unseren Unternehmenszielen, ich verschaffe mir auch eine internationale Bühne und die nötige Asien-Erfahrung für meinen nächsten Karriereschritt."

Messbar: An welchen Kriterien werden Sie erkennen, dass Sie Ihr Ziel erreicht haben? Was macht Ihren Erfolg aus? Woran können Sie ihn messen? Notieren Sie alle Kriterien. Das könnten sein:

➜ Nach welcher Norm soll das Qualitätsmanagement-System zertifiziert werden?
➜ Woran erkenne ich, dass die Qualitätsprobleme gelöst sind?
➜ Wie genau sieht der Beitrag zu den Unternehmenszielen aus?
➜ Wer ist mein entscheidendes Publikum für die internationale Bühne? (Nennen Sie Namen/Positionen)
➜ In welcher Form will ich hier sichtbar werden?

→ Welche Kriterien umfasst mein nächster Karriereschritt (Position, Geld, Verantwortungsbereich, Anzahl der Mitarbeiter, Budget, Einsatzort)?

Attraktiv: Formulieren Sie Ihr Ziel herausfordernd und damit für Sie attraktiv. Es muss eine wirkliche Weiterentwicklung für Sie sein. Nur dann lohnt sich auch eine große Anstrengung und das Durchhalten bei Widerstand. Sollte Ihr Ziel Ihnen selbst nicht sonderlich lohnenswert vorkommen, weil Sie sich hierfür kaum anstrengen müssten, werden Sie sich auch nicht anstrengen. Je mehr Sie über sich selbst hinauswachsen müssen, desto mehr werden Sie sich weiterentwickeln.

Realistisch: Ein anspruchsvolles und damit attraktives Ziel mag motivieren und begeistern, aber ist es auch realistisch? Es nützt nichts, unbedingt einen Nobelpreis gewinnen zu wollen, wenn Sie in keiner Disziplin, für die ein Nobelpreis vergeben wird, herausragende Spitzenleistung erbringen. Und selbst dann haben Sie kaum Einfluss auf das Vergabeverfahren. Fragen Sie sich besser, ob die entscheidenden Schritte, die notwendig sind, um Ihr Ziel zu erreichen, auch wirklich in Ihrem eigenen Gestaltungsspielraum liegen. Wenn Sie selbst beeinflussen können, wie es weitergeht, dann ist Ihr Ziel realistisch.

Terminiert: Setzen Sie sich ein zeitliches Limit zur Erreichung Ihres Ziels. Wenn Sie Zwischenschritte planen, legen Sie für jeden Zwischenschritt einen Zeitpunkt fest, bis wann Sie diesen erreichen wollen. Termine geben Ihnen einen klaren Handlungsauftrag. Was wir irgendwann machen wollen, machen wir normalerweise nie!

Und behalten Sie eines bitte immer im Auge: Formulieren Sie Ihr Ziel immer positiv – als etwas, was Sie vorwärts bringt und nicht als ein Auffangnetz, das Sie vor Schlimmerem schützt. Zu Verdeutlichung stellen Sie sich folgendes Szenario vor:

Positive Ziele versprechen Erfolg!

Sie sehen ein Kind ängstlich an einen Ast geklammert hoch oben auf einem Baum. Keine Ahnung, wie es das geschafft hat. Jetzt können Sie nur daran denken, wie Sie es dort sicher wieder herunter lotsen. Sie können sagen: „Pass gut auf, dass Du nicht herunter fällst" – keine gute Idee, denn in diesem Fall ist es sehr wahrscheinlich, dass das Kind unsicher wird, sich verkrampft, den Halt verliert und vom Baum fällt. Das mögliche Herunterfallen wird unbewusst zu einer selbst erfüllenden Prophezeiung. Sagen Sie hingegen: „Halte Dich beim Hinunterklettern gut fest", tritt der umgekehrte Effekt ein und das Kind wird höchstwahrscheinlich putzmunter vom Baum kommen. Denn in dieser Formulierung ist das gute Ende des Abenteuers bereits enthalten.

Achten Sie also darauf, Ihr Ziel positiv (hin zu) und nicht negativ (weg von) zu formulieren. Es könnte sich sonst der befürchtete Zustand bewahrheiten!

● ●

NACHGEFRAGT

Dr. Sigrid Evelyn Nikutta

„Sagen Sie es laut: Das kann ich!"

Dr. Sigrid Evelyn Nikutta ist Vorstandsvorsitzende der Berliner Verkehrsbetriebe (BVG).

Befeuern klare eigene Ziele die Karriere oder könnten sie sogar eher hinderlich sein, sofern sich neue Chancen auftun?

Karriereplanung ist wichtig. Vor allen Dingen muss man ein klares Selbstbild haben: Wer bin ich, was kann ich, was kann ich noch erlernen? In welchem Umfeld möchte ich einmal arbeiten? Initiative auf der einen Seite und Durchhaltevermögen auf der anderen sind wichtige Faktoren. So kann man für sich selbst die Fähigkeit entwickeln, Chancen zu erkennen. Man lernt sie einzuschätzen und sie entsprechend zu nutzen.

Ganz wichtig! Indem man die Initiative ergreift, auch mal gegen den Strich denkt und gegen das berühmte „das haben wir hier immer schon so gemacht" handelt, wird man sich die eine oder andere Chance auch selbst erarbeiten. Dennoch sollte man vor lauter Planen nicht das reale Leben übersehen und immer offen für neue Herausforderungen sein. Stehen Sie selbstbewusst zu Ihrem Können, Ihrem Wissen und Ihren Fähigkeiten. Sagen Sie nicht nur sich selbst: Das kann ich. Sagen Sie es laut!

*In diesem Zusammengang: Ihr wichtigster Rat an Frauen – was sollten diese un-
bedingt tun und was sollten sie in jedem Fall vermeiden?*

Zweifeln Sie nie an der eigenen Fachkompetenz. Überprüfen Sie immer wieder die eigene Positionierung, geben Sie sich nicht so schnell zufrieden. Informieren Sie sich, seien Sie immer auf dem Laufenden, schaffen Sie sich Netzwerke und nutzen Sie diese auch ganz offensiv. Machen Sie sich bemerkbar! Erkennen Sie Ihren eigenen Marktwert und achten Sie sehr genau darauf, ob Ihr Arbeitgeber Sie wirklich fördert. Sorgen Sie dafür, dass man Sie ernst nimmt, sprechen Sie die erste Führungsebene direkt an. Haben Sie Mut zum Wechsel!

Lassen Sie sich nicht einreden, dass nur Rabenmütter an eine eigene Karriere denken. Mit kreativer Organisation, einem guten Zeitmanagementsystem und verständnisvollen Menschen an Ihrer Seite ist alles machbar. Meine vier Kinder und mein Mann stehen unangefochten auf Platz 1 in meinem Leben.

Sollten Sie noch am Anfang Ihres Berufslebens stehen, rate ich zur Wahl einer der scheinbar so typisch männlichen Fachrichtungen. Während in klassischen Studienrichtungen wie BWL und Jura schon heute mehr als die Hälfte aller Studienplätze an Frauen vergeben werden, sind es in technischen Ingenieurausbildungen weniger als sechs Prozent. In den technischen Branchen werden insbesondere auch für Führungspositionen qualifizierte Fachkräfte gesucht.

Gab es einen entscheidenden Punkt in Ihrer Karriere, an dem sich Ihr eigenes berufliches Ziel absolut deutlich abzeichnete?

Ich habe Psychologie studiert und meine berufliche Laufbahn im Personalmanagement begonnen. Die richtige Frau, den richtigen Mann für eine ganz bestimmte Aufgabe zu finden bzw. so zu qualifizieren, dass der richtige Mensch an die richtige Aufgabe kommt, hat mich schon fasziniert. Für die Aus- und Fortbildung auch im technischen Bereich bei der Deutschen Bahn zuständig, interessierte ich mich dann auch immer mehr für die Technik und die entsprechenden Abläufe und merkte dann schnell, dass der eigentliche Produktionsbetrieb mein Ding ist. Dies muss ich auch sehr überzeugend und selbstbewusst meinen Chefs vorgetragen haben und so wurde ich Leiterin Produktion des Ganzzugverkehrs, der DB Schenker Rail, und Betriebsvorstand bei deren Tochterunternehmen in Polen.

Tja und dann las ich eines Tages in der Zeitung, dass das größte deutsche Nahverkehrsunternehmen, die Berliner Verkehrsbetriebe, einen neuen Vorstandsvorsitzen-

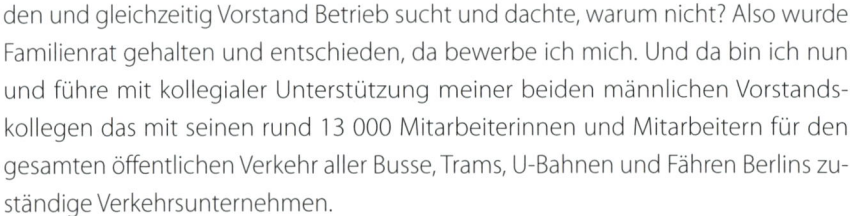

den und gleichzeitig Vorstand Betrieb sucht und dachte, warum nicht? Also wurde Familienrat gehalten und entschieden, da bewerbe ich mich. Und da bin ich nun und führe mit kollegialer Unterstützung meiner beiden männlichen Vorstandskollegen das mit seinen rund 13 000 Mitarbeiterinnen und Mitarbeitern für den gesamten öffentlichen Verkehr aller Busse, Trams, U-Bahnen und Fähren Berlins zuständige Verkehrsunternehmen.

• •

Wer viel will, muss investieren – welchen Preis sind Sie bereit zu zahlen?

Alles, was Sie im Leben wollen, hat seinen Preis. Wirklich alles! Es gibt nichts umsonst. Sie wollen nur glücklich sein? Dann müssen Sie aufhören, Dinge zu tun, die Sie unglücklich machen. Sie wollen mehr Einfluss? Dann müssen Sie in Ihre Beziehungen zu einflussreichen Menschen investieren. Sie wollen reich werden? Dann müssen Sie Prioritäten setzen, Ihr Geld richtig investieren und aufhören, sinnlos Geld zu verschwenden. Sie wollen erfolgreich werden? Dann müssen Sie wissen, was Sie wollen, und Wege finden, wie Sie es bekommen. Sie wollen gar nichts Besonderes, sondern lieber bleiben, wo Sie gerade sind? Der Preis hierfür ist zuerst Lethargie, Langeweile, Stillstand und früher oder später ändern sich garantiert die Umstände, wenn Sie sich nicht ändern. Somit heißt der Preis über kurz oder lang Jobverlust/Scheidung/Krankheit und im schlimmsten Fall vielleicht sogar Tod. Sie sehen, Sie müssen für alles einen Preis zahlen. Aber welchen? Und sind Sie bereit, diesen Preis auf sich zu nehmen? Wenn die Kosten in einem angemessenen Verhältnis zum Gewinn stünden, wäre es dann nicht lohnenswert, sich auf den Weg zu machen?

Welchen Preis sind Sie bereit zu zahlen? – Ein Test

Sie haben Ihr Ziel definiert. Überlegen Sie die Konsequenzen so nüchtern wie möglich, bevor Sie sich bewusst für oder gegen dieses Ziel entscheiden. Das folgende, systematische Vorgehen kann Ihnen helfen, Ihren Preis vorab klar zu ermitteln:

Die Systematik:

Mein potenzielles Ziel:							
Welche Vorteile entstehen mir?			Welche Nachteile entstehen mir?			Gegenmaß-nahmen	Entscheidung
Vorteil	Bewer-tung 5 4 3 2 1	Gewicht	Nachteil	Bewer-tung 5 4 3 2 1	Gewicht	Optionen	Ja?/Nein?

1. Schreiben Sie Ihr potenzielles Ziel auf.
2. Sammeln Sie alle Vorteile, die Ihnen im Zusammenhang mit diesem Ziel entstehen. Tragen Sie diese in die erste Spalte Punkt für Punkt ein.
3. Sammeln Sie alle Nachteile, die Ihnen im Zusammenhang mit diesem Ziel entstehen. Tragen Sie diese in die vierte Spalte Punkt für Punkt ein.
4. Bewerten Sie die Auswirkung sowohl jedes einzelnen Vorteils als auch jedes einzelnen Nachteils. Je höher der Wert (5–1), desto höher ist für Sie die positive bzw. negative Auswirkung. Tragen Sie Ihre Bewertungen pro Aspekt in die Tabelle ein.
5. Überlegen Sie, welche Möglichkeiten Sie haben, eventuelle Nachteile durch geeignete Gegenmaßnahmen bereits im Vorfeld auszugleichen. Notieren Sie die Gegenmaßnahmen ebenfalls in der Tabelle.
6. Wenn Sie alle Vor- und Nachteile aufgelistet, bewertet sowie Gegenmaßnahmen erdacht haben, vergeben Sie zusätzlich insgesamt 20 Punkte auf alle Vor- und Nachteile. Welches „Gewicht" messen Sie dem jeweiligen Vor- oder Nachteil zu, wie schwer wiegen die einzelnen Konsequenzen für Sie? Auch hier gilt: Je höher die Punktzahl, desto stärker gewichten Sie den jeweiligen Vorteil als positiv, den jeweiligen Nachteil als negativ. Sie können die Punkte völlig frei vergeben.
7. Multiplizieren Sie jeweils die Bewertung und die Gewichtung pro Vor- oder Nachteil.
8. Addieren Sie alle Ergebnisse der Vorteile und der Nachteile. Ziehen Sie die Summe der Nachteile von der Summe der Vorteile ab. Je positiver der Wert, desto geringer ist Ihr Preis. Sollte das Ergebnis hingegen negativ ausfallen, überlegen Sie genau, ob Sie für dieses Ziel wirklich bereit sind, diesen Preis zu zahlen!

Ein Beispiel:

Mein potenzielles Ziel:							
Bis 2013 Start in Shanghai als Produktionsleiterin/Aufbau QMS/Asien-Erfahrung/internationale Bühne							
Welche Vorteile entstehen mir?			Welche Nachteile entstehen mir?			Gegen- maßnahmen	Entschei- dung
Vorteil	Bewer- tung 5 4 3 2 1	Ge- wicht	Nachteil	Bewer- tung 5 4 3 2 1	Ge- wicht	Optionen	Ja?/Nein?
Shanghai gibt mir die Asien-Erfahrung, die ich für eine Konzern-Karriere in meiner Branche brauche	5	5	Ich müsste alle meine Freunde und meine Familie zurücklassen, ich müsste vor Ort bei Null anfangen	4	2	per Skype Kontakt halten u. feste Zeiten vereinbaren Besuche meiner engsten Freunde und Familie vor Abfahrt planen mein Umfeld hier schon vorab um nette Kontakte und Entrées in Shanghai bitten, die mir den Einstieg erleichtern andere Menschen, die diesen Schritt schon gemacht haben, um Rat , Tipps und eigene Erfahrung bitten	25 – 8 = 17 Ja!

Dies ist ein Beispiel für nur einen Vorteil und einen Nachteil. Natürlich gäbe es viele weitere Vor- und Nachteile. Das gleiche Bewertungsprinzip können Sie auch im Hinblick auf Ihre Stärken und Ihre Werte/Grundsätze anwenden, um zu prüfen, wie hoch der Preis tatsächlich in allen für Sie relevanten Bereichen ist, die mit diesem Ziel verbunden wären. Erst wenn Sie alle Aspekte gesammelt und bewertet haben, haben Sie einen realistischen Preis für Ihr Ziel ermittelt.

Lust auf Macht

66

Kennen Sie nun den Preis, den Sie zahlen müssten? Überwiegen die Vorteile deutlich die Nachteile? Können Sie Ihre Stärken zum Einsatz bringen und Ihre Werte leben? Haben Sie eine Entscheidung für ein Ziel getroffen? Dann sollten Sie den ersten Schritt auf dem Weg zur Zielerreichung noch heute tun. Egal wie klein er ist. Fangen Sie sofort an.

Sie bekommen Angst vor der eigenen Courage? Dann helfen Ihnen wahrscheinlich diese Fragen:

➡ Was passiert, wenn Sie alles beim Alten belassen und nichts tun?
➡ Angenommen, Sie erreichen Ihr Ziel: Was genau würde sich für Sie positiv verändern? Was noch?
➡ Wie sieht Ihr Worst-case-Szenario aus, wenn Sie Ihr Ziel verfehlen?
➡ Welche Folgen hätte ein Scheitern tatsächlich? Könnten Sie diese Folgen korrigieren?
➡ Wovor haben Sie wirklich Angst?
➡ Beschützt Sie diese Angst vor etwas? Wovor?
➡ Wenn Sie den denkbar schlechtesten Ausgang annehmen – werden Sie überleben?

Sie kennen Ihr Ziel – wer kann Ihnen helfen?

Ihre Vision motiviert Sie. Die Kenntnis Ihrer Stärken gibt Ihnen das nötige Selbstvertrauen, um sich auf den Weg zu machen. Ihre Werte und Grundsätze werden zu Leitplanken für Ihre Entscheidungen und Handlungen. Und Ihr Ziel bestimmt Ihren Weg. Damit haben Sie sich Ihren individuellen Kompass selbst erschaffen, der Ihnen zuverlässig die Richtung weist. Doch was tun Sie, wenn Sie nach Süden wollen und vor Ihnen tut sich ein gewaltiges Bergmassiv als Hindernis auf? Ignorieren Sie dies und versuchen Sie stur darüber hinwegzugehen, auch wenn Sie kein Bergsteiger sind? Oder suchen Sie sich einen gangbaren Weg darum herum? Vielleicht finden Sie einen Fluss, der Sie ein Stückchen weiter mitnimmt und Ihnen trotz eines kleinen anfänglichen Umwegs unendlichen Schwung verleiht?

Was uns bei der Routenplanung als völlig selbstverständlich erscheint, setzen wir im Unternehmensalltag womöglich viel zu selten ein. Wir sehen unser Ziel, unsere Aufgabe klar vor Augen und laufen oftmals blind für alles andere los. Wäre es stattdessen nicht sinnvoller, darüber vorab nachzudenken, wo auf diesem Weg massive Hindernisse oder große Treiber in Form anderer Menschen auf uns warten und wie wir diese umgehen oder auch für uns nutzen können?

Gehen Sie politisch vor!

Wenn Sie Ihr Ziel erreichen wollen, sollten Sie sich darüber im Klaren sein, von wem Sie abhängen, welche Eigeninteressen diese Menschen verfolgen und welchen Einfluss Sie selbst und die anderen haben. Diese Fragen helfen Ihnen, die größten Hürden im Vorfeld zu erkennen und geeignete Strategien zu entwickeln, andere für Ihr Vorhaben zu gewinnen. Kurz: Um Ihr Ziel zu erreichen, denken und handeln Sie ab sofort politisch!

1. Können Sie Ihr Ziel in ein konkretes Minimal- und ein konkretes Maximalziel aufteilen?
2. Welche Abhängigkeiten bestehen im Hinblick auf Ihr Ziel?
   - Habe ich die volle und offizielle Unterstützung meines Vorgesetzten?
   - Habe ich die volle und offizielle Unterstützung meiner Geschäftsleitung/des Top-Managements?
   - Wessen Unterstützung oder Kooperation benötige ich zusätzlich, um mein Ziel zu erreichen?
3. Welche Ziele verfolgen die Beteiligten?
   - Helfe ich mit meiner Initiative anderen, eigene Ziele zu erreichen?
   - Lehnt jemand mein Ziel als völlig unsinnig ab?
   - Differieren die Vorstellungen über Zielsetzungen?
   - Herrschen unterschiedliche Auffassungen über Unterstützungsleistungen von anderen?
   - Befürchten andere Beeinträchtigungen durch eine Mitarbeit bei meiner Zielverfolgung?
   - Herrscht Misstrauen mir oder meinem Vorgesetzten gegenüber?
   - Sieht jemand die Chance auf Vergeltung für eine frühere Niederlage?
4. In welcher Machtkonstellation bewegen Sie sich?
   - Welchen Einfluss habe ich auf die Beteiligten?
   - Welchen Einfluss haben die Beteiligten?
   - Gegen wen kann ich mich garantiert, eventuell, gar nicht durchsetzen?

- Mit wem kann ich Allianzen bilden?
- Wie kann ich noch meinen Einfluss erweitern?
5. Timing
   - Sind notwendige Unterstützer momentan ansprechbar und offen für meine Initiative?
   - Sind die Beteiligten stark belastet oder vielleicht sogar überlastet?
   - Kann ich sie durch mein Vorhaben entlasten oder werden sie noch stärker belastet?
   - Ist der Zeitpunkt für meine Initiative momentan sinnvoll oder sind Ressourcen notwendig, die momentan anderweitig gebunden sind und kurzfristig nicht freigesetzt werden können?

Bitte bedenken Sie, dass Sie Unterstützer grundsätzlich nur finden werden, wenn das Ziel, das Sie verfolgen, auch für andere erkennbar und attraktiv ist. Stellen Sie auf jeden Fall die damit verbundenen Vorteile für die Beteiligten in den Vordergrund.

Machen Sie Ihr Ziel zu Ihrem wichtigsten Projekt

Um Ihre Vision zu verwirklichen, müssen Sie sich überschaubare Ziele setzen, die Sie wirklich erreichen wollen!

1. Wie lautet Ihr nächstes ehrgeiziges Ziel, das Sie Ihrer Vision Schritt für Schritt näher bringt? Egal, was andere dazu sagen. Können Sie sich vorstellen, dieses Ziel zu erreichen? Haben Sie auf die Zielerreichung selbst Einfluss? Schreiben Sie Ihr Ziel auf. Was genau wollen Sie sein, tun, haben?
2. Überprüfen Sie, ob dieses Ziel wirklich Ihr Ziel ist oder ob es ein Ziel anderer Menschen ist!
3. Welche Vorteile entstehen Ihnen, wenn Sie dieses Ziel erreichen? Gibt es auch Nachteile? Schreiben Sie alle Vorteile und auch alle Nachteile hinter Ihr Ziel und ermitteln Sie den Preis, den Sie für Ihr Ziel voraussichtlich zahlen müssen.
4. Ist der Preis akzeptabel? Ist Ihr Ziel es wert, sich mit aller Kraft anzustrengen, um es zu erreichen? Entscheiden Sie ganz bewusst, ob Sie dieses Ziel wirklich erreichen wollen.

5. Seien Sie ehrlich sich selbst gegenüber: Wo starten Sie, um das Ziel zu erreichen?

6. Haben Sie schon zuvor Anstrengungen unternommen, um Ihr Ziel zu erreichen? Was war erfolgreich? Was nicht? Können Sie daraus kritische Erfolgsfaktoren ableiten? Schreiben Sie diese auf.

7. Welche konkreten Maßnahmen sollten Sie ergreifen, um Ihr Ziel zu erreichen? Denken Sie vom Ende her, als ob Sie Ihr Ziel bereits erreicht hätten. Jetzt gehen Sie Schritt für Schritt zurück. Schreiben Sie eine Liste aller Maßnahmen. Legen Sie Prioritäten fest.

8. Sind bei umfangreichen Maßnahmenplänen Meilensteine als Zwischenziele notwendig? Notieren Sie diese. Was genau prüfen Sie mit einem Meilenstein?

9. Planen Sie jetzt für alle definierten Maßnahmen und Meilensteine Zeiten zur Bearbeitung und setzen Sie End-Termine fest.

10. Benötigen Sie weitere Informationen oder Fähigkeiten, die Sie noch nicht besitzen?

11. Welche Unterstützung anderer Menschen benötigen Sie, um Ihr Ziel zu erreichen?

12. Kennen Sie diese potenziellen Unterstützer? Wie können Sie diese Menschen motivieren, Ihnen zu helfen?

13. Gibt es auch Menschen mit einem Interesse, Sie zu behindern? Worin liegt das Konfliktpotenzial? Wie können Sie dieses so gering wie möglich halten? Welche Machtbasis haben Sie und Ihre potenziellen Gegner? Können Sie Ihren Einfluss erweitern? Ist der Zeitpunkt günstig?

14. Kontrollieren Sie täglich, ob und wie Sie Ihrem Ziel näher gekommen sind. Notieren Sie sich wichtige Anmerkungen und Erkenntnisse. Stellen Sie sich anschließend vor, wie schön es ist, wenn Sie Ihr Ziel erreichen.

15. Sollten Hindernisse auftreten, analysieren Sie diese. Konzentrieren Sie sich auf das, was Ihrem Einfluss unterliegt. Halten Sie an Ihrem Ziel fest, aber bleiben Sie in der Umsetzung flexibel. Nicht alles ist planbar. Manchmal ergeben sich auch völlig neue, unvorhergesehen Chancen. Notieren Sie sich wichtige Erkenntnisse, worauf Sie künftig achten wollen.

16. Schließen Sie mit sich selbst einen Vertrag, dass Sie Ihr Ziel erreichen. Wie sieht Ihre Belohnung aus? Gibt es auch eine Strafe, falls Sie scheitern?

17. Fangen Sie sofort an. Prüfen Sie Ihren eigenen Fortschritt möglichst täglich. Wenn etwas nicht sofort klappt, suchen Sie einen neuen Weg und feiern Sie Erfolge!

Viele Menschen fühlen sich nur dann erfolgreich, wenn sie bis zum Umfallen arbeiten und alle Kraftreserven, die sie haben, mobilisieren. Eine hohe Produktivität gibt ihnen Sicherheit. Das mag kurzfristig funktionieren. Doch mittelfristig führt dies unweigerlich in einen Burnout. Von tiefer innerer Befriedigung und echter Begeisterung für das eigene Tun ganz abgesehen. Langfristig erfolgreiche Menschen

→ gehen mit eigenen und fremden Ressourcen respektvoll um,

→ halten von Zeit zu Zeit inne und überprüfen, ob sie ihr Ziel bereits erreicht haben,

→ feiern Erfolge und suchen sich anschließend ein neues Ziel, statt einfach immer so weiterzumachen,

→ prüfen, ob ihr Ziel immer noch ihr Ziel ist oder ob sich die Rahmenbedingungen womöglich derartig geändert haben, dass eine Zielanpassung notwendig wird.

Wenn Sie Ihr Ziel erreicht haben, feiern Sie! Genießen Sie Ihren Erfolg. Und suchen Sie sich anschließend Ihr nächstes Ziel, bevor es jemand anderes für Sie tut.

• •

BEST PRACTICE

Wie Amazon entstand

Als Jeff Bezos Anfang der 1990er Jahre die Idee hatte, einen Online-Buchladen aufzubauen, in dem Millionen Titel erhältlich sind, klang das zu diesem Zeitpunkt absolut verrückt. Der damals gerade 30jährige war frisch verheiratet und zog seine Frau MacKenzie zu Rate; sie sagte: „Mach' es!" Bezos war schon von Kind an „Typ Erfinder" und seine Frau fand, er solle seiner Leidenschaft folgen. Sein Chef bei einer florierenden Finanzfirma riet ihm, 48 Stunden darüber nachzudenken, denn Bezos konnte nur eines haben: Den gut bezahlten und sicheren Job oder die Ungewissheit und das Abenteuer, etwas absolut Neues aufzubauen: „Nach vielem Hin- und

Herüberlegen folgte ich meiner Leidenschaft. Und ich bin stolz darauf", sagte Bezos 2010. Sein Rat an Menschen, die vor einer Wegscheide in ihrem Leben stehen: „Letztlich sind es die Entscheidungen, die bestimmen, wer wir sind. Schaffen Sie sich also Ihre eigene Geschichte!" (Quelle: Impulse, August 2010, „Wir entscheiden, wer wir sind", S. 63–64)

NACHGEFRAGT

Dr. Hermann Sendele

„Vorsicht vor der Überzeugung, schon in jungen Jahren unfehlbar zu sein."

Dr. Hermann Sendele ist Mitbegründer und geschäftsführender Gesellschafter der „Board Consultants International" zur Besetzung von Positionen auf Führungsebene und von Aufsichtsräten, www.board-consultants.com.

Befeuern klare eigene Ziele die Karriere oder können sie sogar hinderlich sein, sofern sich neue Chancen auftun?
Eine Frage, die ein Ja und ein Nein zugleich erfordert. Das Ja möchte ich an meinem eigenen Beispiel verdeutlichen: Mit 18 bin ich nach dem Abitur in die USA ausgewandert und habe dort Volkswirtschaft und Finanzwissenschaften studiert, nachfolgend promoviert. Ich wusste während des Studiums nicht genau, was ich später beruflich machen wollte. Wichtig war für mich immer das Ziel, in allem, was ich tue, mehr zu leisten als der Durchschnitt, und dies nicht nur im Studium, sondern auch später im Berufsleben. In meiner ersten beruflichen Etappe bei der US-Landesgesellschaft der BASF ging es mit mir beruflich relativ rasch aufwärts. Nach zwei Jahren glaubte ich zu wissen, dass ich eines Tages bis zur Vorstandsebene kommen kann, wenn ich es richtig mache! Dies aber war bei der BASF damals nicht möglich, da ausschließlich Chemiker auf diese Ebene aufstiegen. Also stand mein Entschluss nach drei Jahren fest: Ich wechsle den Arbeitgeber und die Branche, um den Weg nach oben für mich zu öffnen.
Meine berufliche Entwicklung führte mich dann über verschiedene Stationen bis auf die Ebene einer ersten operativen Führungsposition in der High-Tech-Industrie

in Europa und von dort auf die Ebene der Divisionsführung. Als US-Expat in meiner Heimat Deutschland sollte ich dann Jahre später auf die Ebene des Konzernmanagements in den USA aufrücken. Meine Frau und meine beiden Söhne hatten bis dahin akzeptieren müssen, dass mein berufliches Vorankommen stets die oberste Leitlinie auch für die Familie war. Nachdem ich erkannte, dass meine Familie letzthin zum Opfer meiner Berufsentwicklung wurde, entschied ich mich mit 45 Jahren zu einer radikalen Kursänderung. Ich ging nicht in die USA zurück, schlug den Aufstieg in das Top-Konzernmanagement aus und nahm das Angebot des Beratungsunternehmens Mülder & Partner an, als Personalberater für Führungskräfte tätig zu werden. Als diese Idee auf mich ursprünglich zukam, war ich zu Anfang beleidigt. Mein Gedanke war: Andere zu beraten, das kann ich nicht und will ich nicht. Meine Frau bestärkte mich damals, diesen Schritt als „trojanisches Pferd" zu wagen: Von einer Beratertätigkeit an der Quelle für Führungspositionen müsste sich ja ein Weg zurück in eine High-Tech-Welt in Europa in absehbarer Zukunft realisieren lassen. Es ist dann anders gekommen. Heute, im Rahmen des von mir mitgegründeten Unternehmens Board Consultants International, hat sich zwar nicht die ursprünglich geplante Berufslaufbahn bis auf die Vorstandsebene verwirklicht, aber ich kann feststellen, dass meine Berufslaufbahn ebenso erfolgreich verlaufen ist. Im Rückblick gesehen war mein Berufsleben eine Art Stufenentwicklung; ich bin Position für Position auf die immer nächsthöhere Ebene aufgerückt und diese stufenweise Entwicklung, bei der ich immer die Gelegenheit hatte zu zeigen, was ich kann, und nicht „hochgelobt wurde", war aus meiner Sicht der optimale Karriereweg.

Die sogenannten High Potentials, die in den 80ern und Anfang 90ern als Begriff auftauchten, kennen und kannten nur ein Ziel: Sie wollen ganz nach oben und sind dabei der Ansicht, dass dieser Weg ihnen auch zusteht, weil sie eine exzellente Ausbildung haben. Die Fußangeln, in die dabei viele geraten, sind die ausschließliche Fixierung auf das eigene Vorankommen, der ausschließliche Fokus auf das ‚Ich', ohne das Umfeld einzubeziehen. Ein Großteil dieser jungen Führungskräfte will um jeden Preis rasch nach oben kommen; sie haben dabei häufig einen Förderer, der ihr Talent zu erkennen glaubt. Letzthin scheitern sie an zwei Themen: Ihre soziale Kompetenz ist häufig nicht ausgeprägt und dies ist ein großes Hindernis auf dem Weg nach oben. In der Regel, so gegen Ende 30 müssen sie, wenn sie schon ziemlich weit oben sind, zum ersten Mal beweisen, was sie wirklich können. Ihr Unternehmen überträgt ihnen zum ersten Mal eine Aufgabe, die sie nicht nach ein bis zwei Jahren wieder verlassen können; sie müssen ihr Können zeigen. Da der Weg nach oben zu schnell verlief, haben sie nicht genügend Erfahrung. Würden sie es verstehen, ihre Mannschaft hinter sich zu bringen, könnten sie vielleicht auch diese Hürde nehmen, aber da sie dies nicht können, keine ausgeprägte Führungserfahrung haben, scheitern sie und dann beginnt der Abstieg. Sie zerbrechen an ihren überehrgeizigen Zielen und verglühen beruflich wie ein Meteor. Nach einiger Zeit müssen sie feststellen, dass ihr bisheriger Förderer es diesmal nicht schafft, sie in eine neue, aus ihrer Sicht adäquate Position zu hieven. Sie gehen dann nicht selten in Berufsfelder wie Private-Equity-Gesellschaften, in die Investorenwelt oder in eine Beratungstätigkeit der zweiten und dritten Kategorie. Von dort gibt es dann keinen Weg zurück in die frühere Berufswelt.

Unter diesen gescheiterten, vierzigjährigen Führungskräften, die einmal prädestiniert schienen zum Weg nach ganz oben, befinden sich auch Absolventen von namhaften Wirtschaftsuniversitäten, sei es St. Gallen, INSEAD oder eine der berühmten US-Ivy-League-Kaderschmieden. Grundhaltung dieser Gescheiterten dem Leben und ihrer Karriere gegenüber: „Das steht mir wegen meiner exzellenten Ausbildung zu." Diesen so hochtalentierten jungen Menschen fehlt letzthin eines: die Bescheidenheit, auch einmal einen Schritt beiseitezutreten, innezuhalten und eine Aufgabe, die man ihnen überträgt, mit Erfolg zu Ende zu führen, statt unaufhörlich vorwärtszustürmen. Der erfolgversprechende Weg nach oben führt aus meiner Sicht über eine Treppe mit langen Stufen und nicht mit hohen Stufen. Ich sehe bei vielen High Potentials ein Delta zwischen Anspruch und Realität, zwischen Bescheidenheit und Selbstreflexion versus übertriebenem Ehrgeiz.

In diesem Zusammenhang: Ihr wichtigster Rat an Frauen? Was sollten diese unbedingt tun und was sollten sie in jedem Fall vermeiden?

Grundsätzlich, unabhängig vom Geschlecht, kann ich jeder jungen Führungskraft nur eines raten: Was immer Ihre berufliche Aufgabe ist, gehen Sie diese nicht mit 80 bis 100 Prozent des erwarteten Leistungsvermögens an, sondern peilen Sie symbolisch die 110 Prozent Marke an. Wenn Sie jede Aufgabe besser als zu erwarten ist erledigen, fallen Sie automatisch auf und Sie steigen, ohne Ihren Aufstieg einfordern zu müssen, auf. Mir wurde in den USA beim Abschluss meiner Studien eines vermittelt: Wenn ich in das Berufsleben eintrete, beginnt eine Lehrzeit und ich muss Berufserfahrungen sammeln und zeigen, was ich kann. An der Universität lernt man, Dinge zu analysieren und theoretisches Wissen zu absorbieren; mehr nicht! Alles Weitere musste ich im Berufsleben lernen.

Wer in jungen Jahren, wie dies in den 90er Jahren eingerissen ist, glaubt, durch das Studium an einer Elite-Universität zu den Halbgöttern zu zählen, steht bereits mit einem Fuß im Aus, ohne dies erkennen. Meine Beobachtung ist es, dass in den vergangenen zwei Jahrzehnten, vielleicht auch vor dem Hintergrund der New Economy und dem Aufstieg der Finanzmärkte, eine Kultur der übersteigerten Erwartungen entstand, die sich im Anspruchsdenken der High Potentials reflektiert.

Die On-the-Job-Ausbildung von jungen Führungskräften in den USA ist aus meiner Sicht besser als jene hier in Deutschland. In den USA bekommt man große Verantwortungspakete relativ rasch aufgebürdet und man muss zeigen, dass man diese erfolgreich meistert. Das erfordert Bereitschaft zur Leistung. Hat man in den USA bewiesen, dass man die jeweilige Aufgabe erfolgreich gemeistert hat, erhält man das nächst größere Paket usw. So man eine Aufgabe nicht gut löst, nimmt die Kurve der Berufslaufbahn einen flachen Verlauf. Kann man die gestellte Aufgabe erfolgreich meistern, dann geht es Stufe für Stufe nach oben und dabei ist man in unterschiedlichen Fachdisziplinen tätig, so dass man in den USA mit Anfang 40 oft schon Generalmanager-Qualifikation hat.

Letzthin entscheidend aus meiner Sicht für den beruflichen Aufstieg ist immer noch die Einsatz- und Leistungsbereitschaft von jungen Führungskräften. Dabei sollten diese bereits in jungen Jahren bereit sein, dort hinzugehen, wo das Unternehmen sie braucht. Dies ist der erfolgversprechende Weg: von einer Stabsposition in die Linienverantwortung. Wer im Headquarter verbleibt, ist ein Kamin-Karrierist und Kamin-Karrieren sind zunehmend out!

Ich selbst war bereit, mit 33 Jahren und einem vier Wochen alten Sohn von New York nach Brüssel in die Europazentrale zu transferieren, weil die dortige Position sehr herausfordernd war, von dort nach drei Jahren in die deutsche Landesgesellschaft, um operative Verantwortung zu übernehmen, um dann eine zentraleuropäische Division von München aus zu führen.

Also, Vorsicht vor der Überzeugung, schon in jungen Jahren zu den Halbgöttern zu gehören! Zum Zweiten kann ich nur warnen vor dem Sog der großen Konzerne. Die Absolventen der Universitäten finden es besonders reizvoll, sich bei den „großen Namen" zu bewerben. Ich meine damit renommierte Unternehmen wie z.B. BMW, um nur eine dieser bevorzugten Adressen zu benennen. Diese Konzerne waren einmal große Karriere-Plattformen, als ihr Wachstum in den 60er und 70er Jahren steil nach oben ging. Was die heutigen Uni-Absolventen nicht erkennen, ist, dass auch heute in diesen Firmen nur der kleinere Teil der Talente für den Weg nach oben gebraucht wird, und viele derer, die mit hohen Erwartungen und exzellenten Abschlüssen in diese Unternehmen eingestiegen sind, müssen ihre berufliche Laufbahn auf einer flachen Kurve absolvieren, die typisch für die mittlere Managementebene ist. In den Paternoster des Aufstiegs dürfen nur relativ wenige einsteigen. Die größere Zahl der talentierten Nachwuchsführungskräfte bleibt irgendwo in der Mitte stecken. Letzthin kommen nur jene nach oben, die durch die Aufmerksamkeit, die sie erregen, oder durch ihre zufällige Zugehörigkeit zu bestimmten Netzwerken nach oben geschwemmt werden. Mein Rat: Gehen Sie zu einem erfolgreichen Mittelstandsunternehmen, dort werden Sie früh mit Erfahrung und Verantwortung konfrontiert.

Zum dritten – und dies gilt insbesondere für Frauen: Bedenken Sie sehr genau, in welche Branche Sie gehen! Ich bin vor Jahren einer talentierten, attraktiven jungen Frau begegnet; sie hatte ein Angebot von Cartier. Unternehmen dieser Art stellen gerne attraktive junge Frauen ein, um damit ihre Kundschaft zu beeindrucken. Gerade deswegen riet ich ihr von Cartier ab. Ich knüpfte ihr einen Kontakt zu Audi und dort wurde sie wegen ihrer Ausbildung und nicht wegen ihres Aussehens engagiert. Bei Audi hat sie einen beruflichen Aufstieg genommen; bei Cartier wäre sie definitiv ab Mitte/Ende 30 stehengeblieben.

Mein Rat an Frauen: Gehen Sie dorthin, wo weibliche Führungskräfte selten zu finden sind, zum Beispiel im Ingenieurumfeld. Unschlagbar ist aus meiner Erfahrung die Kombination aus einem Ingenieurstudium verknüpft mit BWL. Mit diesem Ausbildungsrüstzeug steht Ihnen der Weg bis auf die CEO-Ebene offen.

Eine weitere Fußangel, vor der ich warnen möchte, ist der Personalbereich und insbesondere die Personalentwicklung; da kommen Personalentwickler selbst frisch von der Universität und lassen ihr theoretisches Wissen, das der heutigen Realität der Wirtschaft nicht mehr entspricht, an jungen Führungskräften aus, die sich nach ihrem Universitätsabschluss bewerben. Früher wurde der Führungskräftenachwuchs von Praktikern der Personalarbeit beurteilt und eingestellt. In den vergangenen zwei Jahrzehnten ist diese wichtige Auswahltätigkeit zunehmend in die Hände von Personalreferenten und insbesondere von Personalreferentinnen mit Studienhintergrund in der Personalentwicklung gegeben worden. Dabei ist die Funktion

Personalentwicklung innerhalb der Unternehmen ein Elfenbeinturm für akademisch orientierte Personaler, vorzugsweise Frauen, die auf dieser Ebene innerhalb des HR-Ressorts häufig hängen bleiben und sich für die oberen und obersten Positionen bei der Besetzung des HR-Ressorts damit nicht qualifizieren. Mein Rat an weibliche Führungskräfte: Wenn Sie sich für das Personalressort interessieren, dann verweilen Sie nur ganz kurze Zeit in der Personalentwicklung und sehen Sie zu, dass Sie so rasch wie möglich in die operative Personalarbeit überwechseln können.

Und noch ein abschließender Rat an weibliche Führungskräfte: Machen Sie sich kundig, wie sich männliche Führungskräfte typischerweise Frauen gegenüber verhalten, wenn Frauen dabei sind. Trägt eine Frau eine kluge Idee vor, so wird diese von den Männern häufig unkommentiert zur Seite geschoben. Nicht selten wird nach geraumer Zeit von einem männlichen Kollegen die gleiche oder eine ähnliche Idee als Vorschlag vertreten und plötzlich ist diese ein ernsthaftes Diskussionsthema. Was ich hiermit ausdrücken will, ist, dass weibliche Führungskräfte sich gegen dieses Verhalten der Männerwelt zur Wehr setzen sollten. Der Hinweis, dass damit dankenswerterweise erneut ein Vorschlag aufgegriffen wird, der bereits zuvor Gegenstand des Gespräches war, ist ein „Erziehungshinweis" für die Männerwelt.

Gab es einen entscheidenden Punkt in Ihrer Karriere, an dem sich Ihr eigenes berufliches Ziel deutlich abzeichnete?

Vieles zu meiner eigenen Laufbahn habe ich ja bereits gesagt. Ich habe viele Erkenntnisprozesse durchlaufen und war stets bereit, Aufgaben zu übernehmen, die schwierig bis riskant erschienen. Oft habe ich darüber nachgedacht, warum ich es war, dem man immer wieder die neuen und teilweise nicht unriskanten Geschäftsfelder übergab, ebenso solche, die einer Neuausrichtung bedurften. Manchmal habe ich gedacht, dass mir eine Art Fluch anhaftet: Was immer schwierig ist und was immer einen besonders hohen Einsatz erfordert, gibt man mir. Vielleicht ist dies auch eine Auszeichnung.

Für mich waren und sind bestimmte Grundhaltungen wichtig: Ich will Herr des Geschehens sein, und ich werde jede Aufgabe, die ich übernehme, so gut erledigen, dass ich innerlich auf mein Ergebnis stolz sein kann, auch wenn andere möglicherweise dieses nicht erkennen. Mit dieser Einstellung tue ich heute das, was mir große Freude bereitet: Ich evaluiere und berate Führungskräfte. Ich lerne erfolgreiche Geschäfts- und Organisationsmodelle kennen und ebenso solche, die nicht funktionieren. Dabei lerne ich auch viel über die Erfolgsfaktoren als auch die Faktoren für Erfolgslosigkeit kennen. Letzthin, und dies ist das Wichtigste für mich, entscheide ich selbst.

Kapitel 3

Vermarkten Sie sich – nutzen Sie die Techniken der Markenführung

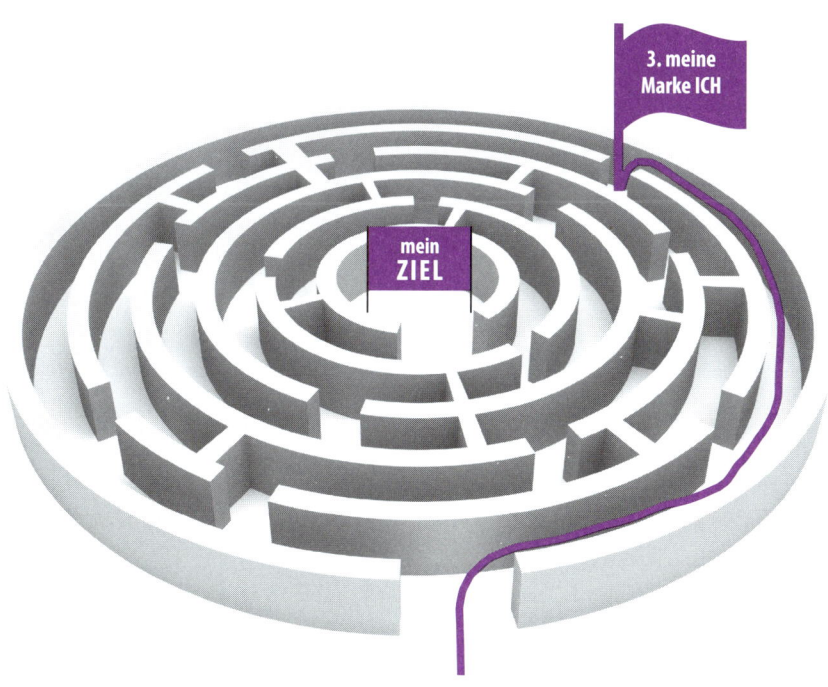

Frauen pflegen mehrheitlich einen kooperativen Führungsstil und beziehen andere in ihre Entscheidungen ein. Sie hinterfragen die eigenen Leistungen, setzen auf lebenslanges Lernen und sind überwiegend sehr viel uneitler, wenn es darum geht, die eigene Idee zugunsten einer besseren Lösung aufzugeben. Zudem sehen Frauen stärker das Erfordernis, verantwortungsvoll mit Risiken umzugehen sowie sozial und nachhaltig zu handeln. Kurzum, Frauen sind für Männer notwendig, um die eigene Perspektive zu erweitern, um gemeinsam bessere Antworten auf die dringlichen Fragen von heute und morgen zu finden. Was Frauen hingegen fehlt? Ein entscheidender Baustein: Sie sollten schnellstmöglich lernen, mit Ihren Potenzialen und Erfolgen sichtbar zu werden.

Doch was machen die meisten Frauen? Sie empfinden es als überflüssig, für sich selbst die Werbetrommel zu rühren. Auf eigene Erfolge hinzuweisen. Sich mit ehrlichem Stolz auf die eigene Leistung hinzustellen und sich nach außen zu zeigen. Sie glauben, gute Leistung spreche für sich. Ja, sie warten immer noch darauf, von anderen entdeckt zu werden. Selbst wenn sie die Notwendigkeit der Selbstvermarktung sehen, empfinden sie diese als höchst unangenehm – erstaunlicherweise sogar Frauen in hochrangigen Positionen. Auf der Welt-Konferenz „Frauen im Top-Management 2012" sagte selbst Dr. Christine Stimpel, Managing Partner und Mitglied des Global CEO & Board of Directors von Heidrick & Struggles, auf dem Podium: „Es ist doch wirklich unangenehm, sich selbst zu loben. Das machen wir Frauen doch nicht gerne!" Möglicherweise unterliegen wir dem fatalen Irrtum, unseren ehrlichen Stolz auf die eigene Leistung und die eigenen Fähigkeiten mit arroganter Übertreibung und Schaumschlägerei zu verwechseln. Doch wie viel leichter könnten wir unsere eigenen Ziele erreichen, wenn wir nicht mehr darauf warten würden, von anderen entdeckt zu werden? Wenn wir stattdessen mutig und ehrlich mit unserer Leistung ins Rampenlicht treten? Wenn wir selbst dafür sorgen, sichtbar zu werden, mit allem, was wir zu bieten haben, weil dies für andere wertvoll ist?!

Was sind die Gründe, weshalb gerade Frauen trotz oftmals besserer Leistung so wenig sichtbar werden? Weil wir es schlichtweg nicht gelernt haben. Wenn wir kleine Mädchen beim Spielen beobachten, stellen wir fest, dass Machtspiele hier anders, versteckter laufen als bei Jungs. Bloß weil eines der

Mädchen die leckerste Grassuppe für die Puppe kocht, ist sie noch lange nicht die Rädelsführerin. Mädchen, die laut hinausposaunen „ich kann's am besten", werden von der Gruppe sogar eher bestraft, notfalls mit Ausschluss. Stattdessen suchen Mädchen lieber nach dem kleinsten gemeinsamen Nenner. Dieses Verhalten wurzelt in der Erziehung zur Bescheidenheit, zur Ermahnung, sich nicht aufzuspielen, und ja nicht zu glauben, man sei etwas Besseres – und diese Gebote sitzen tief.

Da unsere neuronalen Aktivitäten im Gehirn und damit unser Verhalten gerade im Kindesalter entscheidend über Lob oder Tadel geprägt werden, entsteht für Mädchen aus dieser Konditionierung frühzeitig ein gravierender Nachteil im späteren Berufsleben. Ehrlicher Stolz auf sich selbst wird zum blinden Fleck. Stattdessen fokussiert unser Belohnungssystem auf Fleiß und rücksichtsvolles Verhalten anderen gegenüber. Also flüchten sich erwachsene Frauen im Berufsleben in die perfekte Leistung, um Anerkennung und Auszeichnungen zu erhalten – und scheitern. Denn in der überwiegenden Zahl der Unternehmen herrscht eine völlig andere Realität. Derjenige wird befördert, der seine Leistung besonders gut verkauft. Wenn dann auch wirklich gute Leistung dahintersteckt – prima! Nicht selten aber steigen zunächst diejenigen auf, die besonders laut auf sich aufmerksam machen. Natürlich kommt dieses Modell an seine Grenzen, je höher die Position ist. Daher sind fundiertes Wissen und Können für einen nachhaltigen Erfolg unverzichtbar.

An der Erkenntnis kommen Frauen nicht vorbei: Wenn Sie an die Spitze eines Unternehmens gelangen wollen, sollten Sie sich Ihrer Stärken und Ihres damit verbundenen Wertes für den Arbeitsmarkt nicht nur bewusst sein, Sie sollten Ihren Wert auch unmissverständlich kommunizieren. Wer aufsteigen will, stellt seinen Wert deutlich selbst heraus!

Zeigen Sie Ihren Wert!

• •

WISSEN UND FORSCHEN

Mut zur Eigenwerbung

„Leider", schreibt CEO Ilene H. Lang, „gilt Eigenwerbung immer noch als undamenhaft." Die Präsidentin und Vorstandsvorsitzende der gemeinnützigen US-Organisation Catalyst verweist auf Studien ihres Unternehmens, die nachweisen, dass offensives Herausstellen der eigenen Leistungen Erfolg verheißt: Diejenigen Frauen, die ihre Erfolge betonten, wurden in höhere Positionen befördert, waren zufriedener mit ihrer Karriere und konnten höhere Gehaltszuwächse verbuchen als jene Frauen, die sich nicht selbst loben mochten. CEO Lang empfiehlt ambitionierten Frauen, „den Vorgesetzten über die eigene Leistung zu informieren und ihn in angemessener Weise um Feedback und Anerkennung zu bitten". (Lang, 2012)

Amerikanische Untersuchungen haben immer wieder bewiesen, dass die drei wichtigsten Erfolgsfaktoren für beruflichen Aufstieg 1. Leistung, 2. Selbstvermarktung und 3. Beziehungen sind.

➜ Leistungen sind das objektive Arbeitsergebnis,

➜ Selbstvermarktung bedeutet das Sichtbarmachen von Erfolgen, individuellen Stärken und Potenzialen,

➜ Beziehungen bilden sich in individuellen Erfolgsnetzwerken ab, bestehend aus Mentoren, einflussreichen Fürsprechern, hohen Entscheidungsträgern, Multiplikatoren, Wissensträgern intern und extern sowie der eigenen Hausmacht.

Soweit, so gut. Dramatisch wird es, wenn wir die Gewichtung dieser Erfolgsfaktoren betrachten:

10% Leistung
30% Selbstvermarktung
60% Beziehungen

Top-Leistung ist lediglich die Eintrittskarte für eine besondere Karriere. Selbstverständlich sollte diese Leistung beibehalten werden. Doch was machen Frauen im Allgemeinen? Sie liefern lieber noch 120 Prozent Leistung (auch wenn dies mathematisch völlig unmöglich ist) und sind dann so erschöpft, dass die Pflege von Kontakten entfällt. Oft gehört: „Meine Freizeit will ich nicht auch noch mit Kollegen und Vorgesetzten verbringen." Ein schwerwiegender Fehler! Der abendliche Drink an der Bar etwa ist keine Freizeit, sondern ein knallharter Geschäftstermin, der sich als private Plauderei tarnt! Hier werden weit häufiger die Weichen für die nächste Position gestellt, als Frauen sich das gemeinhin vorstellen!

Es ist ganz einfach so: Wenn niemand Sie und Ihre Erfolge und Potenziale kennt, können Sie noch so gut sein. Sie werden nie Karriere machen. Klingt unfair? – Ist leider eine Tatsache. Also lernen Sie, sich selbst zu vermarkten! Das bedeutet nicht, sich mit fremden Federn zu schmücken. Sie sollen kein Blender oder Schaumschläger werden. Sie sollen nicht Ihren Lebenslauf künstlich aufpeppen. Seien wir ehrlich, davon gibt es mehr als genug! Machen Sie einfach sichtbar, was in Ihnen steckt. Was Sie bereits geleistet haben. Und was Sie ganz konkret und messbar zum Erfolg Ihres Unternehmens ehrlich und aufrichtig beitragen. Das ist weit mehr, als die meisten vorweisen können!

Machen Sie Ihre Leistung bekannt!

Eine erfolgreiche Selbstvermarktung drückt Ihre Stärken, Ihre Erfolge und Ihre Potenziale aus! Sie startet mit einem klaren, messbaren Ziel, das Sie unbedingt erreichen wollen. Erfolgreiche Selbstvermarktung beruht auf:

Selbstvermarktung ist keine Schaumschlägerei!

→ einem starken inneren Fundament:
   – Sie haben ein gesundes Selbstbewusstsein. Sie sind sich Ihrer eigenen Stärken bewusst und bewerten Ihre Grenzen realistisch.
   – Sie sind authentisch. Ihre Werte und Grundsätze, Ihre Worte und Taten stimmen überein.
   – Sie kämpfen nicht gegen sich selbst, sondern entfalten sich!
→ einem sorgsamen Umgang mit dem eigenen Körper und der eigenen Gesundheit:
   – Sie sind belastbar und beweisen auch in kritischen Situationen Überlegenheit durch Ihre Nervenstärke.
   – Sie haben eine positive Ausstrahlung.

Gerade in stressigen Phasen ist dies besonders wichtig. Bedenken Sie, dass Stress für eine starke Adrenalin-Ausschüttung sorgt. Das Stresshormon versetzt den ganzen Körper in einen Alarmzustand, der im Moment der Gefahr, der aktuellen Herausforderung sehr sinnvoll ist, weil er die Aufmerksamkeit schärft. Geraten Sie allerdings in Dauerstress, geht es Ihrem Körper wie einem auf Dauer hochgetunten Motor: Er verschleißt. Herzrasen, Unruhe, Gereiztheit und eine immer größere Vergesslichkeit sind nur einige Alarmzeichen. Adrenalin können Sie nur durch Bewegung wieder abbauen. Gerade wenn es kritisch wird – verzichten Sie nicht auf ausgleichende sportliche Aktivitäten!

→ einem respektvollen Umgang mit anderen Menschen

Egal auf welcher Hierarchieebene Sie sich bewegen, alle Menschen sind gleichermaßen wertvoll und verdienen einen respektvollen Umgang. Sie selbst erhalten Respekt, wenn Sie ihn anderen gegenüber zeigen. Respekt macht Sie glücklicher, einflussreicher, erfolgreicher und sogar gesünder.

→ einem Prozess, der flexibel mit neuen Einflussfaktoren und neuen Chancen umgeht

Unvorhergesehene Ereignisse können Ihre Planung über den Haufen werfen. Daher ist ein flexibler Prozess notwendig, mit dem Sie neue Entwicklungen in Ihre Selbstvermarktungsstrategie integrieren können und diese in Chancen verwandeln.

Die Marke als einzigartiger Werttreiber – die vier Markenpfeiler

Es ist 19:00 Uhr. Sie haben Hunger. Sie stehen im Supermarkt und wollen sich schnell ein paar Nudeln kaufen. Sie denken: Einen Teller leckere Pasta und ein schönes Glas Rotwein habe ich mir heute Abend mehr als verdient. Doch was sehen Sie? Eine Wand dutzender, gleicher Nudelpackungen verschiedener Anbieter! Und was tun Sie jetzt? Prüfen Sie alle Inhaltsstoffe auf allen Verpackungen? Vergleichen Sie alle Preise? Achten Sie auf die Herkunftsbezeichnungen? Herstellungsverfahren? Machen Sie eine Nutzwertanalyse?

Nein? Sie haben Recht, Sie würden verhungert sein, bevor Sie ein entsprechendes Ergebnis ermittelt hätten!

Und nun? Nach was entscheiden Sie also?

Letztlich gibt es nur zwei Kriterien. Der Preis oder die Marke. Wenn Sie wenig Geld haben, schränkt dies ihre Wahlfreiheit automatisch ein. Sonst werden andere Entscheidungskriterien wichtig. Diese sind nicht unbedingt rational. Dennoch effektiv. Vielleicht haben Sie kürzlich einen wunderschönen italienischen Abend mit Freunden erlebt, die Sie schon lange nicht mehr gesehen hatten. Und schon suchen Sie ausschließlich nach der Marke, die Sie damals verwendet haben. Dabei blenden Sie das gesamte andere Angebot, das vielleicht genauso gut wäre, vollständig aus.

Marken sind die größten, wenn nicht die einzigen dauerhaften Werttreiber unserer Wirtschaft. Marken sorgen für Vertrauen und Orientierung in einem unübersichtlichen Angebot. Der langfristige Erfolg jeder Marke basiert auf einem konkreten Leistungsversprechen, das sie immer wieder erfüllt. Indem die Marke die eigene Top-Leistung in Form eines

Marken sorgen für Orientierung!

Produkts oder einer Dienstleistung immer wieder selbstähnlich reproduziert, wird sich nach und nach ein positives Vorurteil bei der Kundschaft und weiteren Anspruchsgruppen der Marke aufbauen. Dieses Vorurteil umfasst nicht nur die originäre Leistung, sondern auch alle anderen Attribute und Assoziationen, die mit der Marke eng verknüpft sind. Beispielsweise das äußere Erscheinungsbild, die Art und Weise, wie und wo kommuniziert wird, den Preis, Orte, wo eine Marke sichtbar wird, sowie den Prozess des sich stetigen selbstähnlichen Neuerfindens, ohne den Markenkern zu verlassen.

Hält die Marke ihr Leistungsversprechen und erfüllt so die an sie geknüpften Erwartungen, wächst das Vertrauen in die Marke unaufhörlich. Dieses Vertrauen ist deshalb so wichtig, weil es im Kopf der Kundschaft zu einem Filter wird. Vergleichbare Angebote werden nicht mehr geprüft. Sie werden kaum noch wahrgenommen! Eine Top-Marke saugt unsere gesamte Wahrnehmung wie ein Schwamm auf und filtert unsere Aufmerksamkeit weg von potenziellen Wettbewerbern. Sie entwickelt geradezu eine magnetische Anziehungskraft. Wenn Sie eine Gipfelstürmerin werden wollen, ist es dann nicht eine gute Idee, die Wahrnehmung Ihrer Person, gleich einer wertvollen Marke, bewusst zu steuern? Die Techniken der Markenführung machen dies möglich.

Eine Marke ist also viel mehr als ein wohlklingender Name oder ein schön gestaltetes Markenzeichen. Eine Marke ist ein eigenständiges Energiesystem, das wir schwächen oder stärken können. Es ist wie ein Schiff mit vielen Segeln. Wir können alle Segel am Wind ausrichten und volle Fahrt aufnehmen. Oder wir können die Segel in unterschiedliche Richtungen setzen und uns selbst damit behindern oder sogar untergehen. Nicht mehr und nicht weniger bedeutet es, Ihre Marke ICH zu managen.

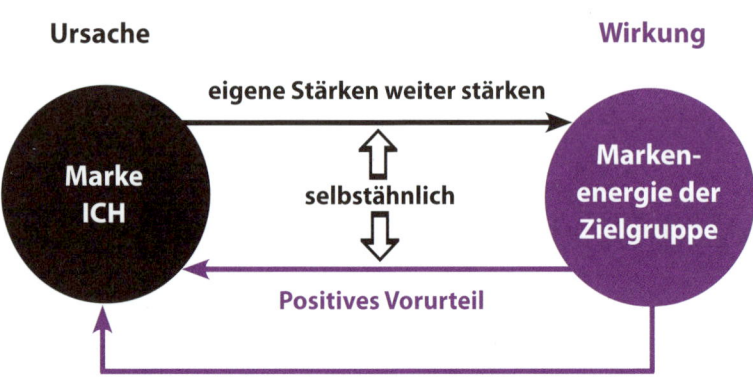

Abb. 3: Das Markensystem der Marke ICH (in Anlehnung an das Markensystem des Markeninstituts Genf)

Der erste Markenpfeiler: BEKANNTHEIT

Achtung: Bekanntheit ist nicht alles, aber ohne Bekanntheit ist fast alles nichts. Klingt brutal? Widerstrebt Ihnen zutiefst? Sie wollen immer noch entdeckt werden? Vergessen Sie es!

• •

BEST PRACTICE

Victoria Beckham und Persil

Den lebenden Beweis, wie ausschlaggebend Bekanntheit für die Karriere ist, tritt eindrucksvoll Victoria Beckham an. Im Alter von 16 Jahren entwickelt sie ihre eigene Vision ihres Lebens: Sie wolle mindestens so bekannt werden wie die Waschmittelmarke Persil. Womit, ist zu diesem Zeitpunkt noch völlig unklar. Obwohl Victoria kaum singen kann, wird sie mit den Spice Girls in Rekordzeit zur erfolgreichsten Girlie-Band aller Zeiten. Als sie 1999 den damals populärsten und auch heute noch bestbezahlten Fußballer der Welt heiratet, inszeniert sie ihr Familienleben fortan bewusst medial und wird zu einer der meistfotografierten Frauen Europas. George Bamby, Paparazzo, sagte in einem Interview der „Zeit" vom 14.9.2006 über

Victoria: „Ohne uns wäre sie nichts als eine Fußballergattin, die einmal in einer erfolgreichen Mädchenband gesungen hat." Die „Zeit" weiter: „Victoria hat ihr Ziel erreicht: Die Beckhams sind Lifestyle-Ikonen, Posh & Becks gehören zu England wie Fish & Chips und Marks & Spencer." (Quelle: http://www.zeit.de/2006/38/Mode-Beckham)

• •

Bekanntheit als Markenbestandteil funktioniert auch ganz ohne herausragende inhaltliche Leistung. Denken Sie an Paris Hilton, an Verona Pooth, Daniela Katzenberger etc. Oder fragen Sie sich nicht, was diese Frauen machen, außer sich selbst zu vermarkten? Darin sind sie herausragend, ohne Zweifel. Dennoch leisten Sie nichts Substanzielles. Bekanntheit ist also wichtiger als Leistung. Kennt Ihre Zielgruppe Ihren Namen, auch wenn Sie sich noch nie persönlich begegnet sind?

Doch Vorsicht: Wir wollen Sie nicht dazu verleiten zu glauben, Sie könnten eine herausragende Karriere in Ihrer Organisation ganz ohne Leistung erreichen. Das ist weder praktikabel noch ratsam. Vielmehr geht es uns darum, Top-Leistungsträger auch als solche erkennbar und sichtbar zu machen. Damit die besten Frauen und Männer gemeinsam in Spitzenpositionen zu besseren Ergebnissen kommen. Top-Leistung ist die Grundvoraussetzung. Nicht mehr und nicht weniger. Doch die Eintrittskarte in das Spiel um Einfluss und Positionen heißt Bekanntheit. Bekanntheit bei Entscheidungsträgern und Meinungsmachern.

Welchen Karriereturbo könnten wir schaffen, wenn wir unsere herausragende Leistung auch gezielt promoten?

Wie bekannt sind Sie?

Der zweite Markenpfeiler: WERT

Überlegen Sie bitte: Was macht eine Marke, die in Ihnen Sehnsüchte weckt, so wertvoll? Ist es ein bestimmter Lifestyle, den Sie auch pflegen möchten? Steht die Marke für einen besonderen Traum von Ihnen?

Ein Traumtransporteur der besonderen Art ist Tiffany. Sobald eine Frau (besonders in den USA oder Brasilien) die türkisblaue Schachtel mit dem weißen Bändchen von ihrem Partner überreicht bekommt, erwartet sie nicht einfach ein Schmuckstück. Nein. Sie erwartet die Frage aller Fragen: „Willst Du mich heiraten?" Damit bedeutet ein Ring von Tiffany viel mehr als nur Schmuck. Es bedeutet „Er liebt mich". Es bedeutet ein lebenslanges Liebesversprechen. Es bedeutet Hochzeit, Kinder und die Erfüllung eines großen Traums für viele Menschen. Gerade weil inzwischen immer mehr Ehen und Beziehungen scheitern, verkörpert Tiffany einen stetig wachsenden Wert – den der Treue und Beständigkeit.

Dabei zeigt Tiffany durchaus seine moderne Seite. Inzwischen bietet Tiffany sogar die App für Verliebte an, die Verlobungsringe von Tiffany sucht, Ringgrößen ermittelt und das Karatgewicht der Brillanten anzeigt. Tiffany hat es vermocht, sein Markenversprechen über den finanziellen Wert des Schmuckstücks zu stellen. Liebe ist einer unserer größten Werte. Und: Liebe ist unbezahlbar!

Machen Sie es wie Tiffany? Natürlich auf einem anderen Parkett mit anderen Werten – die Fragen sind dieselben:

→ Wie verbessern Sie das Leben Ihrer Zielgruppe?
→ Welchen Wert haben Sie für andere?
→ Womit schaffen Sie Win-win-Situationen?
→ Was verbinden Menschen mit Ihnen?

Der dritte Markenpfeiler: RELEVANZ

Relevanz ist etwas anderes als Wert. Generell kann eine Leistung oder ein Attribut für Sie von großem Wert sein. Was aber, wenn Sie mit diesem Wert konfrontiert werden in einem Moment, in dem er für sie keinerlei Bedeutung hat, vielleicht sogar störend oder lästig ist? (Timing ist auch bei Heiratsanträgen wichtig!) Was das genau heißt, zeigt das Markenbeispiel Louis Vuitton.

Zwischen Casino Royale und Sex and the City

Erinnern Sie sich an den Film „Casino Royale", den ersten James Bond mit Daniel Craig? Sie erinnern sich an die Szene, wo er aus dem Wasser steigt? – Sexy. Sie erinnern sich an wilde Verfolgungsjagden und seinen ersten Aston Martin? Das Auto wollen Sie auch? – Verständlich. Aber erinnern Sie sich auch an Louis Vuitton in diesem Zusammenhang? Nein? Warum nicht? Ganz einfach – selbst wenn Louis Vuitton möglicherweise eine erstrebenswerte Produktwelt für sie bedeutet, im Kontext von James Bond spielt Louis Vuitton absolut keine Rolle. Dennoch wird in Fachkreisen gemunkelt, dass für diese Markenplatzierung 20 Mio. USD gezahlt wurden. Dieses Investment war allein aufgrund der fehlenden Relevanz zum Umfeld hinausgeworfenes Geld!

Was der richtige Kontext und damit echte Relevanz für eine Marke bewirken kann, zeigt Louis Vuitton am Beispiel des Films „Sex and the City". Schon zu Beginn des Films wird verraten, dass es im Leben sowieso nur um Labels gehe. Und Louis Vuitton wird hier im Besonderen zelebriert. So gewann der Film sogar den „Most Mouthwatering Award" für eine Handtasche von Louis Vuitton, die Jennifer Hudson im Film zu Weihnachten als Geschenk erhält. Dieses Modell wurde in Rekordzeit zum Verkaufsrenner.

„Die gezeigte Tasche mobilisierte binnen kürzester Zeit Massen weiblicher Fans, die auf der Suche nach dem begehrten Accessoire weltweit die Vuitton-Shops stürmten." (Quelle: http://www.welt.de/lifestyle/article2673284/James-Bond-ist-der-Koenig-der-Schleichwerbung.html)

Der richtige Kontext sorgt für Relevanz und erhöht den Wert einer Marke weiter. Das ist umso bedeutsamer, da die Anzahl der Werbebotschaften, die uns jeden Tag überflutet, stetig zunimmt. Lagen die Schätzungen 2006 noch bei ca. 3.000 Werbebotschaften pro Tag, werden sie heute schon mit bis zu 10.000 pro Tag beziffert. Andere Informationen noch nicht einmal mitgerechnet. Wir ertrinken förmlich in einer Informationsflut. Der Kampf um unsere Aufmerksamkeit ist in vollem Gange. Nur das, was für uns auf den ersten

Blick wertvoll und auch relevant ist, dringt noch zu uns durch. Doch das liegt im einstelligen Prozentsatz. Wir glauben zwar selbst gern daran, dass wir alle wichtigen Entscheidungen rational treffen. Auf der Grundlage harter Zahlen, Daten und Fakten. Doch die aktuelle Gehirnforschung und auch das wahre Leben belehren uns eines Besseren.

Marken sorgen für Aufmerksamkeit!

Was in uns starke Gefühle erzeugt, nehmen wir als relevant wahr. Nüchterne Argumente allein gehen im täglichen Informationsrauschen unter. Wir werfen eine Einladung mit dem Titel „Digitale Convergenz" sofort weg, aber bei einer Einladung mit dem Titel: „Sind Frauen die besseren Chefs?" horchen wir auf. Egal, ob wir diese Meinung teilen oder nicht. Die Frage weckt Emotionen in uns. Sie polarisiert. Das gilt für Informationen und Angebote genauso wie für Menschen. Menschen, die keine Emotionen in uns wecken, schenken wir keine Aufmerksamkeit. Egal wie gut und schwerwiegend die Argumente sind, die Sie vorbringen. Erfolgreiche Marken verstehen es, bewusst starke Emotionen in ihrer Kundschaft zu wecken! Markenführung ist ein Wettbewerb um Aufmerksamkeit!

→ Sind die Dinge, für die Sie Ihre größte Leidenschaft entwickeln, für andere Menschen relevant?

→ Vermitteln Sie anderen ein positives Gefühl?

→ Bringen Sie andere Menschen zum Lachen?

→ Vermitteln Sie anderen Menschen eine Vorstellung einer besseren Zukunft?

→ Bestärken Sie andere in ihrem Selbstwertgefühl?

Der vierte Markenpfeiler: DIFFERENZIERUNG

Erfolgreiche Marken grenzen sich deutlich von ihrem Umfeld und Wettbewerbern ab. Zumeist in vielfältiger Hinsicht. Das zieht bestimmte Käuferschichten an, andere schreckt es wiederum ab. Marken beziehen eindeutig Stellung. Übertragen auf Menschen bedeutet das: Anders als alle anderen zu sein, erfordert Mut. Denn es heißt auch, nicht von allen geliebt werden zu können. Aber seien wir ehrlich: Wer von allen geliebt werden will, wird von niemandem geliebt. Was den einen anzieht, stößt den anderen ab. Das ist Fakt. Damit müssen wir alle leben.

Was uns wirklich an anderen Menschen fasziniert, ist das Besondere. Doch wir können nicht besonders werden, indem wir die Besonderheiten anderer kopieren oder uns der Masse anpassen! Eine erfolgreiche Marke transportiert immer das, was wirklich in ihr steckt. Sie spiegelt nichts Falsches vor, sie zeigt eine einzigartige Kombination von Attributen.

Marken polarisieren!

BEST PRACTICE

Lena Meyer-Landrut

Lena gewann 2010 den Eurovision Song Contest und holte damit nach Jahrzehnten wieder einen Sieg für Deutschland. Sollten Sie diesen Wettbewerb verfolgt haben, ist Ihnen vielleicht Folgendes aufgefallen: Besonders die weiblichen Teilnehmer waren sehr sexy zurechtgemacht, oft künstlich nachgebessert – fleischgewordene Männerträume, könnte man denken. Die Mähnen voller, der Busen üppiger, die Einblicke gewagter. Sex sells. Doch gerade in diesem Umfeld hob sich Lena mit ihrer damals sehr natürlichen, fröhlichen Art völlig ab. Ihr Mut, authentisch zu sein, sich dem „Sex sells"-Spiel zu verweigern, war sicher ein entscheidender Faktor für ihren Erfolg.

Übrigens, im Markenwettbewerb haben Sie bereits einen hervorragenden Vorteil. Sie sind eine Frau. Da aktuell noch überwiegend Männer Entscheidungsträger in unseren Unternehmen sind, sind Sie zwangsläufig anders. Und Sie können kein Mann sein. Versuchen Sie es also gar nicht erst. Sie können auch als Frau sehr viel Einfluss erlangen. Vor allem, wenn Sie anfangen, Ihre Weiblichkeit zu genießen. Das differenziert Sie mit Sicherheit.

➜ Wie unterscheiden Sie sich von Ihren Kollegen/Wettbewerbern?
➜ Was macht Sie einzigartig?
➜ Machen Sie etwas, das sonst keiner tut oder das sonst keiner kann?
➜ Womit faszinieren Sie andere Menschen?
➜ Womit schrecken Sie andere vielleicht ab? Können Sie das auch positiv auslegen?

Bekanntheit
Wer kennt Ihren Namen? Mit welchen
Assoziationen werden Sie verknüpft?

Relevanz
Welche Ihrer
Stärken sind für
Ihre Zielgruppe
relevant?

Wert
Was macht Sie
für Ihre
Zielgruppe
wertvoll?

Differenzierung
Was macht Sie einzigartig?

Abb. 4: Die Markenpfeiler zusammengefasst

Positionieren Sie sich – was macht Sie unverwechselbar und wertvoll?

Prof. Alexander Deichsel, Mitbegründer des renommierten Markeninstituts Genf, definiert eine Marke folgendermaßen: „Die Marke ist ein Wirtschaftskörper, der die Leistungen der gesamten Wertschöpfungskette integriert und sie auf die gemeinsame Kundschaft ausrichtet."

Er macht damit deutlich, dass eine Marke ein eigenständiges soziales Gebilde ist, das zwangsläufig keinen kurzfristigen Moden unterliegt, sondern langfristig Bestand hat. Es braucht also Zeit, Markenenergie aufzubauen. Diese kommt nicht über Nacht, sondern wird bewusst und gezielt entwickelt. Daher ist es wichtig, sich vorab klar zu werden, welche Stärken, Werte, Emotionen und Assoziationen Ihre Marke langfristig transportieren soll.

Marken wirken langfristig!

Eine Seminarteilnehmerin hat dieses sehr plastische Beispiel entwickelt: „Ich stelle mir vor, ich bin ein großer Topf Nudelsuppe. In mir schwimmen die leckersten Zutaten: besonders bissfeste Pasta, Tomaten, die noch nach Tomaten schmecken, knackige Möhren, würziger Sellerie. Dummerweise gibt es Massen anderer Nudelsuppen, die alle die gleichen Zutaten haben. Und zu behaupten, meine Nudeln wären besser als die der anderen Nudelsuppen ist da wohl keine gute Strategie. Zumal Nudeln ja wohl das Selbstverständlichste bei einer Nudelsuppe sind. Doch wenn ich so darüber nachdenke, bin ich die einzige Nudelsuppe, die mit einem speziellen Biobasilikum-Pesto verfeinert wird. Ein ganz außergewöhnliches Pesto aus besonders schmackhaftem Biobasilikum, welches nur in der Nähe von Bologna wächst. Und wegen dieses Biobasilikums entscheidet sich meine Kundschaft für mich und zahlt sogar gerne einen höheren Preis als für die anderen Nudelsuppen. Mein Biobasilikum ist mein Alleinstellungsmerkmal, mit dem ich mich klar positioniere." Genau! Also noch einmal, was ist Ihr Biobasilikum für die nächsten zehn Jahre?

Legen Sie ab sofort Ihre falsche Bescheidenheit ab! Positionieren Sie sich selbstbewusst mit Ihren Erfolgen und Ihren Stärken. Sie kennen bereits Ihre Stärken, Ihre unverrückbaren Werte und Sie kennen Ihr Ziel. Sie können also klar beantworten, wo Sie momentan stehen und wohin Sie wollen. Jetzt sollten Sie sich damit beschäftigen, mit welcher Positionierung Sie dorthin gelangen können. Welche Ihrer Erfolge, Ihrer Stärken und Werte, für die Sie stehen, empfehlen Sie für Ihren Aufstieg? Sie haben viele Stärken! Wie finden Sie nun heraus, welche Sie unverwechselbar und wertvoll macht? Ihre Antworten zu folgenden Fragen geben Ihnen wichtige Hinweise:

Was ist Ihr Biobasilikum?

→ Warum sind Sie für den nächsten Karriereschritt genau die Richtige?
→ Wofür genau wird Ihnen Ihr Gehalt gezahlt? Wie tragen Sie zur Wertschöpfung des Unternehmens bei?
→ In welcher Form erbringen Sie bessere Leistungen als andere? Können Sie dies in Zahlen, Daten Fakten ausdrücken? Wie können Sie Ihren bisherigen Erfolg messbar machen?

→ Welche Ihrer Stärken nutzen Sie hierfür ganz konkret?

→ Haben Sie eine fachliche Expertise? Können Sie auf einem viel beachteten Gebiet einen Expertenstatus einnehmen?

→ Stehen Sie hinter einer besonderen Idee oder Fragestellung, die vielleicht momentan noch niemand beantworten kann, die zukünftig aber immer größere Bedeutung erlangen wird? Können Sie daraus möglicherweise eine Bewegung machen, an deren Spitze Sie sich setzen?

Der Trick ist, mit einer spitzen Positionierung Erste im Konsumentenkopf zu werden. Warum es so wichtig ist, Erste zu sein? Erste setzen sich in der Erinnerung fest, Zweite nicht! Wer war der erste Mann auf dem Mond? Das wissen wir alle, aber die wenigsten erinnern sich an Buzz Aldrin, der zusammen mit Armstrong den Mond betrat. Wir feiern den schnellsten Mann der Welt, Usain Bolt, bei der Olympiade in London 2012. Der Zweitplatzierte, Yohan Blake, ist bereits nach wenigen Wochen aus dem Gedächtnis verschwunden. Der Platz Nummer Eins ist einprägsam. Alle anderen haben es schwer.

Werden Sie Erste im Kundenkopf!

Sie glauben, alle interessanten Felder für Ihren beruflichen Aufstieg sind bereits mit Ersten belegt und für Sie bleibt keine sinnvolle Möglichkeit? Keine Angst, es gibt noch genug Chancen, Erste im Kopf Ihrer Zielgruppe zu werden. Erfinden Sie eine neue Kategorie! Machen Sie es wie Reinhold Messner!

● ●

BEST PRACTICE

Auf den Gipfel ohne künstlichen Sauerstoff

Obwohl der Mount Everest schon vor ihm von Sir Edmund Hillary bestiegen worden war, bezwang Reinhold Messner den höchsten Berg der Erde als erster Mensch der Welt ohne künstlichen Sauerstoff. Er ging noch weiter und erreichte 1986 als erster Mensch die Gipfel aller vierzehn Achttausender, ebenfalls ohne künstlichen Sauerstoff. Bis heute findet er immer neue Möglichkeiten, Rekorde aufzustellen.

● ●

Als Frau haben Sie die Chance, entsprechende Rekorde als „erste Frau der Welt" aufzustellen. Erst 2011 gelang es Gerlinde Kaltenbrunner, als erste Frau der Welt ebenfalls alle vierzehn Achttausender ohne künstlichen Sauerstoff zu bezwingen, nachdem sie insgesamt sechs Mal am K2 gescheitert war.

Um Gipfelstürmerin zu werden, brauchen Sie keine Achttausender zu besteigen. Und sagen Sie jetzt bitte nicht vorschnell, sie hätten noch keinen Rekord erzielt!

→ Vielleicht haben Sie ein wichtiges Projekt zum Erfolg geführt, das erstmals in der Firmengeschichte alle Anforderungen eingehalten hat.

→ Oder Sie haben die erfolgreichste Markteinführung des letzten Jahres in einem hart umkämpften Marktsegment initiiert.

→ Möglicherweise sind Sie die einzige Frau, die gegen jede Krise seit fünf Jahren ihren Investmentfonds mit kontinuierlichen zweistelligen Renditen managt.

Vielleicht müssen Sie etwas überlegen. Wenn Sie versuchen, Ihre bisherigen Erfolge in messbaren Zahlen, Daten und Fakten auszudrücken oder diese in neue Zusammenhänge stellen, werden Sie mit Sicherheit nach und nach auf eine Positionierung kommen, mit der Sie Erste werden können. Selbst wenn Sie momentan noch keine Bestleistung aufweisen können, können Sie ein dringliches Thema Ihrer Branche, in dem besonders große Chancen für Ihr Unternehmen liegen, mit Sicherheit als erste Frau, als Themenführerin, als Expertin bewusst besetzen. Auch so können Sie Erste im Konsumentenkopf werden.

Welche Besonderheit sehen Sie bei sich? Hier ein paar Anregungen für Ihre höchstpersönliche Positionierung:

Die inspirierende Vordenkerin
Die mutige Problemlöserin
Die energische Macherin
Die begeisternde Motivatorin
Die verantwortungsvolle Top-Managerin
Die kulturelle Brückenbauerin
Die Asien-Expertin

Die ergebnisorientierte Interessenvertreterin
Die vernetzte Innovatorin
Die entscheidungsfreudige Saniererin
Die diplomatische Moderatorin
Die präzise Analystin
Die zuverlässige Krisenmanagerin
Die furchtlose Feuerwehr
Die effektivste Projektmanagerin
Die einflussreiche Netzwerkerin
Die …?

Alle diese Positionierungen sollten Sie ganz spezifisch an etwas Messbarem festmachen können. Wenn Sie sich z.B. als große Kommunikatorin sehen, werden Sie genauer. Was bedeutet das ganz konkret? Nicht, dass man Sie für eine Plaudertasche hält! Wenn Sie aber anspruchsvolle strategische Initiativen des Vorstands selbst dem Mitarbeiter in der Fertigung so vermitteln können, dass diesem seine (Mit-)Verantwortung für das Gelingen bewusst wird, dann ist Ihre Stärke nicht nur besonders wertvoll, sie ist auch selten. Und das sollten Sie mitteilen!

Ein weiteres Beispiel: Wenn Sie eine Querdenkerin sind, werden Sie leicht für einen Querulanten und Störenfried gehalten. Keine sinnvolle Positionierung. Egal in welchem Unternehmen. Wenn Sie aber scheinbar unumstößliche Regeln Ihres Unternehmens oder Ihrer gesamten Branche zum Vorteil Ihres Unternehmens brechen, dann sollten Sie dies unbedingt an Ihr Top-Management kommunizieren und den entstandenen Vorteil anhand von Zahlen, Daten, Fakten messbar machen. Damit werden Sie zur „wertschöpfenden Querdenkerin". Eine sehr wertvolle Positionierung!

Aber Vorsicht: Achten Sie darauf, dass Sie den Regelverstoß tatsächlich selbst und vor allem unbemerkt begehen können. Andernfalls wird er Ihnen mit einer hohen Wahrscheinlichkeit untersagt werden. Erst der Erfolg berechtigt Sie im Nachhinein zu einem Verstoß. Daher sollten Sie die Erfolgswahrscheinlichkeit vorher berücksichtigen und Ihre Regelbrüche unbedingt in Ihr politisches Kalkül einbeziehen.

Das Positionierungsdreieck: Aller guten Dinge sind drei

Nicht eine Stärke, sondern die Kombination verschiedener Stärken hebt uns aus der Masse heraus und macht uns besonders wertvoll für andere. Sollen wir jetzt alle Stärken in die Waagschale werfen? Stopp: Wenn Sie zu viele Stärken kommunizieren, entsteht das genaue Gegenteil. Wenn Sie von sich sagen: Ich bin fair, geradeheraus, zielorientiert, erkenne Fallen blitzschnell und bin realistisch – dann klingt das schon nach buntem Einerlei. Das Erfolgsgeheimnis liegt in der Beschränkung und damit in der Betonung des Besonderen. Mehr als drei Aspekte nehmen andere nicht auf. Nicht umsonst haftet dem Dreiklang etwas Besonderes an: Im Christentum herrscht die Lehre von der Dreifaltigkeit Gottes. In vielen Kulturen gilt die Dreiheit als Ganzheit, etwa Werden, Wachsen, Vergehen. Und in der Märchenwelt sind oft drei Prüfungen zu bestehen oder drei Wünsche frei. In der Markenführung entspricht der Dreiklang dem Positionierungsdreieck. Zwei weltweit bekannte Männer haben das Positionierungsdreieck im Höchstmaß für sich (bewusst oder unbewusst) kultiviert: Donald Trump und Sir Richard Branson.

Donald Trump hat seine Positionierung für sein Fortkommen perfekt gewählt und wird nicht müde, diese konsequent zu wiederholen. Seine Positionierung lautet:

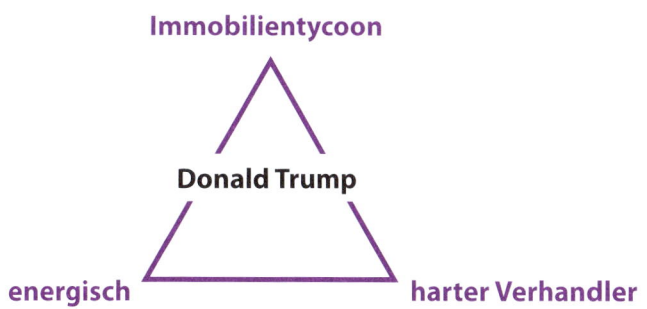

Abb. 5: Positionierungsdreieck Donald Trump

Er selbst sieht das Geheimnis seines Erfolgs in seinem hartnäckigen Verhandlungsgeschick. Er sei derjenige, der immer siegreich eine Verhandlung verlasse.

Daher wird seine Positionierung auch gern in einem Wort zusammengefasst. Donald Trump ist „The Dealmaker". Fällt Ihnen spontan ein anderer Immobilientycoon ein? Nein? Aber Donald Trump ist doch mit Sicherheit nicht der einzige auf der Welt? Natürlich nicht! Warum kennen wir dann keinen anderen?

Durch sein extrovertiertes Verhalten machte Trump seinen Namen zum Markennamen. Trump schreibt über sich selbst auf seiner Homepage: „Donald J. Trump has become the most recognized businessman in the world, and the Trump brand is readily acknowledged as representing the gold standard around the globe." (Quelle: http://www.trump.com/Donald_J_Trump/Donald_J_Trump.asp) Die Trump Towers in New York avancierten zu seinem Erfolgssymbol. Allein durch die Namensgebung verdoppelte sich der Wert der Immobilie zu vergleichbaren Bauten. Banken räumten Trump in Krisenzeiten aufgrund seines Namens deutlich großzügigere Kreditlinien ein als jedem anderen Unternehmer seiner Branche. Durch die Fernsehsendung „The Apprentice" wurde er 2004 sogar in einer Umfrage in den USA zum beliebtesten Milliardär gewählt. Dabei wird sein Status als Milliardär offen bezweifelt und auch einige seiner Unternehmungen mussten Insolvenz anmelden. Dennoch ist seine Popularität in den USA weiter ungebrochen.

Positionierungsfaktor Emotion: Begeistern Sie!

Vergessen Sie bei Ihrem Alleinstellungsmerkmal nicht die persönliche Ebene. Viel zu häufig denken wir nur in sachlichen Kategorien. Doch wir sind keine Maschinen! Sie können fachlich noch so gut sein, wenn Sie eine Leitungsfunktion an der Spitze eines Unternehmens einnehmen wollen, müssen Sie neben Ihrer fachlichen Qualifikation auch Menschen führen und begeistern können. Gerade karrierewillige Frauen vergessen dies häufig. Obwohl wir doch in unserem privaten Bereich meistens sehr sensibel auf die Menschen in unserer Umgebung reagieren, unterliegen wir dem Irrtum, wir dürften beruflich möglichst keine Gefühlsregung zeigen und sollten härter als alle anderen in unserem Umfeld sein. Möglicherweise wäre es hilfreicher, ganz bewusst Spaß an der Arbeit, am Thema und an der Zusammenarbeit mit anderen Menschen zu vermitteln. Natürlich immer unter der Voraussetzung, dass dies Ihrem tatsächlichen Wesen entspricht.

Sir Richard Branson, Gründer und Inhaber der Virgin Unternehmensgruppe, ist genau wie Donald Trump ein extrem harter Verhandler. Dennoch trägt er speziell diese Stärke nicht nach außen, da dies für seine Ziele nicht sinnvoll wäre. Seine Positionierung umfasst folgende Aspekte:

Wecken Sie positive Emotionen?

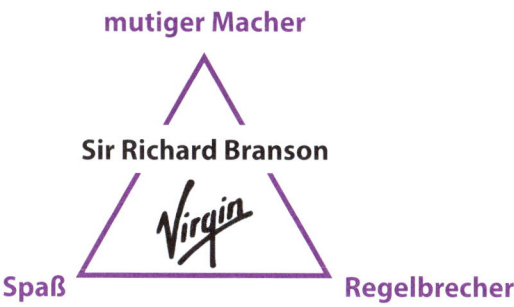

Abb. 6: Positionierungsdreieck Sir Richard Branson

Seine Markenpositionierung des Regelbrechers mit Spaßfaktor weiß Sir Richard Branson geschickt medial zu vermarkten. Unablässig bietet er den Medien Inszenierungen, die Aufmerksamkeit erregen, so dass er, ohne einen Cent für Werbung auszugeben, eine kontinuierliche Medienpräsenz hat. Zur Eröffnung von Virgin Brides etwa erschien er als herausgeputzte Braut in einem 10.000 britische Pfund teuren Brautkleid vor den Kameras. Zum Start seiner Fluglinie Virgin Atlantic bediente er des Öfteren die Passagiere selbst – als Stewardess verkleidet.

Mit seiner Positionierung des Regelbrechers mit Spaßfaktor hat er es zum Selfmademilliardär gebracht mit einem aktuell geschätzten Nettovermögen von 3,4 Milliarden britische Pfund (Quelle: www.therichest.org/nation/sunday-times-rich-list/). Sein jüngster Coup sind erste Touristenflüge ins All mit Virgin Galactic.

Wie lautet Ihre Positionierung?

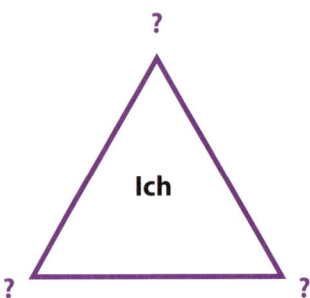

Abb. 7: Positionierungsdreieck ICH

Prüfen Sie, ob Ihre angestrebte Positionierung erfolgversprechend ist:

→ Entsprechen die gewählten Stärken, Erfolge und Werte ganz und gar Ihnen?
→ Macht Sie die Kombination der drei gewählten Aspekte einzigartig?
→ Erreichen Sie damit eine deutliche Differenzierung von Ihren Konkurrenten?
→ Ist diese Differenzierung besonders wertvoll und relevant für hochrangige Entscheidungsträger Ihres Unternehmens und empfehlen Sie sich damit fast zwangsläufig für weitere Karriereschritte?
→ Kommen Sie Ihrem Ziel durch Ihre Positionierung deutlich näher?
→ Ist diese Positionierung auch langfristig sinnvoll?

Ihre Markierung – wie Sie einen Anker im Kopf der Meinungsbildner werfen

Der Begriff „Marke" entstammt dem griechischen „Marka", was so viel wie „Zeichen" bedeutet. Eine Marke umfasst also auch ein typisches Erkennungszeichen, eine Markierung, die wie ein Wegweiser fungiert.

Menschen sind zutiefst visuelle Wesen. Unsere vorherrschende Sinneswahrnehmung ist zu 85 Prozent optisch. Aus diesem Grund orientieren wir uns gern am Logo und Design einer Marke. Damit eine eindeutige Markierung wie ein Wegweiser funktionieren kann, muss diese immer gleich oder zumindest sehr selbstähnlich aussehen. Sie lebt also von der Wiederholung, nicht von der Verschiedenartigkeit. Was uns für Produkte selbstverständlich erscheint, nutzen wir für uns selbst kaum. Welchen Wert diese blitzschnelle Erkennbarkeit durch eine markante, immer selbstähnliche Optik hat, sehen wir an Beispielen wie Karl Lagerfeld oder Julia Timoschenko.

Marken sind Wegweiser!

Visuelle Anker wirken am stärksten

Menschen, die kontinuierlich selbstähnliche, außergewöhnliche visuelle Botschaften senden, ermöglichen uns jederzeit ein sofortiges Erkennen:

Karl Lagerfeld, bekannt geworden mit seinem weißen Zopf und einem Fächer als Erkennungsmerkmal, legt seinen Fächer bewusst ab, als er Chefdesigner von Chanel wird. Er erfindet sich kurzerhand neu und verändert seine Kleidung dahingehend, dass er seitdem selbst wie Mister Chanel aussieht, obwohl Chanel keine Herrenkollektion anbietet. Er kleidet sich jeden Tag anders, dennoch erscheint er optisch gleich.

Da er die Prinzipien von Chanel, den Schwarz-weiß-Look und die typische Formensprache, auf sich selbst jeden Tag neu und zugleich selbstähnlich überträgt, wird er nicht nur blitzschnell erkennbar, sondern sorgt auch für Vertrauen, indem er die Vorstellung, die wir uns von ihm gemacht haben, jeden Tag aufs Neue bestätigt.

Julia Timoschenko demonstriert ebenfalls, wie mächtig ein optisches Erkennungsmerkmal sein kann. Bevor sie ihre politische Karriere startete, hatte sie lange, dunkle Locken. Als sie die politische Bühne betrat, positionierte sie sich bewusst als Führerin der Orangenen Revolution, als Volkstribunin und als Mutter der Ukraine. Entsprechend wählte sie ein auffälliges Erkennungsmerkmal: Sie färbte ihre Haare weizenblond, flocht einen Zopf und legte diesen in Gretchenmanier um den Kopf. Zum einen versinnbildlichte diese Frisur ihre Positionierung optisch perfekt, zum anderen wurde sie damit auch in großen Gruppen sofort sichtbar. Dies war besonders wich-

Werden Sie unvergesslich!

tig, weil sie mit ihrer kleinen, zierlichen Statur in großen Männergruppen auf der politischen Bühne schnell untergegangen wäre. Durch ihre Frisur hingegen war sie jederzeit sofort erkennbar. Und nicht nur das: Ihr Erkennungszeichen war so markant, dass es einen mächtigen Anker im Kopf ihrer Betrachter warf. Sie wurde unvergesslich.

Jeder Sinneseindruck kann zu einem mächtigen Anker werden

Neben optischen Markierungen kann jeder Sinneseindruck, der selbstähnlich kontinuierlich wiederholt wird, eine eindeutige und wirksame Markierung sein. Die Piepsstimme gepaart mit grammatikalischen Fehlern wurde zum akustischen Markenzeichen von Verona Poth. Der Sänger Jason Deluro verwendet ebenfalls ein akustisches Erkennungsmerkmal. Er beginnt jedes Lied mit seinem eigenen Namen. Eine Markierung entfaltet ihre Wirkung durch kontinuierliches, selbstähnliches Wiederholen.

Kontinuität = Erfolg

Ein kleines Geschenk, das etwas Persönliches von Ihnen ausdrückt, etwa eine Assoziation mit der Stadt, aus der Sie kommen, oder mit der Region, für die Sie Expertin sind, kann ebenfalls zu einem Markenzeichen werden. Wohlgemerkt – wir sprechen hier von einer kleinen Aufmerksamkeit und nicht von einem Bestechungsversuch. „Kleine Geschenke erhalten die Freundschaft", heißt es im Volksmund: Sie hinterlassen allein durch den Akt des Schenkens eine positive Erinnerung beim Beschenkten – und er hat jedes Mal, wenn er dieses Geschenk nutzt oder betrachtet, eine positive Verknüpfung zu Ihnen im Kopf. Eine entsprechende Markierung wirkt also im doppelten Sinn.

Welcher Erfolgstreiber hinter einer auf mehrere Sinne ausgerichteten Positionierung und stringenten Markenführung steckt, beweist eindrucksvoll Abercrombie & Fitch. Die amerikanische Marke, die Casual Wear für ein jugendliches Publikum im oberen Preissegment anbietet, nutzt konsequent alle Sinne für die Markenführung:

→ Die Läden sind weltweit einheitlich designt.
→ Ein Markenteam wacht darüber, dass jedes einzelne Produkt in einer genau vorgegebenen Art zentimetergenau gefaltet im Regal präsentiert wird.

- ➜ Ein eigener markanter Duft legt eine Duftspur weit über den Shop hinaus.
- ➜ Das Verkaufsteam wird gecastet, damit es den Look der Marke perfekt verkörpert und darf nur Teile der aktuellen Kollektion tragen.
- ➜ Jeder Besucher des Shops wird mit einem genau vorgegebenen Satz begrüßt.
- ➜ Innerhalb des Shops herrscht Clubatmosphäre mit gedämpftem Licht und einer speziellen Hintergrundmusik.

So gelingt es Abercrombie & Fitch, einen regelrechten Hype um seine Produkte zu inszenieren, um einen sehr hohen Preis trotz wenig anspruchsvoller Produkte bei seiner Kundschaft durchzusetzen.

Sie können diese Prinzipien auch auf sich selbst übertragen. Wichtig ist, dass Ihr Markenzeichen

- ➜ im Idealfall Ihre Positionierung mit möglichst vielen Sinnen wahrnehmbar macht,
- ➜ Sie von anderen Menschen deutlich abhebt,
- ➜ Sie blitzschnell für andere erkennbar macht,
- ➜ positive Assoziationen im Kopf Ihres Gegenübers weckt,
- ➜ zu Ihnen passt und Sie sich damit langfristig wohlfühlen.

Ihre Kommunikation – senden Sie durchgängige Botschaften!

Kommunikation basiert im Wesentlichen auf drei Aspekten:

- ➜ Inhalt: Was sagen Sie?
- ➜ Stimm-Modulation und Lautstärke: Wie sagen Sie etwas?
- ➜ Körpersprache und Äußerlichkeiten: Welchen optischen Eindruck vermitteln Sie?

Kommunikationswissenschaftler gewichten diese drei Kriterien folgendermaßen:

7 Prozent	*Inhalt*
38 Prozent	*Stimme*
55 Prozent	*Körpersprache und Äußerlichkeiten*

Wenn also nur sieben Prozent unserer Kommunikation auf Inhalten basieren, ist es fast egal, was wir sagen. Viel wichtiger ist, wie wir etwas sagen – vor allem aber, welchen optischen Eindruck wir im allerersten Moment vermitteln! Ihr Gegenüber entscheidet in der Zeitspanne eines Wimpernschlags unbewusst darüber, wie er mit Ihnen umgehen wird und welche Fachkompetenz er Ihnen zutraut. Sie brauchen noch nicht einmal den Mund aufgetan zu haben. Körpersprache und Aussehen wirken sofort und setzen Assoziationen frei. Wie häufig haben Sie schon den Satz gehört: „Als die rein kam, war mir gleich alles klar. Das wird niemals gutgehen …" Der erste Eindruck wirkt wie ein Vorurteil, das schwer zu revidieren ist!

Der erste Eindruck ist mächtig!

Die Signale, die Sie in den ersten Sekunden einer Begegnung senden – bewusst oder unbewusst –, entscheiden über:

→ den Grad der Wahrnehmung Ihrer Person
→ das Maß an Kompetenz, das man Ihnen zutraut
→ die Art und Weise, wie man mit Ihnen umgeht
→ ob und wie man Ihnen zuhört
→ ob und wie man mit Ihnen spricht
→ ob und woran man sich inhaltlich von Ihnen erinnert (was Sie gesagt, getan, präsentiert haben oder welche Position Sie beziehen)
→ die grundsätzliche Einstellung zu Ihnen (die wie ein Vorurteil wirkt und eine sehr lang andauernde Wirkung hat)

Sie wollen den bestmöglichen Eindruck hinterlassen? Gestalten Sie diesen bewusst, wie es einer Marke gebührt. Gerade der Gestaltwille ist für jede erfolgreiche Marke unendlich wichtig. Sie haben es in der Hand, den ersten Eindruck, den Sie bei anderen hinterlassen, positiv zu gestalten, ohne unnatürlich zu wirken. Überlegen Sie, welche Attribute Ihre Markenpositionierung verstärken und unterstützen und wo mögliche Störer lauern:

Ihr Outfit: Werden Sie sichtbar! Wecken Sie nützliche Assoziationen!

→ Fühlen Sie sich wohl in Ihrer Kleidung? Gibt sie Ihnen ein gutes Gefühl oder fühlen Sie sich eher verkleidet?

- → Transportiert Ihr gesamtes Äußeres (Frisur, Makeup, Kleidung, Schuhe, Accessoires) Ihre Positionierung und das, wofür Sie stehen?
- → Unterstützen sich alle Aspekte, wie beispielsweise die Farben und Accessoires, die Sie tragen, gegenseitig oder senden sie völlig unterschiedliche Botschaften?
- → Respektieren Sie den grundsätzlichen Dresscode Ihrer Branche, Ihres Unternehmens?
- → In welcher Rolle sehen Sie sich und wollen Sie in diesem Zusammenhang gesehen werden? Orientieren Sie sich nach oben, nicht nach unten.
- → Heben Sie sich von Ihren Mitbewerbern positiv ab!
- → Haben Sie ein Erkennungsmerkmal, das Sie dauerhaft zu Ihrem Markenzeichen entwickeln können? Lässt es Sie sofort positiv aus der Masse herausstechen? Können Sie hiermit einen Anker im Kopf Ihrer Zielgruppe werfen?

Ein paar Tipps, die unabhängig von der Branche, in der Sie tätig sind, Gültigkeit haben:

- → Suchen Sie sich einen individuellen Look, der angemessen ist und der Sie deutlich positiv von Ihrem Umfeld abhebt.
- → Wenn Sie Ihren Stil gefunden haben, bleiben Sie dabei. Das sorgt ganz im Sinne einer guten Marke für Vertrauen und Orientierung. Andere sollen Sie nicht suchen, sie sollen Sie blitzschnell erkennen!
- → Bedenken Sie, dass Sie sich in der Masse verstecken, wenn Sie sich anziehen wie alle anderen. Gerade Grau, Beige, Schwarz, Dunkelblau sind Farben, die Sie in der Masse untergehen lassen. Eine Marke will gesehen werden und tut alles dafür, das Spotlight positiv auf sich selbst zu richten. Seien Sie mutig. Steht Ihnen eine Farbe besonders gut? Vielleicht könnte dies Ihr Erkennungsmerkmal werden?
- → Werden Sie als Frau sofort erkennbar! Versuchen Sie nicht, wie ein Mann auszusehen. Ziehen Sie Kostüme oder Kleider an. Marken heben sich positiv ab!
- → Vorsicht vor sexuellen Spielaufforderungen durch tiefe Ausschnitte, kurze Röcke, sexy Schlitze, klimpernde Ohrringe oder Armbänder und schrilles, glitzerndes Makeup. So werden Sie nicht ernst genommen!
- → Ein gepflegtes Erscheinungsbild vermittelt: Mit mir ist alles in Ordnung.

Die wissenschaftliche Erkenntnis dahinter: Im Trauer- oder Krankheitsfall vernachlässigen Menschen häufig ihr Äußeres. Daraus folgern wir völlig unbewusst, dass bei einem ungepflegten Äußeren etwas mit dem Menschen nicht stimmen kann.

Ihre Körpersprache: Strahlen Sie Selbstbewusstsein aus!

→ Schultern zurück, aufrechte Haltung, Kopf gerade
→ Fester Händedruck! Aber nicht schraubstockartig!
→ Suchen Sie häufig Blickkontakt.
→ Sprechen Sie lebendig. Ihre Mimik und Gestik sollten den Inhalt, den Sie vermitteln wollen, unterstreichen.
→ Lächeln Sie! Besonders, wenn Sie jemanden kennenlernen.

Ihre Stimme: So dringen Sie durch!

→ Wenn Sie eine Aussage machen, senken Sie Ihre Stimme am Ende des Satzes. Heben Sie Ihre Stimme nur bei einer Frage! Andernfalls stellen Sie nicht nur Ihre Aussage, sondern auch sich selbst in Frage!

Gut zu beobachten bei Deutschlands Vizekanzler (Stand 2012) Philipp Rösler. Er hebt am Ende jeden Satzes seine Stimme. Damit stellt er lauter Fragen, macht keine einzige Aussage und stellt vor allem sich selbst laufend in Frage. Und er kommt nicht zum Punkt. Wir reden uns schnell um Kopf und Kragen, wenn wir mit der Stimme oben bleiben. Wer sich selbst ständig in Frage stellt, kann nicht erwarten, dass andere ihn als Führungskraft akzeptieren und ihm folgen.

→ Sprechen Sie (angemessen) laut und deutlich – und in einem angemessenen Tempo.
→ Achten Sie darauf, dass in kritischen Situationen Ihre Stimme nicht schrill wird. Eine gelassene Stimme wirkt souverän. Auch wenn Sie es innerlich möglicherweise nicht sind.
→ Sprechen Sie moduliert statt monoton. Andernfalls schlafen Ihnen Ihre Zuhörer tatsächlich oder zumindest innerlich ein.
→ Atmen Sie!

Ein wichtiger Aspekt, wenn Sie vor Aufregung (etwa in Präsentationen) anfangen, hektisch zu atmen. Atmen Sie dreimal bewusst ganz tief aus. Ja aus, nicht ein! Das enge Gefühl in unserer Brust entsteht durch Hyperventilation. Ein archaischer Gefahren-Reflex (als solches empfindet Ihr Köper eine Präsentation oder Rede). Dieser Reflex bewirkt, dass wir extrem viel Sauerstoff aufnehmen, um unsere Muskeln bereit zu machen für die Flucht oder den Kampf. Dummerweise wird dabei unser Gehirn auf Autopilot gestellt. Wir können nicht mehr denken. Das liegt an einem Zuviel an Sauerstoff! Deshalb drei Mal tief ausatmen! Das signalisiert Ihrem Körper: alles ok, Bedrohung vorüber – und Sie können wieder denken. Andernfalls laufen Sie nicht nur Gefahr, ohnmächtig zu werden, Sie verlieren Ihre Zuhörer, weil diese sich automatisch Ihrem Atemrhythmus anpassen. In solchen Fällen schaltet deren Körper zum Selbstschutz instinktiv ab. Ihr Publikum beginnt, an etwas anderes zu denken oder schläft ein. Keine gute Sache, wenn Sie überzeugen wollen.

Ihr Sprechrhythmus und Ihre Darstellung: Bannen Sie Ihre Zuhörer!

➜ Machen Sie angenehme Pausen, damit andere Ihnen folgen können. Vor allem, wenn Sie auf wichtige Fragen antworten sollen.

Wenn wir mit einer Pause und Blickkontakt eine Antwort beginnen, hat unser Gegenüber das Empfinden, dass wir über seine Frage nachdenken. Das verleiht Ihrer Antwort wesentlich mehr Gewicht und zeigt dem Fragenden zusätzlich, dass Sie ihn und seine Frage besonders ernst nehmen. Eine Pause ist damit auch ein Zeichen der Wertschätzung. Außerdem erhalten Sie selbst Zeit, tatsächlich über Ihre Antwort nachzudenken. Wenn Sie diese nicht brauchen, auch gut. Dann können Sie sich entspannen und Ihr Augenmerk noch besser auf Ihr Gegenüber richten.

➜ Bringen Sie die Dinge auf den Punkt.

Sprechen Sie überlegt. Springen Sie nicht von einem Thema zum anderen. Quatschen Sie andere keinesfalls unstrukturiert tot. Gerade Männer hassen das!

→ Sprechen Sie in Bildern.

Erzählen Sie Geschichten, die sich Ihre Zuhörer leicht merken können. Reihen Sie nicht einfach Fakten aneinander.

→ Finden Sie das richtige Maß an Emotion!

Wenn Sie andere begeistern wollen, sollten Sie selbst begeistert sein.

→ Sprechen Sie die Sprache Ihrer Zuhörer und vermeiden Sie möglichst Fremdwörter.

Fremdwörter sind scheinbar Ausdruck großer Kompetenz. Viele Menschen verstecken sich dahinter, weil der Gesprächspartner sich nicht traut, nachzufragen, wenn er etwas nicht verstanden hat. Wenn Sie sprechen, wollen Sie eine Botschaft vermitteln. Doch wenn Sie nicht verstanden werden, ist diese Vorgehensweise nicht sehr effektiv. Unverständlich zu sprechen ist außerdem respektlos gegenüber Ihrem Gesprächspartner. Ihr Gesprächspartner wird sich missachtet statt anerkannt fühlen. Kein guter Ausgangspunkt, um andere zu überzeugen!

→ Achten Sie darauf, keine Weichspüler zu verwenden, die Ihrer Aussage jede Überzeugungskraft nehmen.

Vermeiden Sie Wörter wie „vielleicht", „eigentlich", „ein bisschen", „dürfte", „sollte", „man müsste mal …". Werden Sie konkret und sagen Sie, was Sie wollen: „Ich schlage vor, dass wir bis zum …"

→ Nutzen Sie eine positive Ausdrucksweise.

Wenn Sie beispielsweise auf ein Problem (= negativ) aufmerksam machen, schlagen Sie einen Lösungsweg (= positiv) vor und betonen Sie die Vorteile (= positiv) Ihrer Lösung.

Ihre Argumentation: Setzen Sie sich die Brille Ihres Gegenübers auf

Überlegen Sie in einer Diskussion, mit welchem Persönlichkeitstyp Sie es zu tun haben. Gerade in für Sie entscheidenden Gesprächen sollten Sie sich diese Frage vorab unbedingt stellen. Sprechen Sie dann in der Sprache Ihres Gegenübers, nicht in Ihrer! Sonst besteht die Gefahr, dass Sie Ihr Gegenüber nicht erreichen, geschweige denn überzeugen.

Gespräch mit einem Analytiker:

→ Seien Sie präzise, bringen Sie Zahlen, Beweise, Wahrscheinlichkeiten.
→ Argumentieren Sie, warum Sie Alternativen ablehnen.
→ Lassen Sie andere Möglichkeiten nicht einfach außer Acht.
→ Nehmen Sie sich Zeit. Lassen Sie Argumente wirken.

Gespräch mit einem Macher:

→ Geben Sie zuerst das Ergebnis bekannt, danach begründen Sie es kurz und knapp.
→ Beschränken Sie die Alternativen und machen Sie eine unmissverständliche Aussage.
→ Betonen Sie den konkreten praktischen Vorteil.
→ Visualisieren Sie das Ergebnis.

Gespräch mit einem Unterstützer:

→ Starten Sie mit Small Talk, bevor Sie zur Sache kommen.
→ Zeigen Sie, wie sich Ihr Vorschlag auf andere Menschen auswirkt.
→ Beziehen Sie sich auf die Vergangenheit.
→ Zeigen Sie, wie positiv sich Ihr Vorschlag auf die Unternehmenskultur auswirken wird, weil es Vergleiche hierzu gibt.
→ Kommunizieren Sie zwanglos.

Gespräch mit einem Expressiven:

→ Nehmen Sie sich viel Zeit.
→ Verbinden Sie Ideen, verfolgen Sie Nebenwege.
→ Was wird daraus in ferner Zukunft?
→ Betonen Sie die Einmaligkeit.
→ Zeigen Sie, was neu, besonders oder aufregend ist.

Beweisen Sie Souveränität – im Vortrag und im Einzelgespräch

➜ Beobachten Sie Ihre Zuhörer, wenn Sie sprechen.

Werden diese unruhig? Dann machen Sie nicht einfach so weiter. Suchen Sie den Grund dahinter. Vielleicht verlieren Sie sich zu sehr in Details, sind zu faktenorientiert und sprechen zu wenig in Bildern?

➜ Beharren Sie nicht stur auf Ihrer Meinung.

Wenn Sie im Gespräch auf großen Widerstand stoßen, kann ein Innehalten sehr sinnvoll sein. Aus ehrlicher Überzeugung auch bei Gegenwind standhaft zu bleiben ist gut. Sturheit hingegen bedeutet, Ihr Gegenüber nicht ernst zu nehmen, und lässt Sie mögliche Risiken übersehen.

➜ Bewahren Sie sich Ihren Humor!

In schwierigen Situationen kann Humor entschärfen und Sie sehr souverän wirken lassen. Charme und Humor werden immer honoriert und eröffnen oftmals neue Lösungswege.

Ihr Auftritt – auf welchen Bühnen sollten Sie glänzen?

Schon Woody Allen wusste: „Erfolg ist zu 80 Prozent eine Sache des bloßen „Sichblickenlassens." Doch wo sollte man sich blicken lassen? Wenn Sie sich überall blicken lassen, laufen Sie Gefahr, dass das Umfeld Sie schnell als nicht relevant und daher nicht ernstzunehmend einstuft. Die Faustformel lautet: Je bekannter Sie bereits sind, desto mehr Wert sollten Sie auf die Auswahl geeigneter Bühnen legen. Wer hingegen noch nicht bekannt ist, sollte vor allem an seiner Bekanntheit arbeiten und zu Beginn so viele Bühnen wie nötig nutzen, um bei Meinungsmachern und Entscheidungsträgern sichtbar zu werden und positive Aufmerksamkeit zu wecken.

Ihre Zielgruppe:
Vorab sollten Sie sich bewusst machen, wessen Unterstützung Sie benötigen, um Ihre Ziele zu erreichen.

→ Wer kann Ihnen helfen?
→ Wer muss Ihnen helfen? (Wer hat die Macht, die Sie benötigen?)
→ Wer wird Sie wahrscheinlich unterstützen?
→ Wer könnte daran interessiert sein, Sie aufzuhalten?
→ Wer agiert im Hintergrund als graue Eminenz?

Ihre Bühnen:
Wenn Sie sich überlegen, wo Sie nun sichtbar werden können und sollten, gibt es eine ganz einfache Leitlinie:

→ Wo halten sich die für Sie wichtigen Meinungsmacher und Entscheidungsträger auf?
→ Wo können Sie diese persönlich treffen?
→ Was lesen sie? Was interessiert sie?
→ Welche Fragen treibt diese aktuell und künftig um?
→ Was tun sie in ihrer Freizeit?
→ Sind diese sozial engagiert?
→ Wo gibt es zu Ihnen Überschneidungspunkte?

Welche Bühnen für Sie wichtig sind, hängt davon ab, welches Ziel Sie verfolgen, wie Sie sich positionieren und welche Zielgruppe Sie damit erreichen wollen. Häufig nehmen Frauen viele Bühnen gar nicht wahr, die sie wirkungsvoll mit überschaubarem Aufwand für sich nutzen könnten. Eine Auswahl dieser Bühnen finden Sie auf der nächsten Seite.

Wie Sie in Ihrem beruflichen Umfeld mit geringem Aufwand große Wirkung erzielen

→ Kommunizieren Sie Ihre Erfolge unmissverständlich! Und schützen Sie Ihre Erfolge!

Weiß Ihr Vorgesetzter, was Sie leisten? Eine scheinbar simple Frage mit oftmals erschreckenden Antworten. Denn häufig wissen Chefs nicht so genau,

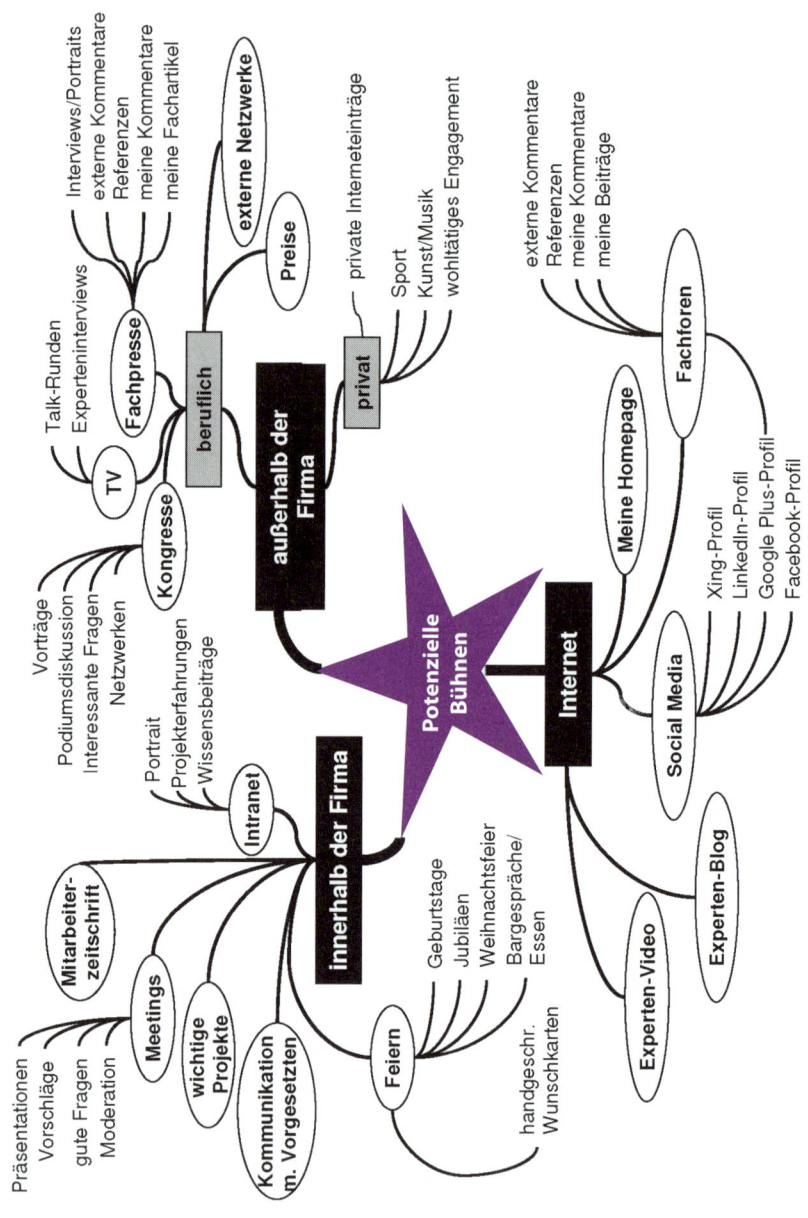

Abb. 8: Mindmap potenzieller Bühnen

was ihre Mitarbeiter für das Unternehmen tun. Und noch gravierender: Derjenige, der Erfolge kommuniziert, wird automatisch mit der Leistung verknüpft. Warum sollten Sie nicht künftig der Überbringer der guten Botschaft sein!? In vielen global agierenden Unternehmen gibt es zudem eine räumliche Trennung, so dass Vorgesetzter und Mitarbeiter sogar in verschiedenen Ländern und Zeitzonen arbeiten. Geht es Ihnen auch so? Dann könnten Sie eine regelmäßige E-Mail einführen, mit der Sie Ihrem Vorgesetzten in festgelegten Intervallen mitteilen, woran Sie derzeit konkret arbeiten, wie der aktuelle Stand ist und welche Erfolge auf Sie zurückzuführen sind. Bei herausragenden Erfolgen benachrichtigen Sie ihn natürlich sofort. Wenn Sie dies kurz und knapp halten, wird Ihr Vorgesetzter dies voraussichtlich schätzen. Vor allem kann er Sie besser einschätzen und damit auch wertschätzen.

→ Achten Sie auf Zusammentreffen mit den wirklich Einflussreichen!

Suchen Sie bewusst nach Möglichkeiten, mit den Meinungsmachern und Entscheidungsträgern Ihres Unternehmens oder wichtigen Kunden und besonders wichtigen Anteilseignern oder Inhabern auch über Ihren eigenen Bereich hinaus in Kontakt zu treten. Dies können Konferenzen, Präsentationen und andere fachliche Zusammenkünfte sein. Sorgen Sie dafür, dass Sie bei diesen Menschen bekannt werden, dass diese auf Sie aufmerksam werden und Assoziationen zu Ihnen entwickeln, die Ihre Positionierung bekräftigen und Sie positiv aus der Masse abheben. Fachlich funktioniert dies selbstverständlich über Leistung. Noch wirksamer sind aber Treffen, bei denen fachliche Inhalte in den Hintergrund treten.

→ Nehmen Sie spontane Einladungen Vorgesetzter an – und spielen Sie nicht die „Arbeitsbiene"!

Angenommen, Ihr Vorstand oder ein anderer Top-Manager lädt Sie überraschend zu einem spontanen Umtrunk ein. Es ist bereits 19:00 Uhr und Sie bearbeiten gerade zusammen mit Ihrem Kollegen eine wichtige Kundenpräsentation für das Treffen am nächsten Tag. Sie wollen das Projekt, das Sie morgen vorstellen sollen, unbedingt gewinnen. Diese Einladung passt Ihnen momentan gar nicht. Gleiches gilt für Ihren Kollegen. Doch was macht er? Sofort lässt er alles stehen und liegen und nimmt die Einladung ohne zu zögern an. Klar, Sie machen das schon. Auf Sie ist eben Verlass.

Doch Vorsicht! Ist dies eine gute Idee, wenn wir bedenken, dass 60 Prozent unseres beruflichen Fortkommens von unseren guten Beziehungen abhängen? Außerdem könnten Sie den Einladenden verprellen. Denn eine Einladung anzunehmen ist auch ein Zeichen der Wertschätzung. Umgekehrt bedeutet eine Absage: Du bist mir nicht so wichtig! Also raus aus Ihrem Büro. Nehmen Sie die Einladung ebenfalls ohne zu Zögern an! Sie müssen ja nicht die ganze Nacht opfern. Aber Sie sollten sich unbedingt zeigen, wenn Sie Karriere machen wollen! Das ist die einfachste Möglichkeit, sichtbar zu werden. Und wer sich bereits im Kreis wichtiger Entscheidungsträger seines Unternehmens bewegt, der wird automatisch von anderen ebenfalls als wichtig eingestuft. Andernfalls dürfen Sie sich nicht wundern, wenn Ihr Kollege trotz schlechterer Leistung auf der Karriereleiter an Ihnen vorbeizieht!

→ Gehen Sie abends mit an die Bar, seien Sie keine „Spaßbremse"!

Gleiches gilt für die berühmt berüchtigte Bar am Abend, etwa nach Führungskräftemeetings. Kaum etwas verbindet mehr als gemeinsame Erlebnisse abseits der Arbeit. Dies kann Sport sein (Golfrunden sind absolut nicht zu unterschätzen! Sie laufen maximal zu viert vier bis fünf Stunden gemeinsam durch die Natur!), soziales Engagement oder eben das gemeinsame Feiern. Gerade die Abende an der Bar sind für viele Menschen (vorrangig Männer) die perfekte Bühne, um den neuen Job zu erlangen, auf den sie möglicherweise schon sehr lange hinarbeiten. Daher sollten auch Sie abends an der Bar bleiben, wenn alle Ihre männlichen Kollegen dies ebenfalls tun. Sie haben dazu keine Lust? Dort werden immer nur dämliche Witze gerissen? Und überhaupt, was sollen Sie da bloß sagen?

Aber was wäre, wenn hier um Zuständigkeiten, Geld, Ressourcen, Positionen und schlicht um Macht gepokert würde? Wäre es dann eine gute Idee, das Spielfeld gar nicht erst zu betreten? Wenn Sie aufsteigen wollen, sollten Sie dabei sein. Es ist eine der wirksamsten und leichtesten zu bespielenden Bühnen. Wie Sie hier punkten, lesen Sie in Kapitel 4.

→ Lassen Sie sich auszeichnen! Glänzen Sie!

Für jeden Fachbereich, für jede Branche gibt es heute Preise und Auszeichnungen, die von Medien, Verbänden, Unternehmen oder anderen Initiativen verliehen werden. Preise sind Wegweiser für ausgezeichnete Leistungen und ein wertvolles Instrument, um nicht selbst marktschreierisch auf eigene Leistungen und Erfolge hinweisen zu müssen. Vielmehr wird mit einem Preis eine Leistung elegant von einem mehr oder weniger unabhängigen Dritten anerkannt und ausgezeichnet. Ein Preis ist eine besonders wertvolle Empfehlung oder Referenz, die leider von Frauen viel zu häufig unterschätzt wird. Sie finden eine Übersicht über Preise, die von Wirtschaftsmagazinen, Verbänden und Handelskammern verliehen werden, z.B. unter www.biz-awards.de.

Welcher Preis lässt Sie glänzen?

BEST PRACTICE

Tina Müller – die Marketingstrategin

Nach einem Traineeship bei L'Oréal und ersten beruflichen Erfahrungen bei Wella startet Tina Müller 1995 ihre Karriere bei Henkel. Innerhalb von neun Jahren verantwortet sie als Marketing Managerin und Corporate Vice President das weltweite Haargeschäft des Familienkonzerns. Sie entstaubt die Marke Schwarzkopf und macht sie zur umsatzstärksten Einzelmarke bei Henkel. Entgegen vieler Erwartungen gelingt ihr nach Brancheneinschätzungen mit Syoss die erfolgreichste Einführung eines Haarpflegeprodukts seit zehn Jahren in einem scheinbar dichten Markt. Zu diesem Zeitpunkt kennen nur wenige Insider ihren Namen. Da bewirbt sie sich 2009 für den renommierten Deutschen Marketingpreis, den sie prompt erhält. Das enorme Medienecho auf diese Auszeichnung macht sie bekannt. Ja mehr noch, es verknüpft ihren Namen mit einem eindrucksvollen Erfolg. Sie nutzt die Aufmerksamkeit, um als unterhaltsame und polarisierende Rednerin ihre Bekanntheit weiter auszubauen und ihr Profil weiter zu schärfen. Weitere Preise folgen. So wird sie 2010 von der Fachzeitschrift Werben & Verkaufen als wichtigster Marketingmanager ausgezeichnet. Kurz darauf wird sie von der Unternehmensberatung Booz & Company gar zum „CMO of the Year" gekürt. Im Juli 2012 gibt sie ihre Trennung von Henkel bekannt. Zu diesem Zeitpunkt wird sie als aussichtsreiche Kandidatin für einen Vorstandsposten bei Beiersdorf für das Ressort Nivea gehandelt.

Für Tina Müller war der Deutsche Marketingpreis die entscheidende Bühne, um sie bei wichtigen Entscheidungsträgern und Meinungsmachern bekannt zu machen und ihren Namen mit einer konkreten Erfolgserwartung zu verknüpfen.

Steigern Sie Ihren Bekanntheitsgrad in Ämtern und Politik!

Sie sind Mitglied in einem Verband oder einer politischen Partei? Schön und gut – wirklich wertvoll ist diese Mitgliedschaft erst dann, wenn Sie diese Plattform auch bewusst nutzen. Sie werden nur sichtbar, wenn Sie ein wichtiges Amt übernehmen!

• •

BEST PRACTICE

Marie-Christine Ostermann – machtvolle Werte

Als Geschäftsführerin des Lebensmittelgroßhändlers Rullko hat Marie-Christine Ostermann nur begrenzten Nachrichtenwert. Doch als Präsidentin des BJU (Bund Junger Unternehmer) ist sie ein gern gesehener Gast in allen Medien, ob TV, Print oder Internet. Sie schuf sich so innerhalb kurzer Zeit enorme Bekanntheit und nutzte die Aufmerksamkeit der Medien, um ihr Profil und ihre Position deutlich zu machen. Durch ihren Verbandsvorsitz erhöht sie nicht nur ihre Bekanntheit, sie schafft sich ein wertvolles und einflussreiches Netzwerk, das neben Spitzenvertretern aus der Politik und den Medien auch andere wichtige Meinungsmacher und Entscheidungsträger umfasst. Damit vergrößert sie nicht nur ihren eigenen Einfluss. Daraus ergeben sich auch weitere interessante Bühnen: Die im August 2012 gestartete bundesweite Kampagne der Wertekommission will das Werteverständnis innerhalb der deutschen Wirtschaft fördern. Marie-Christine Ostermann, Bundesvorsitzende des BJU, steht stellvertretend für einen der sechs Kernwerte der Kampagne. Sie ist die einzige Frau, die einen Wert der Kampagne repräsentiert! Das erhöht ihre Sichtbarkeit und ihren Erinnerungswert zusätzlich.

• •

Derzeit gehen Schätzungen davon aus, dass allein in Deutschland ca. 15.000 Verbände existieren. Darunter sollte auch für Sie etwas dabei sein. Unter www.verbaende.com/adressen/suche.php können Sie alle Verbände recherchieren. Sie erhalten durch Ihr Engagement in einem Verband neben einer wertvollen Bühne und einem möglicherweise herausragenden Netzwerk zudem eine einmalige Gelegenheit. Die Gelegenheit, Ihre Fähigkeit zu entwickeln, an Entscheidungen maßgeblich mitzuwirken und Ihren eigenen Einfluss kontinuierlich auszuweiten. Wie wichtig dies für Ihren Aufstieg an die Spitze ist, lesen Sie in Kapitel 5.

Zeigen Sie Präsenz im World Wide Web!

➜ Nutzen Sie die Bühne mit der größten Reichweite konsequent für Ihre Karriere?

Wenn Sie sich als Expertin zu einem Thema deutlich positionieren, dann aber im Internet nicht gefunden werden, ist das ein Minuspunkt für Sie. Ihre Glaubwürdigkeit nimmt Schaden, auch wenn Ihre fachliche Expertise tatsächlich vorhanden ist. Das Internet ist nun einmal das Medium der sofortigen Recherche: Wer ist das? Was hat derjenige zu bieten? Gibt es da Belege? Sorgen Sie also dafür, dass grundsätzliche Informationen zu Ihrer Person im Internet sofort gefunden werden. Sie verschenken sonst wertvolle Chancen auf mehr Gehalt und interessante Jobangebote. Headhunter suchen im Internet gezielt nach Kandidatinnen.

➜ Wie regelmäßig durchsuchen Sie Google nach Ihrer Präsenz im Netz?

Ego-Googlen nennt sich der Test Ihrer Sichtbarkeit und Ihrer Darstellung im Netz. Wie oft werden Sie genannt? Wie weit oben stehen Sie bei Google? Was erscheint unter Ihrem Namen? Ist dies hilfreich oder führt es von Ihrer Markenpositionierung weg?

Der einfachste Weg, das Internet als berufliche Bühne gezielt zu nutzen, sind aktuelle Profile in den gängigen Social Networks wie beispielsweise XING, LinkedIn oder auch Facebook und Google plus sowie eine eigene Website unter Ihrem Namen. Zum einen, um sichtbar zu werden. Zum anderen, um Ihre eigene Online-Reputation vor Missbrauch Fremder zu schützen, die andernfalls unter Ihrem Namen agieren könnten. Auch hier sollten Sie Ihre angestrebte Profilierung, Ihre Stärken, Ihre Erfolge und Ihr Potenzial deutlich sichtbar machen.

→ Achten Sie darauf, dass die Inhalte, die Sie einstellen, sich gegenseitig bestärken und sich nicht zuwiderlaufen.

→ Zeigen Sie etwas Markantes, was Sie deutlich von der Masse abhebt. Bleiben Sie dabei stets professionell.

→ Wenn Sie interessante, etwa gesellschaftlich relevante Fragestellungen haben – dann zeigen Sie dies in Ihrem Profil. Ein außergewöhnlicher Auftritt kann Ihnen viele Türen öffnen.

→ Schreiben Sie ein Blog, wenn Sie sich als Expertin für ein bestimmtes Thema positionieren wollen. Treten Sie Expertengruppen zu diesem Thema bei. Moderieren Sie diese Gruppen.

→ Oder twittern Sie. In 140 Zeichen können Sie knackige Aussagen treffen, auf interessante Links verweisen oder anspruchsvolle Fragen stellen.

Wie mächtig Social Media generell und der Kurznachrichtendienst im Besonderen sind, konnten wir im jüngsten amerikanischen Präsidentschaftswahlkampf zwischen Barack Obama und Mitt Romney erneut besichtigen.

BEST PRACTICE

Die Macht von Social Media

Bereits in seinem ersten Wahlkampf 2008 nutzte Barack Obama das World Wide Web professionell für seine Zwecke. Mit Unterstützung des Facebook-Mitbegründers Charles Hughes schuf er sich ein modernes und jugendliches Image, das ihm nicht zuletzt den Sieg gegen seinen Konkurrenten John McCain einbrachte. Auch im zweiten Kampf um die Präsidentschaft im Jahr 2012 hatte Obama gegenüber seinem Herausforderer Mitt Romney die Nase vorn. „Der republikanische Herausforderer hat drei Tage nach dem Nominierungsparteitag die Eine-Million-Marke an Twitter Followern geknackt. Obama kann über eine so kleine Anhängerschaft nur lachen. Mehr als 19 Millionen Menschen haben die Tweets des amtierenden Präsidenten abonniert." (Quelle: www.sueddeutsche.de/politik/wahlkampf-romney-wirbt-um-twitter-anhaenger-1.1458222)

Doch auch bei Social Media gilt: Fokussieren Sie sich. Seien Sie nicht überall dabei, sondern suchen Sie sich auch im Internet jenen Kommunikationskanal, der von Ihrer Zielgruppe genutzt wird, der Ihnen wichtige Kontakte ermöglicht, kurz, der Sie Ihrem Ziel näher bringt. Auch hier zählt Klasse statt Masse.

Achten Sie unbedingt darauf, mit privaten Informationen im Netz vorsichtig umzugehen. Diese haben schon so manche Karriere vorschnell beendet. Personalabteilungen interessieren sich heute sehr für die Online-Profile von aussichtsreichen Kandidaten. Auch wenn der nächste Karriereschritt innerhalb des Unternehmens erfolgt. Personensuchmaschinen wie beispielsweise Spock oder Yasni bündeln heute alle im Netz verfügbaren Informationen zu einer Person. Und dies völlig ungefragt! Sie müssen sich dafür nicht gesondert anmelden. Es genügt, wenn Sie Mitglied eines Social Networks sind. Personalsuchende nutzen diese Werkzeuge nicht nur für die Recherche nach geeigneten Kandidaten, sondern auch zur Beurteilung von Bewerbungsunterlagen. Die meisten geben an, dass sie heute scheinbar geeignete Bewerber abweisen, sofern ihnen deren Internet-Präsenz missfällt. Dies kann viele Gründe haben.

Vorsicht: private Infos im Netz!

Prüfen Sie, in welchen Gruppen Sie Mitglied sind oder wo Sie unter Ihrem Namen „Like"-Zeichen setzen. All dies kann Ihnen zum Nachteil gereichen. Besonders wenn kompromittierende Inhalte aus Ihrer Jugend im Netz stehen. Achten Sie besonders auf Fotos, die eventuell andere von Ihnen ins Web stellen. Blockieren Sie diese notfalls. Bilder sagen mehr als tausend Worte! Denken Sie nur an das triumphierende Bild von Josef Ackermann, der breit lachend mit Victory-Zeichen während des Mannesmann-Prozesses vor den Kameras der Journalisten posierte. Ein kurzer, unangebrachter Auftritt, der sich tief in das kollektive Gedächtnis gebrannt und Ackermann viel Vertrauen gekostet hat. Ein Kommunikationsfehler mit fataler Wirkung. Wie viel unangebrachter könnten mitunter private Bilder sein? Solange Sie keine Person des öffentlichen Interesses sind, schützt das Recht am eigenen Bild Sie davor, dass unbefugt Fotos von Ihnen verbreitet werden.

Achten Sie auch auf so scheinbar banale Dinge wie Ihre Amazon-Wunschliste. Wenn solche Inhalte Ihre ersten Suchergebnisse über Sie im Netz bestimmen, kann schnell ein völlig falscher Eindruck von Ihnen entstehen!

Und greifen Sie niemanden im Netz persönlich an. Was Sie geschrieben haben, tut Ihnen vielleicht später leid, doch Sie können es nicht zurücknehmen. Es wird lange Bestand haben. Zudem fallen Anschuldigungen letztlich immer auf Sie selbst zurück!

Für alle Bühnen gilt: Nutzen Sie den Matthäus-Effekt

„Der amerikanische Soziologe Robert Merton zeigte, dass bekannte wissenschaftliche Autoren immer berühmter werden, weil sie häufiger von anderen zitiert werden als unbekannte Autoren – selbst wenn diese womöglich zu den gleichen Ergebnissen gekommen sind. Das ist der Grund, warum beispielsweise Preise und Auszeichnungen überproportional häufig an die gleichen Personen gehen." (Quelle: Payback, S.123, Frank Schirrmacher) Merton bezeichnet dies als „Matthäus-Effekt", abgeleitet aus dem neuen Testament: „Denn wer da hat, dem wird gegeben werden, dass er Fülle habe; wer aber nicht hat, von dem wird auch genommen, was er hat." Mt. 25,29.

Wer Aufmerksamkeit erlangt hat, bekommt automatisch noch mehr Aufmerksamkeit: Sie können die Wahrheit dieses Effekts leicht überprüfen. Schalten Sie in die nächste politische TV-Diskussion. Egal auf welchem Sender, immer treten dieselben Menschen als so genannte Experten auf. Wäre es nicht interessanter, durch neue Köpfe einmal neue Gedanken in diesen Runden zuzulassen? Der Grund, weshalb dies nicht geschieht, ist der Matthäus-Effekt.

Aufmerksamkeit erzeugt mehr Aufmerksamkeit!

• •

BEST PRACTICE

Dirk Müller – Mr. DAX

Wie gewaltig dieser Effekt ist, beweist der Aufstieg von Dirk Müller. Als Börsenmakler wurde er bekannt, weil sich sein Arbeitsplatz auf dem Parkett der Frankfurter Börse zufällig unter der DAX-Kurstafel befand. Die Berichterstattung der TV-Medien über den Kursverlauf des DAX nutzte sein ausdrucksstarkes Minenspiel als Sinnbild für das aktuelle Börsengeschehen. Aus Dirk Müller wurde mit der Zeit

„Mr. DAX". Aus Mr. DAX wurde „der Mann, der die Krise voraussagte". Er selbst bezeichnet sich gern als „Anwalt der Anleger". Heute taucht Müller – ein einfacher Bankkaufmann – in prominenten Diskussionsrunden gar zur Euro-Rettung als Experte auf!

Ihre Markenstrategie – welche Maßnahmen Sie Ihrem Ziel näher bringen

Alle Komponenten eines Markensystems hängen zusammen. Sie entfalten dann ihre größte Wirkung und damit ihre volle Markenenergie, wenn sie sich gegenseitig unterstützen und gleichsam auf ein Ziel ausgerichtet werden. Welche Schwerpunkte gesetzt werden, hängt maßgeblich vom individuellen Ziel und vom derzeitigen Ist-Zustand ab.

→ Wer noch nicht bekannt ist, wird vorrangig an seiner Bekanntheit arbeiten.

→ Wer ein wichtiges Thema besetzen will, wird sich darauf konzentrieren, die entsprechende Positionierung voranzutreiben.

→ Wer bereits richtig positioniert ist und auch einen guten Bekanntheitsgrad erreicht hat, wird möglicherweise seine Kommunikation verfeinern, um seine Überzeugungskraft zu stärken.

Jede Komponente an sich ist wertvoll und kann zu einem besonderen Erfolgsturbo werden. Eine echte Rakete zünden Sie dann, wenn Sie alle Komponenten nutzen und aufeinander abstimmen.

Die Komponenten Positionierung, Markierung, Kommunikation und Bühnen im Markensystem zusammengefasst

Wenn Sie alle Komponenten Ihres Markensystems unter Berücksichtigung Ihres Ziels stetig stärken, aufeinander abstimmen sowie Ihre gewählte Positionierung beibehalten und kontinuierlich selbstähnlich reproduzieren, wird die von Ihnen erzeugte Markenenergie bei Ihrer Zielgruppe zwangsläufig immer

Ursache   Wirkung

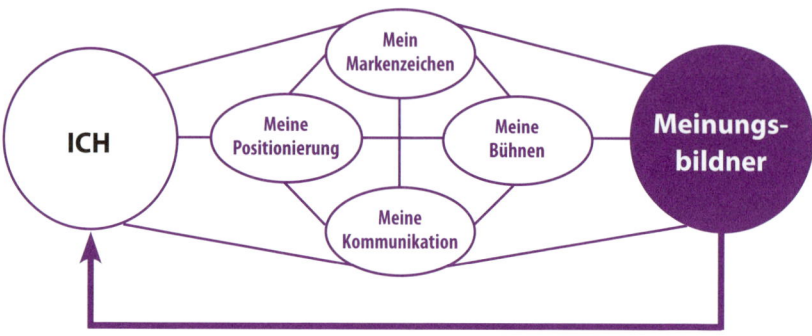

Gegenwert in Positionen, Geld, Anerkennung

Abb. 9: Komponenten des Markensystems (in Anlehnung an die Markentechnik des Markeninstituts Genf)

größer. Je größer diese Energie ist, desto mehr Anerkennung, interessante Aufgaben, Entwicklungspotenzial, Gestaltungsspielraum, Bezahlung und höhere Positionen erhalten Sie.

Welche Maßnahmen werden Sie jetzt ergreifen, um Ihre Marke ICH zu entfalten? Schreiben Sie diese auf!

Überprüfen Sie Ihre eigene Markenstrategie abschließend mit folgenden Fragen:

→ Bringen Sie das, was in Ihnen steckt, für andere zum Ausdruck?
→ Können Sie Ihre Positionierung so konkret wie möglich machen und diese sogar mit Zahlen, Daten, Fakten untermauern und messbar machen?
→ Können Sie zu einem wichtigen Thema „die Expertin" werden und damit Erste im Kopf von Meinungsbildnern und Kunden?
→ Welche Sinne können Sie kontinuierlich ansprechen, um Ihre Positionierung für andere blitzschnell erlebbar zu machen?
→ Schätzen andere Menschen Sie daher sofort richtig ein?
→ Wer ist Ihre Zielgruppe?
→ Sind Sie bei dieser Zielgruppe bereits ausreichend bekannt?

→ Auf welchen Bühnen können Sie Ihre Zielgruppe optimal erreichen? Worauf wollen Sie sich konzentrieren?

→ Entwickelt Ihre Zielgruppe die Assoziationen zu Ihnen, die Sie mit Ihrer Marke ICH ausdrücken wollen?

→ Sind diese Assoziationen auch wertvoll und relevant für Ihre Zielgruppe?

→ Heben Sie sich dadurch deutlich von ihren Konkurrenten positiv ab?

→ Vermitteln Sie Ihre Marke ICH mit allen Komponenten (Positionierung + Markierung + Bühnen + Kommunikation) durchgängig, so dass alle Komponenten einander verstärken?

Bedenken Sie: Wenn andere nicht wahrnehmen, was in uns steckt, so liegt dies immer an uns selbst! Wenn wir es nicht selbst aktiv zeigen, wie sollen es andere dann erkennen?

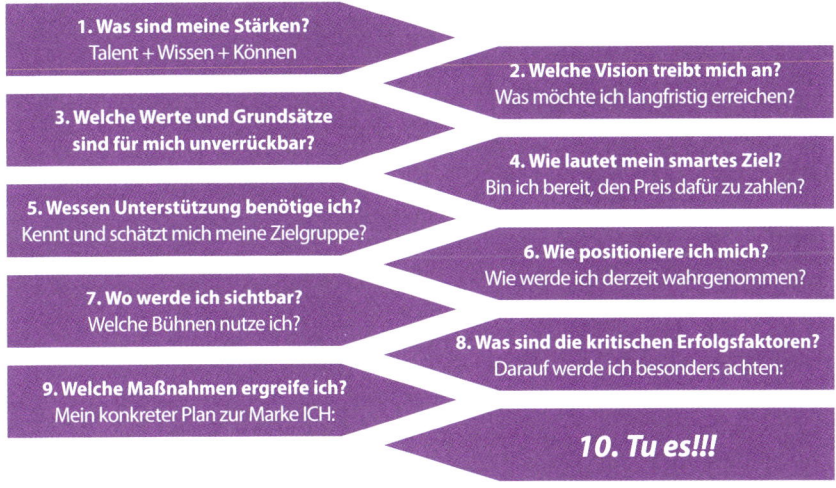

Abb. 10: Ihre Markenführung im Prozess © Och Consulting – Personal & Corporate Branding

Beachten Sie kritische Erfolgsfaktoren – verwandeln Sie Hindernisse in Sprungbretter!

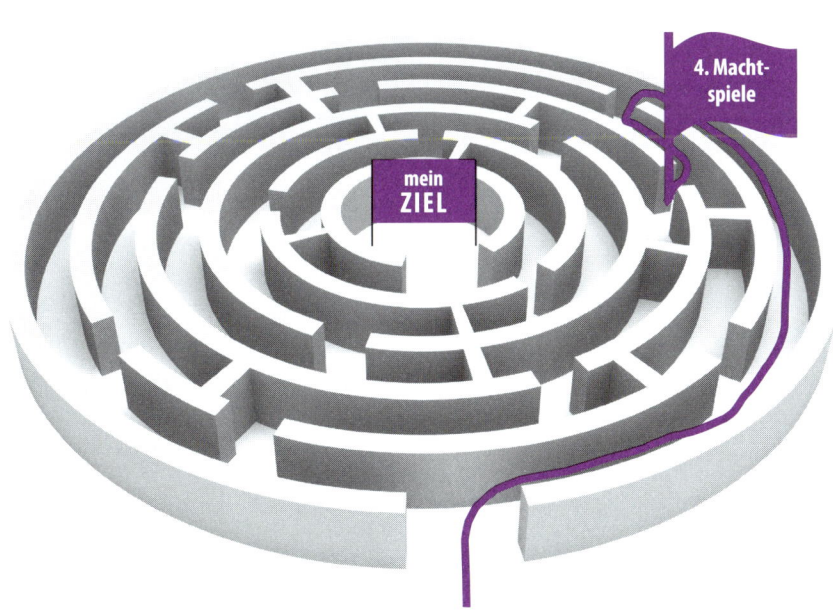

mein
ZIEL

4. Macht-
spiele

S ie wissen jetzt, was Sie können, was Sie wollen und wie Sie Ihre eigenen Ziele mit denen anderer verknüpfen können. Sie sind sich Ihrer eigenen Werte bewusst und handeln danach. Sie leisten kontinuierlich und professionell hervorragende Arbeit. Sie werden mit Ihren Leistungen ab sofort auch sichtbar. Damit sind Sie schon weiter als viele andere in das Karrierelabyrinth vorgedrungen. Jetzt kommt es darauf an, ein Bewusstsein für Macht zu entwickeln. Für Ihre eigene Macht und für die Machtverhältnisse um Sie herum. Denn diese ändern sich kontinuierlich.

Möglicherweise haben Sie Machtspiele bislang immer abgelehnt. Wenn Sie in Ihrem Unternehmen aufsteigen wollen, können Sie sich das keinesfalls erlauben. Warum? Manager werden nach ihrer Wirksamkeit bewertet. Schaffen Sie es, auch gegen großen Widerstand Entscheidungen nicht nur zu treffen, sondern auch wirkungsvoll durchzusetzen? Dann gelten Sie als besonders erfolgreich. Dies setzt voraus, einflussreiche Meinungsmacher, Entscheidungsträger und gegebenenfalls graue Eminenzen im Hintergrund für die eigenen Ideen und Ziele zu gewinnen. Dies gilt nicht nur für Vorgesetzte, sondern gleichermaßen für Kollegen und Mitarbeiter. Je größer Ihr eigener Einfluss oder Ihre Macht sind, desto leichter wird es Ihnen fallen, Ihre Ziele zu erreichen. Macht ist also eine Voraussetzung für Ihren Erfolg. Und Ihre Machtposition hängt nicht nur davon ab, welchen klangvollen Titel Sie besitzen.

Die eigene Wirksamkeit zu beweisen bedeutet auch, sich auf das Wesentliche zu fokussieren. Nicht Perfektion auf allen Gebieten ist gefragt, sondern die Konzentration auf die Arbeiten, die Sie und Ihr Unternehmen voran bringen. Das erfordert ein hohes Maß an Selbstbestimmung und Eigeninitiative. Entgehen Sie der Fleiß- und Perfektionsfalle, in der Sie immer mehr arbeiten und andere Ihre Lorbeeren kassieren. Und lassen Sie sich nicht manipulieren. Ab sofort sind politisches Denken und Handeln unerlässlich. Je größer das Unternehmen ist, in dem Sie arbeiten, desto mehr rivalisierende Interessen treffen aufeinander. Oder kennen Sie ein Unternehmen, in dem alle Mitarbeiter harmonisch und konfliktfrei zusammenarbeiten, weil sie sich dem Ziel ihres Unternehmens so sehr verschrieben haben, dass sie dieses mit ihrem Eigeninteresse gleichsetzen oder ihr Eigeninteresse dahinter kontinuierlich zurückstellen? Wie erfolgreich Sie sein werden, hängt davon ab, wie Sie Ihre eigenen

Ziele und Interessen auch gegen die Ziele und Interessen anderer durch- und umsetzen können!

Die Spielregeln der Macht – wer Chinesisch spricht, ist noch kein Chinese

Wie viel Einfluss haben Sie? Auf wen oder was? Spielen Sie bereits mit im Spiel um Macht und erweitern Sie ganz bewusst und kontinuierlich Ihren Einfluss? Oder sehen Sie sich des Öfteren gezwungen, zu etwas „ja" zu sagen, obwohl sie „nein" meinen? Sind Ihnen diese Spielchen zu blöd? Sie wollen sich lieber auf die Sachebene konzentrieren? Sie haben keine Lust, sich in dieses Haifischbecken zu begeben? Verständlich. Doch Sie sitzen längst drin! Diesem Spiel nicht auszuweichen, sondern es in entscheidenden Situationen zu gewinnen, um den eigenen Einfluss zu sichern und auszubauen, ist gerade in stark hierarchisch geprägten Unternehmen der zentrale Dreh- und Angelpunkt jeder Spitzen-Karriere. Wenn Sie die Spielregeln kennen, kann es sogar Spaß machen, weil Sie diese für sich zu nutzen wissen. Dies bedeutet nicht, zu intrigieren oder zu unfairen Mitteln zu greifen. Es bedeutet vielmehr, selbstbestimmt zu handeln und eigene Ziele leichter durchzusetzen. Es bedeutet, ein Bewusstsein nicht nur für sich, sondern auch für die anderen Akteure zu haben.

● ●

WISSEN UND FORSCHEN
Machtpolitik oder Männerbund

„Zum Umgang mit einem hierarchischen sozialen System wie dem Männerbund gehört immer auch der Umgang mit Macht", schreiben die Wissenschaftlerinnen Daniela Rastetter und Christiane Jüngling im Rahmen ihres Forschungsprojekts „Aufstiegskompetenz von Frauen", das gemeinsam von den Universitäten Hamburg und Leipzig initiiert und vom Europäischen Sozialfonds gefördert wurde. „Frauen müssen sich mit dem Thema Macht auseinandersetzen, mit ihrem eigenen Zugang zu Machtfragen ebenso wie mit den Machtstrategien der männlichen Führungskräfte. Sie brauchen die Kompetenz, auf gleicher Ebene mit dem männlichen Managerstereotyp strategisch zu antworten, ohne sich persönlich angegriffen zu fühlen oder zu versuchen, Machtspiele durch Sachverstand und Leistung zu gewinnen." Und weiter: „Macht ist nicht allein an formale Hierarchien gebunden. Es gibt Spielräume, die ausgeschöpft werden müssen. Hier können weibliche Führungskräfte ihre mikropolitischen Fertigkeiten stark erweitern, beispielsweise in Netzwerken, Mentorings, Trainings und Coachings. Mikropolitische Kompetenz lässt sich positiv als eine Art soziale Kompetenz begreifen, die bisher eher von Männern genutzt wurde und jetzt vielleicht die letzten Männerbastionen im Management erfolgreich bezwingen hilft."

Prüfen Sie Ihre Interessen und die der anderen Akteure:

→ Welche Ziele verfolgen diese?
→ Wo können Sie einander unterstützen?
→ Wo bestehen gegenläufige Interessen?
→ Wo liegt Konfliktpotenzial?
→ Mit welcher Taktik können Sie Ihr Ziel erreichen?
→ Wie sehen die nächsten Züge aus?
→ Welche Reaktionen erfolgen wahrscheinlich?

Mit einem Bewusstsein für die Spielregeln werden Sie getarnte Angriffe und unfaire Taktiken anderer rechtzeitig erkennen, um wirkungsvolle Gegenmaßnahmen zu ergreifen. Wechseln Sie aus der Ohnmacht zur Macht! Und denken Sie daran: Es ist nur ein Spiel – mal gewinnt man, mal verliert man.

Beherrsche die Spielregeln!

Spielregeln der Macht sind für die meisten Frauen wie eine Fremdsprache. Wenn Sie aufsteigen wollen, ist es unumgänglich, diese Spielregeln zu erlernen. Warum? Stellen Sie sich einfach vor, Sie beschließen, ab morgen in China geschäftlich tätig zu werden. Ihre Sprache ist Deutsch. Sobald Sie in China eintreffen, werden Sie erkennen, dass kein Chinese Sie versteht, wenn Sie Deutsch sprechen. Umgekehrt verstehen Sie auch keinen Chinesen. Zusätzlich bestehen kulturell unterschiedliche Verhaltensweisen, die Sie ebenfalls nicht deuten können, weil Ihnen der Zugang fehlt. Wie verhalten Sie sich in dieser Situation? Beharren Sie darauf, dass 1,3 Milliarden Chinesen ganz schnell Deutsch lernen? Natürlich nicht. Das würde uns gar nicht in den Sinn kommen. Aber genau das verlangen wir Frauen derzeit in einer Vielzahl der Unternehmen. Und es ist noch gravierender. Ab dem Zeitpunkt, wo wir ein interessanter Spielpartner und Herausforderer im Spiel um Macht werden, merken wir häufig nicht, dass wir ganz schnell eine uns höchstwahrscheinlich unbekannte Sprache lernen sollten, da wir ja immer noch alle vorrangig vermeintlich „Deutsch" oder möglicherweise „English" sprechen. Ihren Dolmetscher finden Sie hier. Trainieren müssen Sie selbst. Und keine Angst, nur weil Sie Chinesisch lernen, werden Sie nicht zum Chinesen!

Wenn Sie genau hinsehen, werden Sie entdecken, dass Entscheidungsprozesse, bei denen um Inhalte gestritten wird, beständig Machtkämpfe widerspiegeln. Selbst die zeitfressenden Blabla-Runden zu Beginn jedes Meetings sind nichts weiter als Statuskämpfe, um den täglichen Machtanspruch zu sichern bzw. auszutesten oder zu erweitern. Viele Frauen nehmen dieses Vorgeplänkel als völlig überflüssig wahr. Stattdessen kommen Sie gleich auf den Punkt, um keine Zeit zu verlieren. Friede Springer, Aufsichtsratsvorsitzende und Mehrheitsaktionärin des Axel-Springer-Konzerns, sagte dazu: „Frauen sind vielfach sachorientierter. Sie erkennen oft eher, was wichtig ist und was nicht. Vielleicht, weil sie sich selbst nicht so wichtig nehmen." (Kloepfner: „Friede Springer – Die Biographie") Und doch scheitern sie trotz vielfach hervorragender Ideen oftmals kläglich in männlich dominierten Umfeldern.

Gravierender noch: Es kommt nicht selten vor, dass ein Kollege den Vorschlag seiner Kollegin eine halbe Stunde später fast wortwörtlich wiedergibt. Sie konnte in der Runde nicht durchdringen, er landet mit ihrer Idee einen Erfolg. Einwände der „Bestohlenen" verschlimmern die Situation zusätzlich. Bevor Sie also inhaltlich tätig werden, starten sie künftig besser damit, die Machtverhältnisse Ihres Umfelds zuerst genau zu analysieren und sich für eventuelle Verschiebungen zu sensibilisieren. Erst wenn Sie wissen, wo Sie machtvolle Unterstützung finden werden, wer gegen Ihre Vorschläge vorgehen wird und wie viel Einfluss damit verbunden ist, können Sie sinnvolle Maßnahmen treffen, die Ihrem Vorschlag zu mehr Erfolg verhelfen. Erst dann wissen Sie, an wen Sie Ihren Vorschlag richten müssen, wessen Bedenken Sie zerstreuen sollten, wie Sie argumentieren sollten und wie das ideale Timing aussieht, um eine Entscheidung in Ihrem Sinne herbeizuführen.

Faktoren, die Macht begründen

Macht hängt nicht nur von Ihrer Position im Unternehmen ab. Sie ist an viele verschiedene Faktoren geknüpft:

→ Rang und Titel
→ Image
→ Messbare Erfolge
→ Schwer zu erlangendes Expertenwissen, das hohe Bedeutung für das Unternehmen hat
→ Geschwindigkeit der Karriere
→ Größe der operativen Verantwortung
→ Größe der Budgetverantwortung
→ Größe der Umsatzverantwortung
→ Größe der Personalverantwortung
→ Anteil des Gewinns, der auf Ihren Verantwortungsbereich zurückzuführen ist
→ Zugehörigkeit zu einer bedeutenden Gruppe
→ Verantwortung für prestigeträchtiger Projekte/Sonderaufgaben/Lieblingsprojekte des Vorstands/Aufsichtsrats
→ Wissensvorsprung (politisch/organisatorisch/persönlich/fachlich)
→ Beziehungen zu Mächtigen (intern und extern)
→ Räumliche Nähe zu den höchsten Entscheidungsträgern
→ Statussymbole
→ Außerordentliche Privilegien
→ Selbstbewusstes Auftreten und innere Überzeugung
→ Persönliche Wirkung (Körpersprache/Körpergröße /Charisma)
→ Öffentliche Auszeichnungen

Macht beruht also auf vielen Faktoren. Sie können auf diese Faktoren selbst gezielt Einfluss nehmen. Einige wenden Sie vielleicht schon mehr oder weniger bewusst hervorragend an. Einige stellen für Sie vielleicht (noch) Fußangeln dar. Wenn Sie diese kennen, können Sie Ihre Macht selbstbewusst erweitern. Hier einige Beispiele:

Machtfaktor Statussymbol: mehr als bloße Eitelkeit

Auch wenn wir selbst die Statussymbole unseres Umfelds nicht für wichtig erachten, weil wir uns über Inhalte und Leistung definieren wollen, sollten wir akzeptieren, dass Statussymbole auch eine Orientierungshilfe sein können. Sie ermöglichen es uns, andere blitzschnell einzuordnen. Dabei sind die Zeichen der Macht sehr unterschiedlich und hängen von der Branche und der Kultur des Unternehmens ab. Nutzen Sie diese Instrumente, um zu verdeutlichen, wo Sie stehen. Dies können beispielsweise die Anzahl der Fenster Ihres Büros sein, ob Sie über eine Sitzecke verfügen, auf welcher Etage Sie residieren, ob und wo Ihr Firmenparkplatz gelegen ist, welches Smartphone Sie besitzen, welche Accessoires Sie tragen, welche Marken Sie nutzen, und und und. Sie finden das überflüssig und kindisch? Ihnen ist das nicht wichtig? Sollte es aber! Andere Menschen orientieren sich blitzschnell an den jeweiligen Symbolen ihres Umfelds. Stellen Sie sich vor, Sie wollen nach Brasilien fliegen und Sie haben zwei identische Flugzeuge zur Auswahl. Im Cockpit des einen Flugzeugs sitzt ein Pilot in Lufthansa-Uniform. Im anderen ein Pilot in Shorts und T-Shirt. In welches Flugzeug würden Sie einsteigen?

Der ehemalige Ministerpräsident von Schleswig-Holstein beschrieb sein Statussymbol und dessen Gebrauch in einem Interview des NDR am 15.3.2012 so: „In Schleswig-Holstein schreiben die Minister und ich mit Grün. Die Staatssekretäre Rot. Natürlich werden Aufträge in grüner Schrift am schnellsten bearbeitet!"

• •

BEST PRACTICE

Gabriele Traude-Stopka – Statussymbole stiften Identitäten

Als Gabriele Traude-Stopka 2000 als erste Frau in den Vorstand der Douglas Holding aufrückte, fuhr sie einen knallroten 1er BMW. Man legte ihr schnell nahe, lieber den mit ihrer neuen Position verbundenen Dienstwagen zu nutzen. Sie empfand das als wenig sinnvoll, da sie mit ihrem Wagen sehr zufrieden war, ließ sich aber überzeugen und entschied sich für einen schwarzen 3er BMW. Kurze Zeit darauf drängte ihr eigenes Team darauf, sie möge sich doch bitte einen Mercedes der S-Klasse bestellen: „Wenn Sie nicht so ein tolles Auto fahren wie Ihre Vorstandskollegen, sind wir als Team nicht mehr so toll im Vergleich zu den anderen!"

• •

Machtfaktor Persönliche Wirkung: Der Winkel entscheidet

Wie entscheidend allein ein Foto sein kann, um die eigene Machtposition zu stärken oder zu untergraben, zeigt folgende Studie, die im Juni 2012 im Harvard Business Manager erschien. „Eine Forschergruppe um den Rotterdamer Organisationspsychologen Steffen Gießner hat Tausende Pressefotos daraufhin untersucht, ob es einen Zusammenhang zwischen der Macht der Fotografierten und dem Winkel gibt, aus dem das Bild aufgenommen wurde. Das Ergebnis: Ja, den gibt es. Und wie Experimente mit Studenten zeigen, machen wir alle beim Anblick von Mächtigen einen gedanklichen Kniefall." Menschen mit Macht werden aus der Froschperspektive, also von unten nach oben

Abb. 11: Aufnahmewinkel und Machtposition – ein Bild sagt mehr als tausend Worte!
© mit freundlicher Genehmigung des manager magazins

gezeigt. Während Menschen, die keine Macht besitzen, von oben fotografiert werden. Selbst wenn die Abgebildete keine nachprüfbare Macht besitzt, wecken Bilder aus der Froschperspektive bei allen Betrachtern instinktiv Assoziationen zu Macht und Einfluss. Gerade karrierewillige Frauen sollten deshalb darauf achten, auf offiziellen Fotos diesen Effekt bewusst zu nutzen. Je geringer die Köpergröße, desto wichtiger wird der Winkel!

Machttaktiken, die jedem Menschen zur Verfügung stehen

Mit folgenden kurzfristigen Taktiken können Sie Ihr Interesse unmittelbar gegen andere Interessen durchsetzen. Welches Mittel die richtige Wahl ist, hängt von der Situation, Ihrem Kontrahenten, Ihrer Unternehmenskultur und von Ihnen selbst ab. Vor allem wägen Sie sorgfältig ab, welche Taktik oder auch mehrere Taktiken angebracht sind, um Ihr Ziel zu erreichen, und welche Auswirkungen daraus resultieren! Machen Sie sich vorab alle Konsequenzen klar! Dann handeln Sie:

- ➜ schlicht um Unterstützung bitten
- ➜ ein Interessens-Tandem bilden
- ➜ Austausch von Gefälligkeiten
- ➜ Charme spielen lassen
- ➜ überreden
- ➜ belohnen
- ➜ sachlich überzeugen
- ➜ kontinuierliche Wiederholung derselben Botschaft
- ➜ dosiertes Informieren
- ➜ Zeitdruck erzeugen
- ➜ bluffen
- ➜ sich auf Experten berufen
- ➜ sich auf den Wettbewerb berufen
- ➜ sich auf höhere Instanzen berufen
- ➜ Nebenkriegsschauplätze eröffnen
- ➜ befehlen

Machttaktik Bluffen: Wie weit können Sie gehen?

Bluffen bedeutet, dass Sie eine Wirklichkeit vorspiegeln, die es nicht oder noch nicht gibt. Bluffen ist eine hohe Kunst, bitte verwechseln Sie es keinesfalls mit einer plumpen Lüge. Bluffen bedeutet, dass Sie im Kopf des Gegenübers eine Illusion erzeugen, die für dieses reizvoll ist. In Ihrem Unternehmen könnte ein Bluff darin bestehen, dass Sie einen potenten Partner andeuten, den Sie aufgrund Ihrer Beziehungen an Land ziehen könnten. Aber Vorsicht: Solche Vorstöße Ihrerseits sollten auch im Bereich des Möglichen liegen und Sie sollten sehr gut vorbereitet sein, wenn Ihre Andeutung wirklich eingefordert wird. Daher ist diese Strategie nur in absoluten Ausnahmefällen sinnvoll!

Machttaktik Nebenkriegsschauplätze eröffnen: Die Kunst der Ablenkung

Mit dem Bluffen verwandt ist das Eröffnen von Nebenkriegsschauplätzen. Die Aufmerksamkeit Ihres Gegenübers wird gezielt auf ein anderes Thema gelenkt, um von Ihrem Vorhaben abzulenken. Anders als bei der eben beschriebenen Art des Bluffens liegt hier der Schwerpunkt weniger im Wecken von Sehnsüchten beim Gegenüber; hier geht es um die Kunst der List. Heute beschäftigen sich ganze Managementschulen mit dieser speziellen Machtstrategie. Für Sie könnte dies bedeuten, in ausnehmend kritischen Konkurrenzsituationen von Ihren Plänen abzulenken, indem Sie den Eindruck entstehen lassen, Sie konzentrierten sich auf eine andere Thematik. Diese Taktik sollten Sie nur in Ausnahmefällen anwenden, um Ihre Glaubwürdigkeit nicht selbst zu untergraben.

●●●

WISSEN UND FORSCHEN

Im Osten lärmen, im Westen angreifen

Bis zum heutigen Tage genießt die List in China einen hohen Stellenwert. „Die Kunst des Krieges" von Sunzi (544–496 v. Chr.), General, Militärstratege und Philosoph, ist noch heute Pflichtlektüre für ostasiatische Manager und Militärstrategen auf der ganzen Welt. Sunzis Kernsatz: „Alle Kriegshandlung beruht auf Täuschung." Ein paar

Jahrhunderte später werden dem chinesischen General Tan Daoji (+ 436 n. Chr.) die 36 Strategeme zugeschrieben; sie sind in China Allgemeingut, Schullesestoff und werden als Cartoons gedruckt. Im Osten lärmen, im Westen angreifen etwa bedeutet, den Gegner durch einen Scheinangriff zu täuschen, damit dieser dort seine Truppen positioniert und ihn dann an der nun ungeschützten Flanke anzugreifen. Im europäischen Kulturkreis haben berühmte Philosophen und Dichter wie Machiavelli, Schopenhauer und Goethe diese Art des Denkens in ihren Werken fortgeführt.

●●●

Machtpoker Sitzung: Wie Sie sich gegen Schaumschläger und Schreihälse durchsetzen

Wenn Macht bedeutet, Entscheidungen in seinem eigenen Sinne zu beeinflussen und sich auch gegen Widerstand durchzusetzen, sind Sitzungen vermeintlich eines der wichtigsten Machtinstrumente. Grundsätzlich werden Entscheidungen zwar oft schon viel eher getroffen als im Rahmen dieser Zusammenkünfte (mehr dazu in Kapitel 5 und 6). Offiziell allerdings wird die Mehrzahl der Entscheidungen während der Sitzung gefällt. Und gerade hier lauern viele Stolperfallen. Egal, welcher Persönlichkeitstyp, egal, welche Antipathien oder Sympathien vorherrschen, in Unternehmen müssen die unterschiedlichsten Menschen in einem äußerlich vorgegebenen Rahmen miteinander auskommen.

In Sitzungen wird unter Wahrung gewisser gesellschaftlicher Umgangsformen und Hierarchien mehr oder weniger offensichtlich um Macht, Ressourcen und Zuständigkeiten gepokert. Dabei ist völlig unerheblich, ob es um die anstehende Weihnachtsfeier oder um einen Milliarden-Merger geht. Wer glaubt, dass hier demokratische Bedingungen herrschen, hat schon verloren. Denn Sitzungen sind in vielen Fällen nur eine distinguierte Umschreibung für Krieg! Leider erkennen bislang zu wenige Frauen dieses Spielfeld als wichtigen Schauplatz, auf dem sie ihre Machtbasis sichtbar für alle anderen ausweiten können. Wer hier nicht taktisch gut gerüstet ist, muss damit rechnen, dass seine Machtposition unterwandert wird. Noch dramatischer gestaltet sich die

Situation, wenn Sie sich auch noch zutiefst beleidigt fühlen, sobald einer oder mehrere Teilnehmer Sie während einer Sitzung scheinbar aus dem Nichts angreifen. Sehen Sie es einfach umgekehrt: Unwichtige Leute werden ignoriert!

Würden Sie mit jemandem eine Partie Poker spielen, wenn Sie die Spielregeln nicht kennen und Ihr Spielpartner Ihnen diese auch nicht erklären würde? Warum glauben Sie dann, im Machtpoker erfolgreich mitspielen zu können? Die Grundregel lautet: erst die Spielregeln verstehen und lernen.

Angriffe sind Komplimente!

Danach können Sie nicht nur gewinnen, sondern Ihr ureigenes Spiel spielen. In ihrem Buch „Spiele mit der Macht – Wie Frauen sich durchsetzen" beschreibt Marion Knaths die Unterschiede in der weiblichen und männlichen Kommunikation und wie Frauen diese für sich nutzen können. „Mit der richtigen Art zu kommunizieren können Sie die gläserne Decke durchstoßen, ohne sich dabei eine blutige Nase zu holen. Und Sie müssen dafür nicht zum Tyrannen oder zur Xanthippe werden."

Um Ihre Wahrnehmung zu schärfen, beobachten Sie, was sich im Vorfeld einer Sitzung abspielt:

→ Wie betreten die Sitzungsteilnehmer den Raum? Kraftvoll und laut oder klammheimlich und still?

→ Kommt jemand zu spät?

→ Ist seine Zeit kostbarer als Ihre oder die anderer Teilnehmer?

→ Entschuldigt er sich? Und kommt er damit durch?

→ Muss ein Teilnehmer noch mal eben schnell telefonieren?

→ Wie viel Platz nimmt sich jeder Teilnehmer am Tisch?

→ Wer nimmt wo Platz?

→ Wer sitzt entspannt zurückgelehnt oder bereits aufmerksam vorgebeugt am Tisch?

→ Wer begrüßt wen?

→ Welche Körpersprache herrscht vor?

→ Wer fasst wen an?

→ Reicht jemand Getränke?

→ Schreibt jemand immer wieder freiwillig Protokoll?

→ Worüber unterhalten sich die Sitzungsteilnehmer vor der Sitzung? Wer führt hier die Reden an?

→ Gibt es frotzelnde Bemerkungen von einer Seite? Wird darauf reagiert oder laufen diese ins Leere?

→ Welche Statussymbole kommen zum Vorschein und werden aktiv präsentiert?

All diese Punkte sind wichtig, um zu erkennen, wer zu diesem Zeitpunkt Anspruch auf die Führung im Raum erhebt oder diese verteidigt. Erst wenn die Rangordnung geklärt und klar ist, wer die Führung der Gruppe übernimmt, sollten Sie sich sachlichen Themen zuwenden. Vorher werden Sie dafür kein Gehör finden. Denn alle anderen Sitzungsteilnehmer (je männerlastiger die Runde, desto stärker) werden damit beschäftigt sein, diese Positionen zu klären. Für inhaltliche Vorschläge hat zu diesem Zeitpunkt niemand die Aufmerksamkeit. Sparen Sie Ihre Energie! Spielen Sie besser mit, um Ihre eigene Machtposition auszubauen. Wenn Sie nicht selbst die Führung haben und sich in einem männlichen Umfeld bewegen, warten Sie ein wenig ab, bevor Sie Ihren Vorschlag unterbreiten. Und richten Sie diesen ausschließlich an die mächtigste Person am Tisch. Wenn diese Ihnen zuhört, hören Ihnen automatisch alle anderen zu. Männliche Kommunikationsregeln zu verstehen, wenn wir in einer männlich geprägten Arbeitswelt bestehen wollen, ist eine Grundvoraussetzung für das Spiel um Macht.

• •

WISSEN UND FORSCHEN

Die Macht der Stereotype

Die amerikanische Genderforscherin Alice Eagley hat in vielen Langzeitstudien die Macht von Stereotypen erforscht: Wie sehr sitzen wir in unserem Verhalten, unseren Einschätzungen, Urteilen und Erwartungen vorgefassten Meinungen auf? Sehr stark, hat die Psychologie-Professorin an der Northwestern University Michigan beobachtet und nachgewiesen. In ihrer Forschungspublikation „Through the Labyrinth: The Truth About How Women Become Leaders" weist sie nach, dass Menschen unbewusst und automatisch unterschiedliche Assoziationen in Bezug auf Männer und Frauen haben. Die Stereotypen charakterisieren Frauen als warm, rücksichtsvoll und nett, Manner als zielgerichtet, kompetent und konkurrenzorientiert. Da Führungspersönlichkeit eher mit den männlichen als mit den weiblichen Eigenschaften assoziiert wird, ist die nächste unbewusste Folgerung, dass Frauen für Führungspositionen weniger geeignet seien. Wollen Frauen dann auf der Karriereleiter nach oben, stehen sie vor der Anforderung, einerseits warmherzig und nett, andererseits energisch und durchsetzungsfähig zu sein. Die Zwickmühle: Frauen, die sich vorrangig sehr männlich geben, gelten zwar als kompetent, es fehlt ihnen aber an Zuspruch und Einfluss, da ihnen die Wärme im Umgang miteinander fehlt. Frauen, die einen eher unterstützenden Führungsstil pflegen, mangelt es an Einfluss, da ihnen die Kompetenz abgesprochen wird. Die Lösung, sagt Eagley, liegt in der Verbindung von Entschlossenheit und Kompetenz mit Wärme und motivierender Führung der Mitarbeiter.

Die Machtverteilung am Tisch ist geklärt? Erst jetzt können Themen inhaltlich bearbeitet werden. Dabei könnten Ihnen diese Tipps helfen, Ihren Einfluss zu erweitern und Angriffe elegant zu parieren:

→ Kommunizieren Sie auf Augenhöhe mit Ihren Gesprächspartnern: Werden Sie konkret. Treffen Sie Ich-Aussagen. Wenn Sie Anweisungen erteilen, sagen Sie klar und deutlich, was Sie wünschen. Bleiben Sie besonders in kritischen Situationen sachlich, höflich und respektvoll. Sie wirken dadurch selbstsicher und offen.

→ Schluss mit allen Weichmachern: „man sollte", „man könnte", „vielleicht", „eigentlich". Dadurch fühlt sich niemand zum Handeln aufgefordert. Stattdessen signalisiert Ihre Wortwahl Unsicherheit!

→ Vermeiden Sie in jedem Fall Belehrungen, Schuldzuweisungen, gar persönliche Attacken. Ihr Gegenüber wertet das als Kampfansage oder als Anmaßung – und Sie provozieren damit einen Konflikt.

→ Lassen Sie sich nicht von anderen unterbrechen (außer es ist Ihr Vorgesetzter).

→ Sollte Sie jemand anfassen, retournieren Sie dies sofort. Fassen Sie den anderen ebenfalls an.

→ Wenn Sie Forderungen stellen, entschuldigen Sie sich niemals dafür! Eine Entschuldigung zeigt Ihrem Gegenüber, dass Ihre Forderung unberechtigt ist. Halten Sie die Forderung kurz, knapp und präzise. Wenn Ihr

Gegenüber eine Begründung wünscht, geben Sie sie in knapper Form, damit Sie Ihre Forderung nicht selbst zerreden und sich angreifbar machen.

→ Vorsicht: Verfallen Sie keinesfalls dem Lächelreflex, wenn es nichts zu lächeln gibt! Ihre Mimik sollte grundsätzlich Ihre Aussagen unterstützen. Besonders, wenn Sie nachdrücklich und ernst werden! Andernfalls signalisieren Sie mangelnde Ernsthaftigkeit. Die Wahrscheinlichkeit ist hoch, dass Ihr Gegenüber dies als Einladung zu einem kleinen Machtspielchen werten wird und prüft, wie weit er gehen kann.

→ Achtung in kritischen Situationen: Lassen Sie Ihre Hände unterhalb Ihres Brustkorbs. Im Gesicht „fummeln" oder mit den Haaren spielen sind Zeichen von Unsicherheit und werden unbewusst von jedem Menschen sofort als solche erkannt.

→ Achten Sie darauf, Ihren Kopf gerade zu halten und die Schultern nicht hängen zu lassen. Ein schief gelegter Kopf und hängende Schultern sind eine Unterwerfungsgeste, die instinktiv jeder versteht.

→ Beanspruchen Sie Raum für sich in Präsentationen, Besprechungen etc. Bleiben Sie nicht an einer Stelle kleben. Wenn Sie als Einzige stehen und sprechen, ist der ganze Raum Ihr Territorium. Zeigen Sie dies, indem sie sich den Raum auch körperlich nehmen. Gleiches gilt für den Tisch, an dem Sie sitzen und den Stuhl, auf dem Sie Platz nehmen. Nehmen Sie sich Platz! Je größer Ihr Territorium, desto mehr Macht nehmen Sie sich.

→ Sollten Sie angegriffen werden: erst einmal durchatmen und Stopp! Bevor Sie reagieren, sollten Sie überlegen, was der Angriff bedeutet. Erst dann können Sie beurteilen, ob der Angriff abgewehrt, besser vertagt oder eine gemeinsame Lösung gefunden werden kann. Und tappen Sie nicht in die Falle, sich zu verteidigen oder zu beschweren: „Never explain, never complain!" Damit schwächen Sie Ihre Position sofort unmissverständlich.

→ Auch wenn es hart zugehen sollte: Wenn Sie auf gleicher oder niedrigerer Ebene unfair attackiert werden, müssen Sie sich wehren, um Ihre Machtbasis zu verteidigen. Achten Sie aber unbedingt darauf, dass Ihr Kontrahent das Gesicht wahren kann. Humor bietet viele Notausgänge! Machen

Sie sich möglichst keine Feinde, auch wenn Sie völlig konträrer Meinung sind. Betonen Sie gerade in diesen Situationen Gemeinsamkeiten. Egal, wie klein diese auch sein mögen.

→ Sollten Situationen, in denen Sie sich behaupten wollen, völlig zu eskalieren drohen, können Sie diese sofort entschärfen, indem Sie in die Frageposition wechseln oder gar um Hilfe bitten:
- „Angenommen, Sie wären in meiner Lage, was würden Sie mir raten?"
- „Stellen Sie sich vor, … Was würden Sie tun?"
- „Helfen Sie mir bitte!"

Sie geben Ihre Machtposition in dieser Situation kurzfristig auf. Bringt Sie dies Ihrem langfristigen Ziel dennoch näher? Als Frau haben Sie einen deutlichen Vorteil, weil Ihnen dies nicht übel genommen wird.

→ „Do you want to be right or do you want to be rich?" Egal, wie überzeugt Sie sind, im Recht zu sein, triumphieren Sie grundsätzlich nicht über andere! Ihr Sieg wäre durch einen neuen Feind bitter bezahlt! Fragen Sie sich stattdessen, was Sie in dieser Situation Ihrem Ziel näher bringt. In kritischen Situationen einen Schritt zur Seite zu machen, bedeutet nicht, aufzugeben, sondern mit mehr Leichtigkeit das eigene Ziel zu erreichen.

→ Bleiben Sie immer höflich und freundlich, besonders wenn andere unhöflich werden. Sie beweisen damit, dass Sie sich unter Kontrolle haben, und zeigen, dass Sie auch in schwierigen Situationen souverän und besonnen handeln können. Dies ist ein sehr wichtiger Punkt, wenn Sie aufsteigen wollen!

→ Humor hilft besonders in Krisensituationen. Bevor sich alle Fronten verhärten, kann Lachen sehr befreiend wirken. Solange Sie nicht über andere lachen, sondern über sich selbst. Das zeigt anderen, dass Sie sich selbst nicht zu ernst nehmen. Damit lässt sich fast jede Situation entschärfen, wenn der Preis für einen kurzfristigen Sieg zu hoch wird.

→ Dale Carnegie beschreibt in seinem Buch „Wie man Freunde gewinnt", wie viel mehr wir bei anderen erreichen können, wenn wir ihnen zuerst zeigen, dass wir eine gute Meinung von ihnen haben. Dann werden sie sich fast zwangsläufig entsprechend benehmen. Wenn Sie an das Gute im

Menschen appellieren, werden sich die Menschen dadurch eher ermutigt fühlen, als wenn Sie sie kritisieren. Wollen Sie andere Menschen motivieren, Ihnen zu folgen?

→ Helfen Sie anderen, die Antwort auf eine für sie elementare Frage selbst zu entdecken. Aktuelle Ergebnisse aus der Verhaltensforschung belegen eindeutig, dass jeder Mensch den Wert von Ergebnissen, an denen er selbst mitgewirkt hat, deutlich höher bemisst, als wenn er daran nicht beteiligt war. Bekannt geworden ist dieses Phänomen unter dem Ausdruck „Not invented here". Wäre es dann nicht sinnvoller, andere durch geeignete Fragen selbst auf die Lösung kommen zu lassen, als eine fertige Lösung zu präsentieren?

Wenn Sie trotz dieser Verhaltensweisen weiterhin in einer Sitzung unfair attackiert werden, sollten Sie darauf keinesfalls mit sachlichen Argumenten reagieren. Angriffe auf Ihre Machtposition erfolgen in der Regel nicht sachlich, sondern auf der Beziehungsebene mit einer flapsigen Bemerkung. Um diese effektiv abzuwehren und Ihre Machtbasis dadurch nicht nur zu verteidigen, sondern sogar zu erweitern, können Sie nur auf der Beziehungsebene kontern. Niemals auf der inhaltlichen Ebene!

Sollte echte Härte notwendig sein, so ist Körpersprache die machtvollste Waffe. Wenn möglich, stehen Sie auf. Ihr Kontrahent muss dann zu Ihnen aufblicken. Verringern Sie den Abstand zu ihm. Er wird dann immer „kleiner". Blicken Sie ihn ernst an und sagen Sie nichts. Halten Sie die Pause aus. Er wird das verstehen und normalerweise respektieren. Ihr Signal: Sie lassen nicht mit sich spielen. Erst wenn Sie Ihren Führungsanspruch erfolgreich verteidigt haben, können Sie wieder auf die sachliche Ebene zurückkommen.

Aber Vorsicht! Wenden Sie dieses Mittel nur im Notfall an. Ein kurzfristiger Sieg kann einen langfristigen Feind hervorbringen, der Ihnen möglicherweise das Leben schwer macht. Überlegen Sie sich vorher, ob dies für Sie sinnvoll ist! Und spielen Sie diese Spiele niemals, wirklich niemals, mit Vorgesetzten!

NACHGEFRAGT

Dr. Margarete Haase

„Mein wichtigster Rat: niemals aufgeben."

Dr. Margarete Haase ist Mitglied des Finanzvorstands der DEUTZ AG, Aufsichtsrätin der Fraport AG und wurde von der Financial Times Deutschland als Managerin des Jahres 2011 ausgezeichnet.

Wie lautet die wichtigste Macht-Spielregel, um an die Spitze zu kommen?

In erster Linie ist es wichtig, sich im Berufsalltag enge Verbündete zu schaffen. Am besten geschieht dies durch den Aufbau eines sozialen und beruflichen Netzwerks. Hier sollten gute Kontakte gepflegt werden, das bedeutet auch, anderen zu helfen, sie zu unterstützen, auch ohne dabei den direkten persönlichen Nutzen zu sehen. Auf diese Weise gewinnt man ein Team, das sich gegenseitig den Rücken stärkt, frei nach dem Leitspruch „Man begegnet sich immer zweimal im Leben".

In diesem Zusammenhang: Ihr wichtigster Rat an Frauen – was sollten diese unbedingt tun und was sollten sie in jedem Fall vermeiden?

Mein wichtigster Rat an Frauen lässt sich kurz und knapp formulieren: niemals aufgeben. Oftmals ist es nötig, Umwege zu gehen, um sein Ziel zu erreichen. Frauen sollten sich hiervon nicht abschrecken lassen, sondern kritisch und objektiv Optionen prüfen und Alternativen abwägen. Kommt es zu fachlichen Auseinandersetzungen, ist es zudem immer wichtig, dass sich Frauen ihrer Kompetenzen bewusst bleiben und durch Gespräche die zwischenmenschlichen Beziehungen stabilisieren. Auf diese Weise gelingt es ihnen, auch hier ein Netzwerk zu erhalten.

Wie ist es Ihnen gelungen, einen potenziellen Feind in Ihrem Umfeld zu einem Unterstützer umzuwandeln?

In solchen Situationen hilft es, sich den vermeintlichen Feind zum Verbündeten zu machen. Ich würde den Kollegen in seinen Vorhaben und Projekten unterstützen, natürlich nur, solange diese nicht im Wettbewerb zu meinen eigenen stehen. Ein solches positives Guthaben kann von großem Nutzen sein und im Bedarfsfall einlösen werden.

Seien Sie wachsam – wo lauern die größten Gefahren?

Gefährliche Fallen, in die Sie beim Machtpoker stolpern können, sind zum einen Attacken, um Sie aus dem Konzept zu bringen und Ihnen womöglich unbedachte Äußerungen zu entlocken bzw. Sie zu einem unbedachten Verhalten zu provozieren. Grundlegende Taktiken und geeignete Gegenmaßnahmen haben Sie bereits kennengelernt. Doch es gibt weiteres Gefahrenpotenzial im Spiel um Einfluss und Macht. Mehr oder weniger verdeckte oder offene Manipulationsversuche und Erfordernisse in Hierarchien, die Sie sich unbedingt bewusst machen sollten, wenn Sie aufsteigen wollen.

Manipulationsversuche: Entwickeln Sie wirksame Gegenstrategien

Manipulationen dienen dazu, andere bewusst oder unbewusst mit unfairen Mitteln zu beeinflussen. Letztlich geht es darum, dass sie etwas tun sollen, dass sie nicht tun wollen. Dabei bleiben die Ziele des Manipulators unklar oder werden sogar bewusst falsch angegeben. Wenn sachliche Argumente nichts nützen, werden häufig Manipulationsversuche eingesetzt, um sich doch noch durchzusetzen. Blockieren, ausweichen, vertuschen, drohen, erpressen, schmeicheln – einige von sehr vielen Arten zu manipulieren. Manchmal arten Manipulationsversuche sogar in einen offenen Angriff aus. Derartige Attacken können leider aus allen Richtungen kommen. Stellen Sie sich vor, Sie berichten in einer Besprechung von dem aktuellen Stand Ihres Projekts, da passieren plötzlich völlig überraschend folgende Angriffe:

Manipulations-versuch	Abwehrstrategie	Beispiel	Wirkung
„Sie haben ja keine Ahnung!"	Ganz kurze Pause, dann Ihre Bemerkung:	„Es ist wohl im Sinne aller, jetzt wieder zu unserem Thema zurückzukehren."	Sie signalisieren Nachdenklichkeit und zeigen gleichzeitig, dass der Versuch an Ihnen abperlt.

Kapite 4: Beachten Sie kritische Erfolgsfaktoren – verwandeln Sie Hindernisse in Sprungbretter!

Manipulations-versuch	Abwehrstrategie	Beispiel	Wirkung
„Kommen Sie sich gar nicht lächerlich vor?"	Zustimmendes Relativieren:	„Es gab durchaus schon Situationen, in denen ich mir lächerlich vorkam."	Eine unerwartete Zustimmung in Form einer Relativierung des Angriffs bringt den Angreifer aus dem Konzept.
„Jeder, der halbwegs intelligent ist, wird sofort sehen, dass das Blödsinn ist."	Ins Leere laufen lassen:	B: „Welche Makel sehen Sie noch in mir?" A: „Ihre Arroganz." B: „Welche Makel sehen Sie noch in mir?" A: „Den Quatsch, den Sie da reden." B: „Welche Makel sehen Sie noch in mir?"	Die Angegriffene spielt das Spiel des Angreifers nicht mit und lässt sich nicht provozieren. Sie behält dadurch die Führung und wirkt souverän, weil sie ihre Emotionen im Griff hat.
„Typisch Frau!"	Konkretisieren:	Stufe 1: „Was genau ist für Sie typisch weiblich?" Stufe 2: „Wann ist eine Frau eine Frau?"	Der Angreifer gerät in Erklärungsnot, da er den Angriff konkretisieren muss. Weigert er sich, offenbart er seine destruktive Haltung.
	Nachfragen:	Stufe 1: „Ich habe Sie nicht verstanden. Bitte wiederholen Sie das noch einmal." Stufe 2: „Wie bitte? Sie sprechen leise. Ich habe Sie leider immer noch nicht verstanden!"	Der Angreifer wird aus dem Konzept gebracht und wird seine Aussage in den seltensten Fällen wortwörtlich wiederholen.
	absichtliches Missverstehen:	„Ja, Frauen sind besonders gut darin, ..."	Der Angriff läuft ins Leere, da der Angreifer das Missverständnis sonst erklären müsste.
	Verwirrung:	„Ein gefällter Baum wirft keinen Schatten." „Die eine Generation baut die Straße, auf der die nächste fährt." „Der reiche Mann denkt an die Zukunft, der Arme an die Gegenwart." Sollte der Angreifer nun nach dem Sinn fragen, beendet folgende Antwort den Angriff: „Der Sinn offenbart sich oftmals nur denen, die intensiv darüber nachdenken."	Durch ein unpassendes Sprichwort, das keinerlei Bezug hat, wird der Angreifer verwirrt.

All diese Angriffe haben nur ein Ziel: die angegriffene Person wehrlos zu machen und die eigene Machtbasis zu vergrößern. Der Angreifer wird Erfolg haben, wenn Sie auf die Angriffe eingehen. Sie bieten dann die Angriffsfläche, mit der Sie sich selbst ganz wörtlich angreifbar machen. Es ist wie ein Pingpongspiel. Sie wollen nicht spielen, aber Ihr Gegenüber spielt Sie trotzdem an. Nehmen Sie den Ball nicht an. Wenn Sie das tun, befinden Sie sich mitten im Spiel. Das ist nicht Ihr Spiel! Wenn Sie den Ball elegant zurückgeben, vergrößern Sie souverän Ihre Macht!

Manipulationsversuche sollen immer mehr oder weniger verdeckt die Macht des Angreifers vergrößern und Ihre Machtbasis verkleinern. Mit den beschriebenen Strategien können Sie diese Attacken elegant abwehren. Ihre eigene Macht nimmt dabei automatisch zu. Sie werden als souverän wahrgenommen, da Sie sich selbst und Ihre Emotionen nach außen ruhig kontrollieren, weil Sie nicht wie die meisten Menschen reflexartig mit einem Gegenangriff, einer Verteidigung oder Ironie auf Provokationen reagieren. Genau das erwartet der Angreifer im Allgemeinen. Selbst wenn Sie mit diesen Reaktionen Erfolg hätten, weil Sie womöglich mit übertriebener oder unerwarteter Härte auf den Manipulationsversuch reagieren, würden Sie langfristig verlieren, weil Sie mit diesem Vorgehen einen schweren Konflikt auslösen oder weiter verschärfen. Mit den oben beschriebenen Abwehrstrategien signalisieren Sie klar und eindeutig, dass Sie nicht mit sich spielen lassen. Gleichzeitig bauen Sie Ihrem Angreifer eine Brücke, um wieder auf eine sachliche Basis zurückzukehren.

Spielen Sie den Ball zurück!

Unbequeme Fragen: Weichen Sie beredt aus!

Es gibt natürlich auch solche Fragen, etwa aus einem Plenum, die überhaupt nicht als Manipulationsversuch angelegt sind, auf die Sie aber trotzdem nicht vorbereitet sind – und auf die Sie in diesem Moment keine zufriedenstellende Antwort geben können. Was nun? Die Frage ehrlich, aber stammelnd beantworten oder ihr eloquent ausweichen? In ihren Untersuchungen beweisen Todd Rogers und Michael I. Norton von der Harvard University Boston und der Harvard Business School, dass Menschen, die elegant ausweichen, besser bewertet werden als wahrheitsgetreue Stotterer. Etwa, indem sie unbequemen Fragen rhetorisch geschickt ausweichen und mit einer passenden Überleitung auf ein ähnliches Thema eingehen.

Gerade die Politik liefert dafür Tag für Tag neue, kreative Beispiele. Als Musterbeispiel gilt Hillary Clinton. Sie hat es darin zu einer wahren Meisterschaft gebracht. Robert McNamara, von 1968–1981 Präsident der Weltbank, wird sogar mit folgender Aussage zitiert: „Beantworte niemals die Frage, die dir gestellt wurde. Beantworte stattdessen die, von der du dir wünschst, sie wäre dir gestellt worden."

Ist Ihnen die Frage dienlich?

Dazu Norton: „Wir würden gern glauben, dass Ehrlichkeit belohnt wird. Tatsächlich aber werden Menschen, die Fragen eloquent aus dem Weg gehen, weitaus mehr belohnt als Leute, die sie ehrlich, aber nicht ganz so geschliffen beantworten."

Die Wissenschaftler begründen dies mit folgendem Mechanismus: „Menschen haben eine begrenzte Kapazität zur Aufnahme von Informationen. Je mehr Wörter in einer Überleitung verwendet werden, desto schwieriger ist es, die Verbindung zur ursprünglichen Frage herzustellen." („Eloquenz schlägt Ehrlichkeit", Harvard Business Manager, März 2011, S., 2–3)

Wenn Sie also in einer Präsentation oder während eines Vortrags eine unbequeme Frage erhalten, bei der Sie befürchten, ins Stammeln zu geraten oder sich in Widersprüche zu verstricken, weichen Sie dieser Frage aus! Loben Sie zuerst die Frage und geben Sie anschließend eine Ihnen nützliche Antwort, die am nächsten an die ursprüngliche Frage reicht. Spielen Sie Ihr eigenes Spiel, lassen Sie sich nicht aufs Glatteis führen!

Loyalität zum Vorgesetzten: Hier ist höchste Achtsamkeit gefragt!

Empathie, also die Fähigkeit, sich in andere hineinzuversetzen und mit anderen mitzufühlen, ist eine optimale Voraussetzung dafür, das Vertrauen anderer zu gewinnen. Vertrauensvolle Beziehungen zu Mitarbeitern, Kollegen und Vorgesetzten ermöglichen es Ihnen, sich vorrangig auf Ihre Arbeit und Ihre Ziele zu konzentrieren, anstatt sich in unerfreulichen politischen Scharmützeln aufzureiben. Tun Sie alles dafür, dieses Vertrauen nicht zu untergraben.

Im Allgemeinen wird unterstellt, dass gerade Frauen besonders empathisch seien und eine große Sensibilität für das Empfinden der Menschen um sie herum hätten. Im Umgang mit Mitarbeitern oder auch Kunden scheint dies überwiegend zu gelten.

Doch was ist mit Vorgesetzten? Erstaunlicherweise scheint hier nicht selten auf einmal sämtliche Empathie wie weggeblasen – und Frauen beginnen Machtspiele auf einer Ebene, auf der sie nur verlieren können. Auf gar keinen Fall dürfen Sie Machtspiele mit Ihrem Vorgesetzten spielen! Wenn Sie Ihre Karriere vorantreiben wollen, sollten Sie ein besonderes Augenmerk darauf legen, dass Ihr Vorgesetzter Ihre Loyalität niemals in Frage stellt. Besonders, wenn Ihr Vorgesetzter ein Mann ist. Dadurch erhalten Sie die nötige Rückendeckung und Unterstützung, um Ihre Ziele verfolgen zu können. Häufig sind wir uns dieser Mechanismen nicht bewusst. Dadurch lassen wir selbst gänzlich unbeabsichtigt Zweifel an unserer Loyalität aufkommen. Ja noch folgenschwerer: Wir erkennen die Veränderung erst, wenn es zu spät ist. Wenn Sie unsicher sind, wie Ihr Verhalten wirken könnte, versuchen Sie sich in Ihren Vorgesetzten hineinzuversetzen. Welche Wirkung werden Sie vermutlich mit Ihrem Verhalten erzielen? Was empfindet der andere dabei? Und: Wie würden Sie sich fühlen, wenn Sie der Vorgesetzte wären und Ihr Mitarbeiter so mit Ihnen umginge, wie Sie es gerade mit Ihrem Vorgesetzten tun?

Ein praktisches Beispiel: Loyalitäts-Todsünden

Stephanie Meyer (Name und Rahmenbedingungen geändert) ist Abteilungsleiterin in einem internationalen Handelskonzern. Sie ist erst vor kurzem in dieses Unternehmen eingetreten. Ihr voriges Unternehmen hatte sie verlassen, weil ihr damaliger Vorgesetzter sie gemobbt hatte. Sie schien ihrem Chef zu gefährlich zu werden und führte dies auf ihre herausragende Leistung zurück. Also sah sie keine andere Möglichkeit, als zu kündigen und in einem neuen Umfeld zu starten. Sie hat nun bewusst ein Unternehmen mit einer offenen und kollegialen Führungskultur gewählt. Doch schon nach vier Wochen stellt sie fest, dass ihr neuer Vorgesetzter ebenfalls anfängt, sie von elementaren In-

Wie loyal sind Sie?

formationen abzuschneiden und sie von wichtigen Besprechungen fernzuhalten. Obwohl sie ihn unter vier Augen um ein Gespräch bittet, bleibt er reserviert und ändert an seinem Verhalten nichts. Für Stephanie Meyer wird die Situation immer unerträglicher. Sie überlegt, erneut den Job zu wechseln.

Obwohl Stephanie Meyer zuverlässig hervorragende Arbeit leistet, ist ihr nicht bewusst, dass neben der Leistungsebene eine Machtebene existiert. Und auf dieser Ebene versagt sie kläglich. Meyer bewegt sich auf Abteilungsleiterebene mit den Ebenen Bereichsleiter und Geschäftsführer über ihr. Sie ist einem Bereichsleiter disziplinarisch unterstellt. Mit diesem direkten Vorgesetzten hat sich das Arbeitsverhältnis schon nach wenigen Wochen auf Gefrierschranktemperatur heruntergekühlt. Und dazu hat Meyer entscheidend beigetragen, ohne dass ihr dies bewusst geworden ist. Als sie nach vier Wochen um ein Vier-Augen-Gespräch mit ihrem Bereichsleiter bittet, ist es bereits zu spät.

Was hatte sich zuvor abgespielt? An ihrem ersten Tag erhielt Meyer einen Anruf eines Geschäftsführers, der ihre Empfehlung aufgrund ihrer fachlichen Expertise erbeten hatte. Unmittelbar während des Telefonats hatte sie eine Lösung präsentiert – und war froh gewesen, dass sie helfen konnte. Ihr Vorgesetzter hatte neben ihr im selben Raum gesessen und das Gespräch ohne weiteren Kommentar verfolgt.

Wenige Tage später: Bei einem Direktorentreffen hatte Meyer eine Präsentation gehalten, die neue Gewinnpotenziale ihrer Abteilung aufzeigte. Die Präsentation war einwandfrei gelaufen. In der anschließenden Diskussion hatte ihr Vorgesetzter ihre Vorschläge unterstützt und diese dann seinen Kollegen noch kurz erläutert. Dabei war ihm ein Argumentationsfehler unterlaufen, den Meyer noch in der Sitzung korrigierte.

Noch einen Tag später: Einer der Gesellschafter richtete eine kleine informelle Geburtstagsfeier aus, an der Meyer spontan teilnahm. Sie erfuhr viele interessante Neuigkeiten, auch dass ihr Vorgesetzter kürzlich mit dem Gastgeber hart aneinander geraten war. Das konnte Meyer sich hervorragend vorstellen, denn ihr gegenüber wurde er auch immer merkwürdiger. Dabei tat sie doch alles, um gute Arbeit für ihn zu leisten! Gleich am nächsten Tag (noch vor ihrer Bitte um das Vier-Augen-Gespräch mit ihrem Bereichsleiter) sprach sie das Problem bei ihrem Geschäftsführer an.

Dass Stephanie Meyer nun gemobbt wird, ist kein Wunder. Sie signalisiert ihrem Vorgesetzten deutlich, dass er sich nicht auf sie verlassen kann, ja dass sie aktiv seine Position untergräbt. Das wird sich normalerweise kein Vorgesetzter gefallen lassen. Mobbing ist da eine unelegante, wenngleich effektive Reaktion, da er sich nicht anders zu helfen weiß. Meyer selbst löst dieses Verhalten aus, indem sie ihren Vorgesetzten übergeht, ihm vor anderen widerspricht, die Nähe zu seinen Feinden pflegt und sich bei anderen über ihn beschwert. Kurz, sie demonstriert aus seiner Perspektive deutlich, dass sie nicht nur illoyal ist, sondern dass sie jede Möglichkeit nutzt, seine Macht zu schwächen, und alles daran setzt, zur Königsmörderin zu werden!

Einer der sensibelsten Bereiche in der Hierarchie eines Unternehmens ist die Beziehung zu Ihrem direkten Vorgesetzten. Sie arbeiten in einem streng hierarchisch organisierten Unternehmen? Dann sollten Sie darauf achten, die Ordnung einzuhalten, die allen Akteuren im Unternehmen den Rahmen ihres Handelns setzt. Beachten Sie die ungeschriebenen Gesetze von Hierarchien? Sollten Sie dagegen verstoßen, wird Ihr Vorgesetzter Ihnen schneller als Sie denken seine Unterstützung entziehen. Keine gute Idee, wenn Sie Ihren Einfluss ausweiten möchten.

Achtung: Hierarchiegesetze!

Übergehen Sie Ihren Vorgesetzten nicht!

Versuchen Sie niemals, eine Entscheidung über den Kopf Ihres Chefs hinweg zu erreichen, indem Sie sich ohne sein Wissen an seinen Vorgesetzten oder an einen ihm gleichgestellten Ranghöheren wenden. Natürlich ist es wichtig, sogar unabdingbar für Ihre Karriere, dass Sie gute Beziehungen bis ins Top-Management knüpfen. Sie sollen sich ja schließlich interessant positionieren und mit Ihren Erfolgen bekannt werden. Ein absolutes No-go aber ist das Übergehen Ihres Vorgesetzten, wenn Sie etwas nicht allein entscheiden können und die Entscheidungsbefugnis ausschließlich bei Ihrem Vorgesetzten und bei keinem anderen liegt! Sollte Ihr Vorgesetzter entscheidungsschwach sein, können Sie elegant seine Erlaubnis einholen, eine Entscheidung an anderer Stelle herbeizuführen. In diesem Fall übergehen Sie ihn nicht, sondern binden ihn in den Entscheidungsprozess ein. Wenn Sie Ihren Vorgesetzten regelmäßig beispielsweise einmal pro Woche kurz und knapp per E-Mail über der Stand Ihrer Arbeit in Kenntnis setzen, wird er sich prinzipiell nicht übergangen fühlen. Im Fall von Stephanie Meyer hätte dies während des Telefonats mit Ihrem Geschäftsführer bedeutet:

1. Dank für die telefonische Anfrage des Geschäftsführers – Bitte um kurze Bedenkzeit
2. Information des Bereichsleiters – Lösungsvorschlag unterbreiten – Erlaubnis einholen
3. Rückruf an den Geschäftsführer – Antwort

Durch dieses stufenweise Vorgehen hätte Meyer keinen Verdacht aufkommen lassen, dass sie aktiv die Stellung ihres Vorgesetzten untergräbt. Gerade zu Beginn einer neuen Arbeitsbeziehung ist dieses Vorgehen besonders wichtig. Keine Angst, Sie demonstrieren damit keine Unselbstständigkeit. Sie demonstrieren damit Loyalität und erhalten das Vertrauen, um anschließend selbstständig agieren zu können.

Widersprechen Sie Ihrem Vorgesetzten nicht vor Dritten!

Wenn Sie mit Ihrem Vorgesetzten unter vier Augen sprechen, können Sie selbstverständlich eine andere Meinung äußern, ihm widersprechen und konstruktiv Kritik üben. Selbst in Abteilungsmeetings ist dies meist dann kein Problem, wenn in Ihrem Arbeitsumfeld eine offene Diskussionskultur herrscht. Doch Vorsicht bei Meetings mit anderen Bereichen. Hier begeben Sie sich auf möglicherweise gefährliches politisches Glatteis. Jetzt denken Sie vielleicht, bei uns im Unternehmen läuft es anders. Schön. Doch wie positioniert Ihr Chef sich im Verhältnis zu den anderen Bereichen? Welche Ziele verfolgt er? Geht es nicht auch darum, wie begrenzte Budgets aufgeteilt werden? Wer neue Mitarbeiter erhält? Welche Projekte vorangetrieben werden, welche gestoppt oder gar nicht erst gestartet werden? Wer möglicherweise zurückstecken muss? Um in diesen Runden nicht leer auszugehen, wird Ihr Chef viel daran setzen, seinen Einfluss, sprich seine Machtbasis auszubauen. Wie bewerten Sie vor diesem Hintergrund eine offene Kritik Ihrerseits (ein Widerspruch ist Kritik)? Kann Ihr Vorgesetzter darauf eingehen, selbst wenn er sie für berechtigt hält? Wenn Ihr Vorgesetzter eine Frau ist, deren Machtbewusstsein hinter ihrem Sachbewusstsein zurücksteht, ist Ihre Chance geringfügig größer, dass Sie damit durchkommen. Auch wenn Sie die Machtbasis Ihrer Vorgesetzten vor den anderen deutlich schwächen. Ist Ihr Vorgesetzter ein Mann, sollten Sie seine Machtbasis keinesfalls untergraben. Bedenken Sie, wie Sie sich in einer solchen Situation fühlen würden! Wäre es nicht sinnvoller, Ihrem Chef gerade vor anderen Ihre unbedingte Loyalität zu versichern und ihm anschließend im Zweiergespräch Ihren Vorschlag zu unterbreiten? Die Folge:

➜ Sie erhöhen die Wahrscheinlichkeit, dass er Ihrem Vorschlag folgt.

➜ Ihr Vorgesetzter schätzt Sie als besonders vertrauenswürdig und gibt Ihnen die nötigen Freiräume, um sich weiterzuentwickeln.

Wenn Ihr Vorgesetzter derjenige ist, der die Qualität Ihrer Arbeit bewertet, Ihnen wichtige Projekte und Aufgaben anvertraut, Sie fördert und befördert und Ihnen Gehaltserhöhungen und andere Vorrechte zugestehen kann, sollten Sie unbedingt das Vertrauen Ihres Vorgesetzten gewinnen und kontinuierlich ausbauen. Wenn Sie aufsteigen wollen, ist es elementar, dass Ihr Vorgesetzter Sie als absolut loyal einschätzt.

Wird Ihr Vorgesetzter selbst innerhalb der Organisation aufsteigen? Dann wird er wichtige Mitarbeiter, auf die er sich verlassen kann und denen er vertraut, normalerweise mit nach oben ziehen.

Er kann oder will nicht weiter aufsteigen? Ab einer bestimmten Ebene kommt dies zwangsläufig vor. Dann kann es für ihn durchaus von Interesse sein, Sie in einem anderen Bereich zur Beförderung vorzuschlagen. Er vergrößert dadurch seine Machtbasis sogar noch mehr. Denn wenn Sie in einem anderen Bereich aufsteigen, erweitert Ihr bisheriger Vorgesetzter damit entscheidend seine Hausmacht. Dies wird er nur tun, wenn Sie das volle Vertrauen Ihres Vorgesetzten genießen und dieses nicht erschüttern.

Diejenigen, die sich dieses Aspekts nicht bewusst werden, die sich ohne politisches Gespür ausschließlich auf ihre Leistung konzentrieren, laufen Gefahr, die Machtbasis ihres Vorgesetzten völlig unbeabsichtigt wiederholt zu untergraben. Wenn Sie sich wie Stephanie Meyer verhalten, dürfen Sie sich nicht wundern, wenn Sie nicht befördert werden und als Arbeitsbiene dauerhaft in einer Karrieresackgasse stecken bleiben.

Und noch eins: Ihre Loyalität sollte selbstverständlich nicht nur Ihrem Vorgesetzten, sondern auch besonders Ihren Mitarbeitern und Ihrem gesamten Unternehmen gelten.

Werden Sie aktiv – spielen Sie Ihr eigenes Spiel!

Kennen Sie das? Es ist Freitag, 18:00 Uhr. Sie wollen gleich Feierabend machen und freuen sich schon auf Ihr Wochenende. Heute Abend sind Sie mit Ihrem Mann zu der rauschenden Geburtstagsfeier Ihrer besten Freundin eingeladen. Und Sie haben Ihrem Sohn versprochen, ihn morgen zu seinem ersten Hockeyturnier zu begleiten. Sie hatten eine erfolgreiche Woche und haben sich Ihr Wochenende redlich verdient. Gerade fahren Sie Ihren Computer herunter, als Ihr Vorgesetzter Ihr Büro betritt und Ihnen mitteilt, dass er dringend eine Neuberechnung der Risiken für das Großprojekt in Atlanta benötigt. Ein wichtiger Investor habe Bedenken geäußert und nun sei drüben der Teufel los. Was tun Sie? Bleiben Sie? Arbeiten Sie das Wochenende durch? Gehen Sie trotzdem? Sehen Sie noch andere Möglichkeiten?

Stephen R. Covey, Bestsellerautor von „Die 7 Wege zur Effektivität", beschreibt als ein Erfolgsprinzip eines effektiven Lebens das Prinzip der „Proaktivität". Der Begriff bedeutet mehr als nur die Initiative zu ergreifen. Er bedeutet, dass wir selbst für uns, unser Verhalten und unsere Entscheidungen verantwortlich sind. „Reaktive Menschen werden von Gefühlen, von Umständen, den Bedingungen oder ihrer Umwelt getrieben. Proaktive Menschen erhalten den Antrieb aus ihren Werten – sorgfältig überdachten, ausgewählten und internalisierten Werten."

Sie wollen nicht länger der Spielball anderer sein? Sehr gut! Egal, was Sie verändern möchten, Sie können nur da ansetzen, wo Sie die Kontrolle haben: bei sich selbst! Also nicht darüber jammern, dass Ihnen schon wieder ein Strich durch die Rechnung gemacht wird, sondern erst überlegen, welche Möglichkeiten Ihnen zur Verfügung stehen. Das sind meist mehr, als Sie vermuten. Erst dann sollten Sie entscheiden, was Sie tun.

Egal, wie Sie sich entscheiden, wichtig ist, dass Sie sich vorab überlegen, was Sie wollen und was in Ihrem Interesse ist.

1. Wollen Sie die Berechnung sofort selbst durchführen?
2. Ist dies wirklich so dringend?
3. Wer hat etwas davon, dass diese Aufgabe erledigt wird?
4. Ist dies Ihre Aufgabe?
5. Bringt diese Aufgabe Sie Ihren Zielen näher oder davon weg?
6. Wie viel Zeit benötigt diese Aufgabe?
7. Können Sie die Aufgabe so kurzfristig überhaupt zufriedenstellend erledigen?
8. Können Sie die gesamte Aufgabe oder Teile davon delegieren?
9. Brauchen Sie die Mitarbeit und/oder Informationen anderer?
10. Stehen diese zur Verfügung?
11. Können Sie die Aufgabe einfach ignorieren?
12. Wollen Sie den Geburtstag Ihrer Freundin absagen?
13. Wollen Sie das Hockeyspiel Ihres Sohnes verpassen?
14. Wollen Sie auf Ihr gesamtes Wochenende verzichten, obwohl die nächste Woche wieder sehr anstrengend werden wird?
15. …

Erst wenn Sie alle Optionen bedacht haben, können Sie diese anhand Ihrer eigenen Ziele und Werte beurteilen. Der Preis, den Sie bereit sind zu zahlen, ist so unterschiedlich, wie Ihre Ziele und Werte sich im Vergleich zu denen anderer darstellen. Daher gibt es kein objektives Richtig oder Falsch. Es gibt nur ein subjektives Sinnvoll oder Nicht-Sinnvoll. Was für Sie sinnvoll ist, können nur Sie selbst entscheiden. Sollten Sie sich ohnmächtig der Situation ausgeliefert fühlen, überdenken Sie Ihre Optionen. Damit erlangen Sie wieder Handlungsfreiheit. Die Entscheidung, wie Sie sich verhalten, liegt ausschließlich bei Ihnen.

Die Kunst, verbindlich NEIN zu sagen

Sie haben beschlossen, dass Sie die erneute Risikoberechnung nicht sofort vornehmen werden. Stattdessen werden Sie den Investor anrufen, der Sache persönlich auf den Grund gehen und die Wogen erst einmal glätten. Danach werden Sie ins Wochenende starten. Im Notfall werden Sie Sonntagnachmittag einen Plan für die weitere Vorgehensweise machen, um diese mit Ihrem Vorgesetzten gleich am Montagmorgen abzustimmen und danach mit Ihrem Team umzusetzen. Aber zuerst werden Sie nun verbindlich NEIN sagen.

NEIN = JA zu eigenen Zielen!

Leider fällt uns gerade ein NEIN oftmals besonders schwer. Schon von klein auf werden wir angehalten, anderen zu helfen und nicht selbstsüchtig zu sein. Um zu gefallen und gelobt zu werden sagen wir fortan instinktiv JA, auch wenn wir manchmal NEIN meinen. Was auf den ersten Blick als Schmierstoff unseres Zusammenlebens erscheint, wird schnell zur Karrierefalle. Wir werden immer fremdbestimmter und immer mehr Fleißaufgaben landen auf unserem Schreibtisch. Prestigeträchtige Aufgaben erhalten andere. Beförderungen geraten damit in weite Ferne. Und wir geraten immer mehr unter Druck. Damit schaden wir nicht nur unserer Karriere, wir schaden auch unserer Gesundheit. Depressionen und Burnout aufgrund chronischer Überforderung und Stress am Arbeitsplatz steigen dramatisch an. Damit nicht genug. Was als Freundlichkeit und Hilfsbereitschaft gemeint ist, führt schnell zu Geringschätzung. Denn wer von allen gemocht werden will, wird von niemandem gemocht! Klare Grenzen auch mit einem eindeutigen NEIN zu setzen, führt nicht nur zu mehr Selbstbestimmtheit, es führt auch zu mehr Respekt. Schon die wunderbare Sophia Loren erkannte: „Ich kann in zwölf Sprachen NEIN sagen – das ist unerlässlich für eine Frau, die weit herum kommt." Ein NEIN zu den Wünschen anderer ist ein JA zu den eigenen Wünschen und Zielen! Die Kunst besteht darin, verbindlich NEIN zu sagen. Stärken Sie die Beziehungsebene trotz eines inhaltlichen NEINs! So funktioniert es:

➜ Die Wortwahl:

Atmen Sie einmal tief durch und starten Sie mit einem klaren „NEIN". Entschuldigen Sie sich keinesfalls dafür. Wenn Sie Ihr NEIN begründen, tun Sie dies kurz und knapp. Anderenfalls bieten Sie unnötige Angriffsfläche, um Sie umzustimmen. Um Ihre Beziehungsebene zu stärken, können Sie mit einem Dank für das Angebot oder einem „Tut mir leid" abschließen. Eine weitere Möglichkeit ist, eine Lösungsalternative anzubieten (Wenn …, dann …).

→ Die Stimme:

Achten Sie unbedingt darauf, Ihre Stimme nach dem NEIN unten zu halten! Wenn wir die Stimme nach einem Satz heben, stellen wir eine Frage! Ein NEIN mit einem Fragezeichen ist kein NEIN! Auch wenn Sie entrüstet sein sollten, werden Sie nicht laut oder heftig. Das würde Gegenwehr hervorrufen. Der Ton macht die Musik! Ein ruhiges, klares NEIN wirkt überzeugender und erleichtert es Ihrem Gegenüber eher, Ihr NEIN zu akzeptieren.

→ Die Körpersprache:

Ein verbindliches NEIN erzeugen Sie durch ruhige Bewegungen, Augenkontakt und eine leicht vorgebeugte Haltung, die Nähe und Vertrauen vermittelt. Halten Sie Ihren Kopf gerade und behalten Sie die Hände unbedingt unterhalb des Brustkorbs. Sollte Ihr Gegenüber Ihr NEIN noch nicht anerkennen, beugen Sie sich zurück, schütteln Sie leicht den Kopf, verschränken Sie die Arme. Ab dem Moment, wo Ihr NEIN akzeptiert wird, öffnen Sie Ihre Körpersprache wieder leicht, um Verbindlichkeit zu signalisieren.

Durch ein verbindliches NEIN können Sie Grenzen setzen. Dadurch gewinnen Sie Raum und Zeit, um selbst aktiv zu werden und Ihre Ziele zu verfolgen, statt passiv auf andere zu reagieren.

Die Kunst, im richtigen Moment JA zu sagen

Wenn Sie sich jeden Tag Ihr langfristiges Ziel vor Augen halten, können Sie sehr schnell erkennen, wo sich für Sie Chancen auftun, welche Initiativen Sie selbst starten können, welche Positionen, welches Gehalt und sonstigen Vergünstigungen Sie für sich fordern sollten und welche angemessen sind – und welche Herausforderungen Sie möglicherweise auch nicht annehmen wollen. Wenn Sie Ihr eigenes Ziel klar vor Augen haben, fällt es Ihnen zum einen leichter, kurzfristige Verlockungen als solche zu erkennen und sich dadurch nicht vom eigenen Weg abbringen zu lassen. Zum anderen erkennen Sie echte Chancen, die sich Ihnen auch unverhofft bieten, klarer und können auch bereits im Voraus die nächsten Schritte und Konsequenzen bedenken. Für ein taktisch kluges Vorgehen, um den Weg durch das Labyrinth zu finden, ist diese Fähigkeit des langfristigen Denkens elementar. Bestimmen Sie Ihren Weg selbst, statt sich von Umständen bestimmen zu lassen.

BEST PRACTICE

Mathias Döpfner – das richtige NEIN und das richtige JA

1996 war Mathias Döpfner Chefredakteur der Hamburger Morgenpost. Aus vielfältigen Gründen war er mit dieser Situation unzufrieden. Sein Ziel war ein Wechsel von Gruner & Jahr zu Axel Springer. Sein damaliger Traum: Chefredakteur der „WELT" zu werden. Mit Bernhard Servatius und Leo Kirch fand Döpfner mächtige Unterstützer im Aufsichtsrat. Zu ihnen hatte er schon früh gute Kontakte geknüpft. Doch Jürgen Richter, damals Vorstandsvorsitzender des Springer Konzerns, bot Döpfner lediglich einen Vertrag als stellvertretender Chefredakteur der Welt an. Trotz der Wechselmöglichkeit sagte Döpfner NEIN. Schon 1997 verließ Richter Axel Springer. Das neue Vorstandsgremium von Axel Springer suchte nun nach einer Persönlichkeit, die der WELT eine neue Ausrichtung geben konnte und die Tageszeitung wieder profitabel machte. So ereilte Mathias Döpfner 1998 während einer Taxifahrt, für ihn vollkommen überraschend, das Angebot für den ersehnten Posten des Chefredakteurs. Statt um Bedingungen zu verhandeln oder um Bedenkzeit zu bitten, griff Döpfner sofort zu. Der Grundstein für eine rasante Karriere zum Vorstandsvorsitzenden des Axel-Springer-Konzerns, zu welchem Döpfner am 1. Januar 2002 im Alter von nur 39 Jahren bestellt wurde, war damit gelegt. Zum richtigen Zeitpunkt zuzugreifen und ohne zu zögern „JA" zu sagen, war dabei sicherlich ein entscheidender Erfolgsfaktor. Döpfner selbst sagte einmal: „Du kannst nicht alles planen. Vor allem nicht, worauf du keinen Einfluss hast. Du kannst aber flexibel Chancen ergreifen, wo sie sich auftun! Wenn du weißt, was dein Ziel ist, weißt du auch, was dich ihm näher bringt." (Quelle: Inge Kloepfer: Friede Springer – die Biographie, S. 264–265)

Konzentrieren Sie sich auf Wesentliches: Setzen Sie Prioritäten!

Erfolgreiche Manager und Führungskräfte sind erfolgreiche Macher. Ihr Erfolg resultiert aus wirksamen Ergebnissen. Damit erscheinen To-do-Listen als ideales Mittel, um sich auf Wesentliches zu konzentrieren und alles im Griff zu behalten. Schreiben Sie auch To-do-Listen? Wie oft können Sie die einzelnen Punkte innerhalb der geplanten Zeit als erledigt abhaken? Viel zu selten? Der Nobelpreisträger Daniel Kahnemann bezeichnet in seinem Buch „Schnelles Denken, langsames Denken" dieses Phänomen als „Planungsfehlschluss". Überoptimistische Planungen aufgrund einer hohen Eigenmotivation, des Ignorierens oder der falschen Bewertung von Informationen, aufgrund von Selbstüberschätzung und mangelnder Risikoerkenntnis führen kontinuierlich dazu, dass wir immer wieder unrealistische Planungen für uns selbst, für Projekte, für Abteilungen oder das gesamte Unternehmen aufstellen. Wie wäre es, wenn wir stattdessen „Not-to-do-Listen" schrieben?

Verabschieden Sie sich vom Multitasking: Werden Sie wirklich produktiv!

Sie denken, es mag ja für Männer gelten, nicht mehrere Aufgaben gleichzeitig erledigen zu können? Aber ich bin eine Frau. Wir Frauen sind doch multitaskingfähig! Vergessen Sie's! Beim Telefonieren beantworten Sie Ihre letzte E-Mail? Funktioniert nicht! Beim Autofahren schreiben Sie schnell noch eine SMS? Funktioniert nicht! Bei einem wichtigen Kundengespräch können Sie gleichzeitig aufmerksam zuhören und gedanklich die Geburtstagsfeier Ihrer Tochter planen?

Wenn Sie richtig priorisieren, dann ist Multitasking überflüssig. Entscheiden Sie sich ganz bewusst für eine Sache. Konzentrieren Sie sich. Wenden Sie Ihre ganze Aufmerksamkeit darauf. Wenn Sie viel auf einmal tun, um sich produktiv zu fühlen, werden Sie in Wahrheit weniger erreichen. Nicht nur das, Sie werden grundsätzlich schlechtere Leistung erbringen.

Setzen Sie sich besser maximal zwei wichtige Aufgaben als tägliches Ziel. Würden Sie Ihren Arbeitstag zufrieden beenden, wenn diese zwei wichtigen Aufgaben das Einzige wären, was Sie heute geschafft hätten? Wenn ja, beginnen Sie Ihren Tag damit und erst, wenn sie diese Aufgaben erledigt haben (diese haben schließlich Priorität 1), machen Sie mit anderen Dingen, wie beispielsweise Ihren E-Mails weiter. Sie haben richtig gelesen. Starten Sie nicht mit Ihren E-Mails in den Tag. Ihre E-Mails führen Sie häufig von den Dingen weg, die für Sie Priorität haben, und fordern Sie zu Tätigkeiten

Starten Sie morgens mit dem Wichtigsten?

Kapitel 4: Beachten Sie kritische Erfolgsfaktoren – verwandeln Sie Hindernisse in Sprungbretter!

157

auf, die für andere von Priorität sind! Wenn Ihnen dies besonders schwerfällt, denken Sie daran, wie oft Sie täglich in Ihren guten alten Briefkasten schauen, ob der Postbote etwas für Sie gebracht hat. Nur einmal am Tag? Ihre E-Mails sind nichts anderes als ein Briefkasten!

Vergessen Sie Perfektion: Werden Sie effektiv!

Immer sein Bestes geben und alle Erwartungen übertreffen – was auf den ersten Blick erstrebenswert und motivierend klingt, führt schnell in einen Teufelskreis. Egal, was Sie erreichen, es ist nie genug. Auf der Jagd nach Perfektion verzetteln wir uns schnell in Details und verlieren das große Ganze aus dem Blick. Doch wer an die Spitze will, sollte immer „the big picture" vor Augen haben. Andernfalls setzen wir schnell die falschen Prioritäten und verrennen uns in einem Hamsterrad, das wir uns zuerst mit Begeisterung selbst bauen, um uns später darin bis zur Erschöpfung abzustrampeln. Doch mehr Einsatz macht nur bis zu einem bestimmten Punkt produktiver. Das Gegenteil ist schnell der Fall: Je mehr Stress, desto schlechter wird die Leistung. Wer nun auch noch anfängt, über die Situation zu jammern, verliert schnell jegliches Ansehen. Es klingt brutal, doch ein Mangel an Zeit ist immer ein Mangel an Prioritäten!

Effektivität statt Perfektion!

Das Gegenteil von Perfektion ist nicht schlechte Leistung, sondern Effektivität! Effektivität bedeutet, die richtigen Dinge richtig zu tun. Es bedeutet, sich konsequent auf die Aufgaben zu konzentrieren, die die größten Erfolge bringen. Es bedeutet, sich auf die Punkte zu konzentrieren, die über Erfolg und Misserfolg entscheiden. Nicht das letzte Detail ist entscheidend, sondern die wichtigen und dringlichen Aspekte. Wenn Sie sich darauf konzentrieren, werden Sie wesentlich mehr schaffen, dadurch mehr gestalten und auch mehr Erfolge erzielen. Vielleicht helfen Ihnen folgende Fragen, um der Perfektionsfalle zu entkommen:

→ Was würde passieren, wenn Sie heute um 18:00 Uhr das Büro verließen und keine Arbeit mitnähmen?

→ Welche negativen Folgen hätte es, wenn Sie die Hälfte Ihrer Aufgaben an Ihre Mitarbeiter delegierten und diesen freie Hand ließen, ohne sie ständig zu kontrollieren?

→ Stellen Sie sich vor, Sie hätten morgen einen Unfall und könnten ein halbes Jahr nicht arbeiten? Könnte Sie jemand vertreten?

Schütteln Sie den Affen ab: Delegieren Sie!

„Who's got the monkey?" ist zum Synonym für die Rückdelegation von Aufgaben geworden. Der US-amerikanische Physiker, Militärstratege, Unternehmer und Universitätsdozent William Oncken (1912–1988) veröffentlichte 1974 mit dem damaligen Präsidenten der Oncken Company, Donald L. Wass (*1932), den Originalartikel zum „Zeitmanagement im Management" im Harvard Business Review. Kern der Aussage: Manager, die sich von ihren Mitarbeitern die Verantwortung für Aufgaben aufdrücken lassen, die diese Mitarbeiter aus eigener Kompetenz heraus erfüllen müssten, sind selbst schuld, wenn sie nun den Affen der Verantwortung mit sich herumtragen. Oncken und Wass wählten für diese Verantwortung das Bild eines Affen, der sich an der Schulter des Verantwortungsträgers festklammert.

Es gibt nicht selten Mitarbeiter, die einfach keine Lust haben, eine Aufgabe selbst zu erfüllen – und dann vermeintlich hilflos die Vorgesetzte instrumentalisieren: „Chefin, ich komm' da einfach nicht weiter." Gerne werden solche Anfragen zwischen „Tür und Angel" gestellt, in einem Moment, in dem die Vorgesetzte offenkundig keine Zeit hat, sich näher mit der Thematik auseinanderzusetzen. Die Aufgabe wird gerade so weit beschrieben, dass die Vorgesetzte weiß, worum es geht. Die Lösung aber scheint so schwer zu finden, dass die Vorgesetzte spontan entgegnet: „Geben Sie mir mal her, ich schau' mir das an." Und damit hat sie sich den Affen auf die Schulter laden lassen. Für den Mitarbeiter ist nun der Weg frei, umgekehrt seine Vorgesetzte vor sich her zu treiben: „Haben Sie schon eine Lösung gefunden, damit ich weitermachen kann?" Vorgesetzte, die das mit sich machen lassen, tragen bald eine ganze Horde von Affen mit sich herum, weil sich bei den Mitarbeitern die so gefährliche Hilfsbereitschaft herumgesprochen hat.

Als Vorgesetzte sollten Sie zuerst herausfinden, warum der Mitarbeiter die Aufgabe nicht erfüllen kann:

Lassen Sie sich vor jeden Karren spannen?

→ Fehlt dem Mitarbeiter die erforderliche Kompetenz? Unter diesen Aspekt fallen auch fehlende Informationen. Dann muss er entweder das hierfür erforderliche Wissen und Können erwerben, oder bei Zeitdruck kann ein Kollege diese Aufgabe übernehmen.

→ Fehlt es ihm an Gestaltungsspielräumen, braucht er zur Erfüllung der Aufgabe Freiräume? Unter diesen Aspekt fallen auch gegebenenfalls erforderliche Zwischenbescheide seitens der Vorgesetzten, dass der Mitarbeiter die Aufgabe weiterhin eigenverantwortlich bearbeiten soll. Billigen Sie ihm die erforderlichen Freiräume zu, verbunden mit einer Terminierung für die Erledigung der Aufgabe.

→ Will er nicht? Sollten Sie erkennen, dass Unlust der wahre Grund für die versuchte Rückdelegation ist, sollten Sie den Ursachen für die mangelnde Motivation auf den Grund gehen. Diese entziehen sich Ihrem Einfluss? Dann ist die Überlegung unabwendbar, ob der Mitarbeiter überhaupt die richtige Besetzung für diese Position ist.

Führungskräfte stolpern in die Falle der Rückdelegation, weil sie mit der Übernahme von Verantwortung entweder ihre Macht demonstrieren wollen oder ihre fachliche Kompetenz; oder weil ihnen Harmonie am Arbeitsplatz sehr wichtig ist oder weil sie es als reizvoll empfinden, eine schwierige Aufgabe selbst zu lösen. Damit helfen sie aber auch dem Mitarbeiter nicht weiter: Führungsstärke zeigt sich darin, dass Vorgesetzte ihren Mitarbeitern dort helfen, wo diese wirklich die Unterstützung brauchen, um sich weiterzuentwickeln. Nicht aber bei der Lösung der Aufgabe selbst. Sonst bräuchte es den Mitarbeiter nicht mehr.

Hakenschlagen ist erlaubt – die Bedeutung von Plan B

Natürlich treten wir an, um unsere Ziele zu erreichen, und wenn wir unseren Einfluss geltend machen, wollen wir uns durchsetzen. Doch was ist, wenn Sie Ihr Ziel nicht erreichen, wenn Sie sich nicht durchsetzen können oder wenn plötzlich völlig neue Umstände eintreten, von denen Sie bislang noch nichts geahnt haben?

Da hilft nur eins: ein großes Netzwerk, viel Wissen und ein echtes Interesse für Ihr Umfeld. Damit werden Sie viele Risiken minimieren können, doch selbst dann werden Sie nicht immer das erreichen, was Sie sich vorgenommen haben. Was also tun, wenn Sie eine herbe Enttäuschung erleben?

Letztlich haben Sie immer drei Möglichkeiten:

Change it.
Love it.
Leave it.

Egal, ob ein anderer Ihren Traumjob erhalten hat, ob Sie die neue strategische Ausrichtung Ihres Bereichs nicht durchbringen konnten, ob die wirtschaftliche Lage grundsätzlich gerade krisengeschüttelt ist oder ob Ihr Unternehmen verkauft wird, oder, oder – Sie haben immer diese drei Möglichkeiten. Sie haben die Freiheit, sich für einen der drei Wege zu entscheiden.

Verändern Sie die Auslöser der Situation oder verändern Sie Ihre Sichtweise, lernen Sie die Situation zu lieben, vielleicht können Sie etwas Bedeutendes lernen und erst einmal abwarten, bis Gras über die Sache gewachsen ist, statt alles hinzuwerfen – die Politik bietet hierfür eindrucksvolle Beispiele –, oder ziehen Sie weiter zu neuen Ufern. Womöglich ergibt sich an anderer Stelle gerade die Chance, auf die Sie so lange hingearbeitet haben. So oder so: Treffen Sie eine Entscheidung! Denn wenn Sie keine Entscheidung treffen, passiert etwas Furchtbares: Dann treffen andere eine Entscheidung für Sie. Wer an die Spitze will, gestaltet und nimmt keine Opferrolle ein! Es ist allein Ihre Wahl!

Es ist Ihre Entscheidung!

Durch tragfähige Netzwerke, aber auch durch die eigene Verhandlungsstärke, die Risiken schon im Vorfeld einkalkuliert und mithin Alternativen einplant, sind Sie prinzipiell in der Lage, sich immer eine Hintertür offen zu halten. Gerade in Situationen, die besonders risikoreich sind, in denen es wirklich um die Wurst geht, ist es gut, sich vorab einen Plan B zurechtzulegen. Denken Sie möglichst immer zwei bis drei Züge im Voraus über Ihre Schritte nach. Welche Einflussfaktoren begleiten Ihren Weg? Welche Chancen und Gefahren werden sich womöglich auftun? Wie können Sie diesen schon vorab begegnen? Viele erfolgreiche Menschen geben diese Denkweise als ihr Erfolgsgeheimnis an. Wenn Sie taktisch schwerwiegende Fehler und herausragende Erfolge Ihrer Konkurrenten laufend beobachten und analysieren, können Sie eigene Risiken besser minimieren und den für Sie geeigneten Plan B im Hinterkopf entwerfen. So erhalten Sie die innere Freiheit, mit ganzer Kraft Ihre anspruchsvollen Ziele zu verfolgen, im passenden Moment zuzugreifen und alles auf eine Karte zu setzen!

NACHGEFRAGT

Markus Diethelm

„Die Grundlage von Macht muss auf eigenen, ethischen Werten basieren."

Markus U. Diethelm ist Group General Counsel und Member of Group Executive Board der UBS AG Schweiz.

Wie lautet die wichtigste Macht-Spielregel, um an die Spitze zu kommen?
Spielregeln sind ja schon mal ein guter Denkansatz, denn beim Spiel soll man unbedingt Spaß haben, immer davon ausgehend, als Gewinner hervorzugehen, und dabei auch ein wenig auf Glück vertrauend. Dabei soll jeder Schritt vorbereitet und geplant sein, auf relevante Erfahrung abgestützt und sehr gut geübt sein. In jedem Spiel, inklusive dem Karrierespiel, gibt es ein Gegenüber. Dabei soll man immer versuchen, gegnerische Schwächen zu erkennen, um diese dann sofort taktisch oder strategisch zu nutzen; dann gewinnt man eher, als wenn man zu stark mit den eigenen Stärken beschäftigt ist. Dies erfordert hohe mentale Präsenz; damit meine ich nicht etwa nur Intelligenz, sondern die Fähigkeit, im eigenen Selbst zu sein. Das heißt, man darf keine Rolle spielen und muss dem – in der Geschäftswelt so oft beobachteten – Druck widerstehen, sich gegenüber anderen und sich selbst definieren zu müssen. Das muss man aufgeben! Hans-Dietrich Genscher hat einmal so schön gesagt: „Eigentlich bin ich ja ganz anders, nur komme ich selten dazu."

Ich glaube, man hat die größte Macht und Wirkung, wenn man vollkommen authentisch ist. Es ist die Präsenz, die wir ausstrahlen, wenn wir mit uns selbst im Reinen sind, wenn wir unsere Mitte spüren, unsere Werte leben und damit, möglichst über lange Zeit, eine Unabhängigkeit des Geistes verkörpern. Dies erleben unsere Mitmenschen als „Stärke" oder „Macht" – das hat dann aber nichts zu tun mit der „geliehenen Macht", die wir in Form von Titeln für die Ausübung einer Funktion erhalten. Diese kann uns jederzeit wieder entzogen werden, unsere Präsenz und Stärke jedoch verkörpern unser „Ich". Um an die Spitze zu kommen müssen wir daher nicht so viel mehr tun als was wir durch stetige Übung und Erfahrung sowieso schon gut können. Vielmehr müssen wir uns auf unsere Schwächen konzentrieren. Dann werden wir noch stärker! Wer immer wieder bereit ist, sich selbstkritisch zu reflektieren, kann tatsächliches Wachstum erfahren. Dabei sind auch Fehler programmiert. Wir sollten diese erkennen, analysieren und es das nächste Mal einfach besser machen.

Eine andere wichtige Spielregel ist Interesse an und Verständnis für die Ziele und Sinnhaftigkeit einer Unternehmungsstrategie zu zeigen und diese vollumfänglich verstehen zu wollen, um sie mit starkem Eigenengagement und Verantwortung stetig voranzutreiben. Dies lässt Menschen für Spitzenfunktionen herausstechen, weil sie eben NICHT allein darauf fokussiert sind, die Verwirklichung der eigenen Karrierevorstellungen voranzutreiben. In einer Welt zunehmender Transparenz ist alles über jeden fast jederzeit erfahrbar. Daher muss die Grundlage von Macht in verlässlicher Weise auf eigenen ethischen Werten basieren; dann kann man sie auch halten. Mächtig werden ist manchmal gar nicht so schwer, mächtig sein dagegen sehr!

In diesem Zusammenhang: Ihr wichtigster Rat an Frauen – was sollten diese unbedingt tun und was sollten sie in jedem Fall vermeiden?
Sie sollten unbedingt sie selbst bleiben und sich nicht der Männerwelt anpassen. Nichts ist meiner Meinung nach trauriger, als eine kompetente Frau, die ihre Persönlichkeit und Einzigartigkeit aufgegeben hat im Glauben, nicht anders in einer Männerwelt bestehen zu können. Natürlich erfordert Authentizität sehr viel Selbstvertrauen und Mut. Menschen, die sich längerfristig in Machtpositionen halten können, sind oft als Kind bedingungslos von ihren Eltern geliebt worden oder, wenn dem nicht so ist, setzen sich damit sehr achtsam auseinander und lernen, es

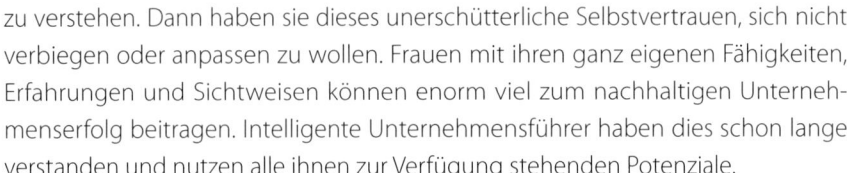

zu verstehen. Dann haben sie dieses unerschütterliche Selbstvertrauen, sich nicht verbiegen oder anpassen zu wollen. Frauen mit ihren ganz eigenen Fähigkeiten, Erfahrungen und Sichtweisen können enorm viel zum nachhaltigen Unternehmenserfolg beitragen. Intelligente Unternehmensführer haben dies schon lange verstanden und nutzen alle ihnen zur Verfügung stehenden Potenziale.

Wie ist es Ihnen gelungen, einen potenziellen Feind in Ihrem Umfeld zu einem Unterstützer umzuwandeln?
Frei nach dem Motto: „Be close to your friends and be even closer to your enemies!" Doch Scherz beiseite, eigentlich kann man jeden potenziellen Widersacher zum Unterstützer wandeln, wenn man bereit ist, den anderen verstehen zu wollen und ihn mit den ihm eigenen Fehlern und Stärken anzunehmen. Vielleicht ändert man dann auch seine eigene Meinung. Wäre ja auch manchmal gut. Ich verbringe viel Zeit mit Menschen, die andere Auffassungen vertreten. Sogenannte „Feindschaften" entstehen doch oft in unserem hektischen Alltag, weil wir gezwungen sind, unter enormem Zeitdruck Resultate zu erzielen. Da bleibt oft das menschliche Miteinander auf der Strecke. Eine wunderbare Regel der Benediktiner heißt: „Suche den Frieden und jage ihm nach!"

• •

Kapitel 5

Moderieren Sie den Wandel – souverän und humorvoll

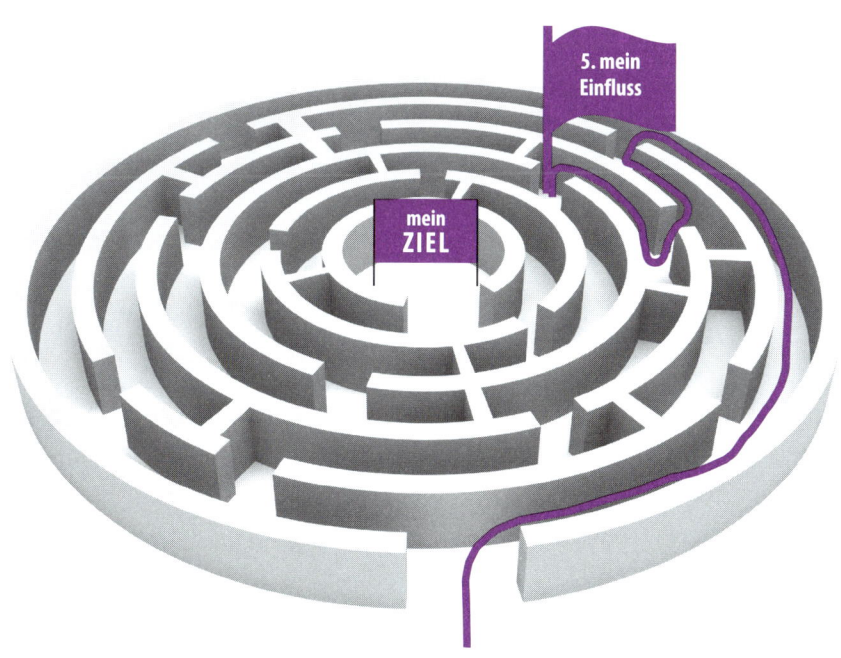

Lust auf Macht ist gut, sofern diese Macht nicht einem Selbstzweck dient. Weniger Potentaten, dafür mehr Gestaltungswille, sollte das Ziel sein. Doch die Realität sieht vielfach anders aus. Gisela Maria Freisinger beschreibt im manager magazin („Albtraum der Alphatiere") sehr anschaulich die Angst vor dem Machtverlust auf deutschen Vorstands- und Aufsichtsratsetagen: „Die globale Gemengelage und das Tempo der Veränderungen machen die Mächtigen zu ohnmächtigen Getriebenen." Oder wie ein DAX-Vorstand es kürzlich in unserem Gespräch ausdrückte: „Veränderungen innerhalb der Organisation können nur noch durch Druck von außen entstehen." Wo wir uns von der Angst vor Machtverlust beherrschen lassen und verständliche und attraktive Visionen fehlen, die uns selbst und andere motivieren, werden wir schnell zu ängstlichen Opportunisten, die sich verzweifelt an den Ist-Zustand klammern. Und dies selbst dann, wenn wir mit diesem Verhalten die Probleme nicht nur nicht lösen, sondern sogar verschärfen. Ob Finanzkrise, Erosion ganzer politischer Systeme oder die systematische Verschwendung und Vernichtung überlebenswichtiger Ressourcen (um nur einige gravierende Probleme zu nennen, mit denen Unternehmen heute konfrontiert sind): Für uns alle und für die Unternehmen, deren Interessen Sie vertreten, ist ein gewaltiger Veränderungsdruck unleugbar. Zugleich aber hat es den Anschein, als ob sich viele Verantwortliche an den Spitzen der Unternehmen wie Kinder die Augen zuhalten und glauben, dass andere sie nun auch nicht mehr sehen.

Was würde passieren, wenn wir zugeben würden, dass wir alle nur Menschen und fehlbar sind? Dass keine Universalgenies an der Spitze unserer Unternehmen stehen, sondern Menschen, die sich irren können? Dass wir als Einzelkämpfer den aktuellen und vor uns liegenden Herausforderungen nicht mehr gewachsen sind? Dass wir die großen Fragestellungen auch nicht mehr in elitären Machtzirkeln lösen können, deren Mitglieder überzeugt sind, wer Angst zeige, sei verloren.

In der Wissenschaft erheben wir Daten, um daraus Theorien abzuleiten. Anschließend untersuchen wir deren Wahrheitsgehalt durch Experimente. In der Wirtschaft handeln wir konträr. Wir experimentieren nicht im Kleinen, um daraus wichtige neue Erkenntnisse zu gewinnen. Wir nehmen einfach etwas an und handeln danach.

Wir ziehen kaum noch etwas in Zweifel. Und wenn, dann wollen wir sofort Antworten. Dabei hat keiner mehr Zeit, nachzudenken. Widerstehen Sie diesem Drang. Wer Herausragendes leisten will, muss lernen, auf vorschnelle Antworten zu verzichten. Über eine intelligente Frage muss jeder nachdenken, sonst wäre es keine intelligente Frage. Statt auf blitzschnelle Antworten sollten wir uns besser darauf konzentrieren, die richtigen Fragen zu stellen.

Sind Sie experimentierfreudig?

Doch Fragen sind so eine Sache. Ein normales vierjähriges Kind stellt über 400 Fragen am Tag (Quelle: http://interessante-fakten.de/670/Kinder-stellen-viele-Fragen.html). Und was tun wir Erwachsenen? Wie viele Fragen stellen wir durchschnittlich am Tag? Fünf? Zehn? 15? – „Liebling, hast du meinen Autoschlüssel gesehen?" oder „Was gibt es heute zu essen?" sind wohl schon mitgerechnet. Überlegen Sie doch einmal: Was war die interessanteste Frage, die Sie heute sich oder anderen gestellt haben?

Auch hier gilt wieder: Im Verbund mit anderen entdecken wir womöglich Fragen, die uns allein schon in der Fragestellung völlig neue und entscheidende Einsichten und Erkenntnisse vermitteln. Mithilfe derer wir uns möglicherweise den entscheidenden Vorsprung sichern. Vor allem: Wir können nur dann funktionierende Antworten finden, wenn wir zuerst die richtige Frage stellen.

Stellen Sie die richtigen Fragen!

Wäre es nicht einen Versuch wert, neue Wege auszuprobieren? Wenn wir ein Problem nicht lösen können, könnte es auch daran liegen, dass wir uns immer noch an überkommene Regeln halten. Oder, wie der Nobelpreisträger Sir Peter B. Medawar bekannte: „The human mind treats a new idea the way the body treats a strange protein; it rejects it." (Quelle: The Art of the Soluble (1967). Zitiert von Colin J. Sanderson, Understanding Genes and GMOs (2007), 1). Diejenigen, die neue Wege ausprobieren, werden vielleicht auch scheitern. Aber sie werden mit Sicherheit schneller bessere Antworten finden! Erfolgreiche Changeprozesse zeigen, dass für eine derartige Veränderung der Führungs- und Unternehmenskulturen folgende Aktivitäten des Top-Managements erforderlich sind:

- → Die Top-Führung will den Wandel unbedingt.
- → Die Top-Führung lebt die gewünschte Veränderung aktiv vor.
- → Die Top-Führung kommuniziert das Ziel mit den damit verbundenen Rahmenbedingungen klar und verständlich an alle Mitarbeiter.
- → Die Top-Führung lobt erwünschtes Verhalten, unerwünschtes Verhalten hingegen wird konsequent bestraft. Dies gilt für alle Akteure im Unternehmen und ist für alle sichtbar.
- → Die Top-Führung räumt dem Wandel höchste Priorität ein.
- → Die Top-Führung bindet alle Mitarbeiter in diesen Veränderungsprozess ein.
- → Die Top-Führung versteht sich selbst als Moderator des Wandels.

Doch Vorsicht: Einerseits erfassen die meisten Menschen zwar mehr oder minder intuitiv, wann eine Veränderung unumgänglich ist. Gleichzeitig sind Menschen auch Gewohnheitstiere: Zu viel Neues erzeugt Widerstand.

Geben Sie Ihrem Umfeld Sicherheit?

Um Ihren Einfluss nicht zu gefährden, sollten Sie besonders betonen, dass Sie Bewährtes schätzen und respektieren. Notwendige Veränderungen, die als Verbesserungen des Bewährten auftreten, werden leichter akzeptiert.

Führungskräfte, die den Transformationsprozess in diesem Bewusstsein engagiert vorantreiben, werden höchstwahrscheinlich mit einem gewaltigen Wettbewerbsvorsprung belohnt. Sie werden nicht nur in der Lage sein, das volle Potenzial ihrer Organisation zu entfalten. Sie werden auch die besten Talente für sich begeistern können. Gerade junge, hervorragend ausgebildete Berufseinsteiger interessieren sich mehr denn je für die Führungskultur von Unternehmen, wenn sie sich für oder gegen einen Arbeitgeber entscheiden. Vielleicht lässt sich dies am besten an folgendem bemerkenswerten Satz eines Berufseinsteigers ableiten: „Wenn ich etwas wissen will, frage ich nicht meinen Vorgesetzten, sondern jemanden, der davon Ahnung hat."

Unsere Zukunft wird also entscheidend davon abhängen, einen aus heutiger Sicht andauernden und dynamischen Wandel kontinuierlich zu moderieren und die besten Talente zu begeistern und einzubinden, um zu besseren Lösungen zu kommen.

Nutzen Sie Ihren Einfluss, um diesen Wandel aktiv zu moderieren! Ohne Angst, dafür mit Neugierde und Spaß. Damit werden Sie die Besten für sich gewinnen können. Als Frau, der eher die Fähigkeit eines partizipativen und inspirierenden Führungsstils zugebilligt wird, haben Sie beste Aussichten. Eine gute Strategie, um heute aufrecht an die Spitze zu gelangen und um unsere Zukunft aktiv mitzugestalten.

WISSEN UND FORSCHEN

Wer wird Vorstand?

„Sobald die Vorstandsebene erreicht ist, zählt Fachwissen weit weniger als Führungsqualitäten und als ein breites Wirtschaftsverständnis." Die Personalberatung Heidrick & Struggles hat im Verlauf von zehn Jahren Profile von Führungskräften erstellt und mit vielen Spitzenmanagern Interviews geführt. Hieraus sind Vorstandsprofile für verschiedene Zuständigkeiten entstanden, die den Analytiker, den Vordenker, den Vermittler, den Netzwerker, den Teamplayer und den Top-Berater umfassen. So sollte beispielsweise der ideale Chief Information Officer (CIO) technisches Fachwissen vorhalten, aber darüber hinaus auch verstehen, wie er die neuen Technologien unternehmerisch nutzen und wie er mit ihnen einen Wettbewerbsvorteil erzielen kann. Und damit nicht genug:„Unternehmen suchen nach hybriden CIOs, die nicht nur unternehmerisch denken, sondern auch über analytische Erfahrungen verfügen, Organisationen neu gestalten und Systeme ganzheitlich aufbauen können." Auch auf den Chief Financial Officer (CFO) warten komplexe Herausforderungen:„Wer im Finanzbereich eines Unternehmens an der Spitze stehen will, muss den Chief Executive Officer (CEO) und das Managementteam darin unterstützen, neue Geschäftschancen zu entdecken sowie deren strategische und finanzielle Vorteile und Risiken zu bewerten." (Groysberg 2011)

Bereiten Sie Entscheidungen strategisch vor – diese fallen eher als Sie denken

Wichtige, weitreichende Entscheidungen werden nicht (erst) in der Vorstandssitzung, im Abteilungsmeeting oder bei der Abstimmung getroffen. Faktisch trifft dies selbstverständlich zu. Doch in den seltensten Fällen treffen Menschen ihre Wahl an diesem Punkt. Ihre Entscheidung fällt viel früher. Oder gehen Sie bei der nächsten Bundestagswahl zur Wahlurne und überlegen sich erst mit dem Wahlzettel in der Hand, wen Sie wählen werden? Warum glauben wir dann, dass es im Unternehmensumfeld anders wäre?

Wichtige Entscheidungen werden von einflussreichen Menschen strategisch vorbereitet. Je besser Sie dies beherrschen, desto einflussreicher sind Sie. Hohe Positionen sind hilfreich, doch auch ohne Rang und Titel können Sie wirksam Einfluss nehmen. Diejenigen, die ein gutes Gespür für andere Menschen haben, die vertrauensvolle Beziehungen aufbauen, die flexibel denken und handeln, sich notfalls auch anpassen können und bereit sind, Kompromisse einzugehen, die Konflikte frühzeitig erkennen und entschärfen und darauf aus sind, echte Win-win-Situationen zu schaffen, können unabhängig von äußerlich verliehener Macht sehr viel Einfluss ausüben.

Selbstverständlich gibt es auch unfaire Methoden der Einflussnahme wie beispielsweise Erpressung oder Drohungen. Doch davon nehmen wir bewusst Abstand. Letztlich mögen diese Methoden funktionieren, um wichtige Entscheidungen noch im letzten Moment zum eigenen Vorteil herbeizuführen. Doch damit wird jegliche Vertrauensbasis zerstört. Ja mehr noch, es entstehen Feindschaften. In einem Arbeitsumfeld, in dem sich niemand mehr sicher fühlt, wird nur noch taktiert. Jeder wird versuchen, ausschließlich für sich selbst das Beste herauszuholen und sich maximal abzusichern. Dass in einem derartigen Umfeld die Produktivität massiv sinkt und kreative neue Ideen nicht mehr entstehen können, ist unzweifelhaft. Stattdessen wird die gesamte Energie in die nächste Intrige gesteckt. Wie lange sich Unternehmen mit einer derartigen Kultur am Markt behaupten werden, vermögen wir nicht vorherzusehen. Für ein solches Unternehmen zu arbeiten und hier gar an die Spitze zu wollen, fordert aus unserer Sicht einen viel zu hohen Preis. Es mag naiv anmuten. Doch es gibt bessere, faire Wege, Ihren Einfluss dauerhaft geltend zu machen. Letztlich soll dieses Buch dazu dienen, möglichst viele Frauen mit Potenzial zu inspirieren, sich aktiv in das unternehmerische Geschehen einzumischen. Mit dem Ziel, bessere Antworten und Lösungen zu finden. Über den eigenen Vorteil hinaus. Auch zum Wohle anderer.

Vertrauen Ihnen Vorgesetzte, Kollegen und Mitarbeiter?

Der beste Weg, dauerhaft Einfluss aufzubauen, ist, das Vertrauen von Menschen zu gewinnen. Wenn wir mit jemandem zusammenarbeiten, dem wir völlig vertrauen, sichern wir uns nicht ständig ab, hinterfragen nicht unablässig, welche Falle auf uns lauern könnte, sondern fokussieren uns auf unsere Aufgabe und entfalten dabei unsere ganze Kreativität und Leidenschaft!

In einer vertrauensvollen Beziehung sind Menschen eher bereit, ihrer Führungskraft zu folgen und offen und ehrlich zu kommunizieren. Auch, wenn unterschiedliche Meinungen herrschen. Unangenehme Maßnahmen werden in einer vertrauensvollen Beziehung eher akzeptiert und Fehler leichter verziehen. Fehlt Vertrauen, wird jede zuvorkommende Handlung und jede förderliche Absicht als Manipulation verdächtigt und läuft ins Leere.

Ohne Vertrauen geht nichts!

Damit ist Vertrauen der Kitt jeder herausragenden Karriere. Wir alle machen Fehler. Wir treffen die falschen Entscheidungen, setzen vielleicht aufs falsche Pferd, gehen von falschen Annahmen aus, verrennen uns in blödsinnige Ideen und tappen auch einmal voll ins Fettnäpfchen. Die meisten Vorgesetzten, Kollegen und Mitarbeiter können dies alles verzeihen. Die Voraussetzung dafür lautet Vertrauen. Ohne Vertrauen können Sie keine Leistungsbereitschaft bei anderen wecken, notwendige Unterstützung einholen und verlässliche Allianzen schmieden. Vertrauen ist die Voraussetzung, um Ihren Einfluss geltend zu machen und sukzessive auszubauen. Ohne Vertrauen hingegen haben Sie keine Chance. Unabhängig von Ihrer Rolle, die Sie einnehmen. Und zerstörtes Vertrauen ist ungleich schwerer wieder herzustellen. Daher sind politische Spielchen, mit denen man Menschen bewusst gegeneinander ausspielt, intrigiert und einander in den Rücken fällt zum eigenen kurzfristigen

Vorteil manchmal durchaus wirkungsvoll, doch sie zerstören jegliches Vertrauen. Mittel- und langfristig wird sich der Einfluss jener Menschen, die dies tun, immer weiter begrenzen. Vertrauen ist nicht alles, um Einfluss auf andere zu gewinnen. Aber Vertrauen ist die Voraussetzung!

Vertrauen basiert wesentlich auf diesen Faktoren:

1. **Respekt:** Respekt erhält, wer andere (und sich selbst) respektiert, ernst nimmt und anerkennt.
2. **Sensibilität** für andere Menschen: Hören Sie gut zu? Verstehen Sie, was andere bewegt?
3. **Glaubwürdigkeit:** Stimmen Ihre Taten mit Ihren Worten überein? Halten Sie Absprachen zuverlässig ein? Fordern Sie die Zuverlässigkeit bei Ihren Mitarbeitern ebenfalls ein?
4. **Verantwortung:** Übernehmen Sie die Verantwortung für eigene Fehler? Erklären Sie schwierige Entscheidungen verständlich und nachvollziehbar?
5. **Werte:** Teilen Sie die Werte Ihres Arbeitsumfelds und geben dies auch deutlich zu verstehen?
6. **Offenheit:** Kommunizieren Sie Ihre Ziele angemessen? Sprechen Sie Positives und Negatives gleichermaßen offen und konstruktiv an?
7. **Sympathie:** Interessieren Sie sich ehrlich für andere? Lassen Sie ein gewisses Maß an Nähe und echte Bindung zu? Arbeiten andere gerne mit Ihnen zusammen?
8. **Kompetenz:** Stellen Sie eigene Erfolge unter den Scheffel? Werden Sie damit sichtbar? Halten Sie Lob aus?
9. **Sicherheit:** Schaffen Sie ein konstruktives Klima, in dem Fehler und Risiken nicht bestraft, sondern offen und lösungsorientiert diskutiert werden?

Gewinnen Sie das Vertrauen Ihrer Vorgesetzten und anderer hochrangiger Persönlichkeiten

Behandeln Sie hierarchisch über Ihnen stehende Menschen als ganz normale Mitmenschen oder lassen Sie sich stark von deren Titeln beeindrucken?

Je höher der Rang eines Menschen ist, desto eher sehen wir in ihm die Rolle und nicht mehr den Menschen. Doch eine Rolle beschreibt nicht die Person, sondern nur die Erwartungen an das Verhalten des Rolleninhabers. Dass das sehr gefährlich ist, wussten schon die alten Römer: Während der Triumphzüge siegreicher Feldherren durch Rom lief hinter dem Triumphator ein Sklave, der seinem Herrn beständig ins Ohr flüsterte: „Bedenke, dass Du sterben musst. Bedenke, dass Du ein Mensch bist."

Hinter Titeln stecken Menschen!

Viele Unternehmen werden noch immer vorrangig von Hierarchien und Formalismen geprägt. Und die Mehrzahl der Menschen richtet sich danach. Doch was würde passieren, wenn Sie gerade hoch stehende Personen ganz bewusst ebenfalls wie einen Kollegen behandelten? Wenn wir daran dächten, dass diese, wie wir alle, auch Ängste haben und auch Fehler machen? Würde sich die Art Ihrer Beziehung nicht radikal verändern?

Angenommen, Sie möchten Ihren CEO für ein Experiment gewinnen, aus dem ein völlig neues Geschäftsfeld entstehen könnte. Dafür benötigen Sie 500.000 Euro Investition und ein Team von vier Mitarbeitern, die momentan nicht Ihnen zugeordnet sind. Ihr unmittelbarer Vorgesetzter ist damit einverstanden, weil er sowieso nicht daran glaubt, dass Sie Ihren CEO überzeugen. Also hat er Ihnen freie Bahn gegeben.

Wie stellen Sie es nun an, den CEO von Ihrem Vorhaben zu überzeugen?

→ Basteln Sie eine dieser inhaltsschweren Spiegelstrichpräsentationen und bitten Sie wie alle anderen um ein Meeting, um ihm Ihre Idee zu verkaufen? Er erhält danach ein schönes Handout, in welchem er alles Wichtige nachlesen kann?

→ Schreiben Sie ihm eine E-Mail, in der Sie Ihren Vorschlag genau beschreiben? Er wird bestimmt von Ihrer brillanten Argumentation beeindruckt sein und in Ruhe über Ihren Vorschlag nachdenken. Ihrer ist bestimmt interessanter als alle anderen 287, die er jeden Tag erhält.

→ Sie haben einen guten Draht zu seiner Assistentin und bitten diese, Ihnen den nächsten freien Termin für ein Mittagessen mit Ihrem CEO beim Italiener um die Ecke zu geben? Während des Treffens, das kurz darauf wirklich stattfindet, sitzen Sie gemeinsam an einem Tisch außerhalb seines Machtbereichs. Sie starten das Gespräch nur mit Themen, die ihn inte-

ressieren. Sie kommen auf die Herausforderungen zu sprechen, die Ihr
CEO meistern muss, wo Chancen und Risiken lauern und wo die Konkurrenz Schwächen zeigt oder gefährlich werden könnte. Sie sprechen
strukturiert. Sie zeigen gleichzeitig Begeisterung. Aufgrund Ihrer sorgfäl-
tigen Vorbereitung geben Sie ihm im Verlauf des Gesprächs einige wertvolle Informationen, die er so noch nicht haben dürfte. Sie vereinbaren
einen weiteren Gesprächstermin. Sie merken sich, was Ihren CEO begeistert und womit sie ihn verärgern könnten. Nach und nach werden Sie als
interessante und vertrauenswürdige Gesprächspartnerin auf Augenhöhe
wahrgenommen. Erst dann kommen Sie mit Ihrem Vorschlag!

Überzeugen Sie auf Augenhöhe!

Wenn Sie Einfluss auf hochrangige Repräsentanten eines Unternehmens gewinnen wollen, finden Sie Mittel und Wege,
um als adäquate Partnerin statt als Bittstellerin oder Verkäu-
ferin wahrgenommen zu werden. Zeigen Sie, dass Sie dazu-
gehören. Durch Ihr Auftreten, Ihr Äußeres und die Art und
Weise, wie Sie mit Hochrangigen sprechen.

→ Bescheiden Sie sich von vornherein mit einem niedrigen Status – oder
gehen Sie auf Augenhöhe?
→ Warten Sie, bis Ihnen ein Angebot gemacht wird – oder zeigen Sie Eigen-
initiative?
→ Machen Sie aktiv Vorschläge?
→ Sind Sie verlässlich und halten Sie Zusagen ein?
→ Stehen Sie zu Fehlern und korrigieren Sie diese?
→ Übernehmen Sie aktiv Verantwortung?

Aber Vorsicht: Übertrumpfen Sie Höhergestellte nicht. Auf Augenhöhe zu sein
empfiehlt Sie für den Aufstieg. Den Anschein zu erwecken, Höhergestellte zu
überflügeln, wird abgestraft!

Gewinnen Sie das Vertrauen Ihrer Mitarbeiter

1. Stecken Sie einen klaren Rahmen für Ihren Verantwortungsbereich ab.
Welche Ziele werden verfolgt? Worauf legen Sie besonders Wert? Wo liegen Prioritäten? Welche konkreten und messbaren Ergebnisse erwarten

Sie? Klären Sie Ihre Erwartungen an Ihr Team genauso wie die Erwartungen Ihres Teams an Sie. Wenn Sie selbstständig denkende und handelnde Mitarbeiter schätzen, ist es Ihre Aufgabe, diesen einen eindeutigen Orientierungsrahmen zu bieten, statt ihnen zu sagen, was sie tun oder nicht tun sollen.

2. Finden Sie die Stärken Ihrer Mitarbeiter heraus und übertragen Sie ihnen Aufgaben entlang ihrer Stärken. Diese werden mit mehr Spaß und Leichtigkeit zu besseren Ergebnissen kommen.

3. Übertragen Sie Ihren Mitarbeitern Aufgaben samt Verantwortung, ohne sie ständig zu kontrollieren. Geben Sie ihnen den Freiraum, die Aufgabe auf ihre eigene Weise zu lösen. Die Ergebnisse sollten besprochen und kontrolliert werden, nicht der Weg dorthin.

4. Sollte es Schwierigkeiten geben, erklären Sie die Aufgabe keinesfalls zur Chefsache. Geben Sie Ihren Mitarbeitern die Unterstützung, die sie brauchen, um selbst die geeignete Lösung zu entwickeln. Fördern und fordern Sie konsequent, statt selbst zu übernehmen!

5. Teilen Sie alle Informationen mit Ihren Mitarbeitern, die für deren Arbeit wichtig sind. Vereinbaren Sie Spielregeln für den Umgang mit den Daten. Vor allem, wenn ein Missbrauch dieser Informationen Ihnen schaden könnte!

6. Sollten Ihre Mitarbeiter von außen angegriffen werden, verhalten Sie sich so loyal, wie Sie es von Ihren Mitarbeitern erwarten. Was in Ihrem Team passiert, ist Ihre Verantwortung. Also stellen Sie sich schützend vor Ihr Team ohne Wenn und Aber!

7. Schaffen Sie, wo immer möglich, Win-win-Situationen. Betonen Sie den Vorteil für das Gegenüber.

8. Loben Sie herausragende Leistungen Ihrer Teammitglieder vor anderen. Schmücken Sie sich keinesfalls mit fremden Federn.

WISSEN UND FORSCHEN

Haut auf den Tisch, Jungchefs!

Ein partizipativer Führungsstil wird in der Managementforschung als erstrebenswert und zielführend dargestellt. Nun hat eine Studie der Clarkson University in Potsdam im US-Bundesstaat New York herausgefunden: Es gibt Ausnahmen. „Niemand lässt sich gerne herumkommandieren", sagt Studienleiter Stephen J. Sauer, „der kooperative Managementstil ist im Regelfall der beste. Für neu ernannte Führungskräfte, die aufgrund ihres Alters, ihrer Ausbildung, Erfahrung und anderer Faktoren einen niedrigen Status in der Unternehmenshierarchie haben, gilt das allerdings nicht". In Experimenten konnte Sauer nachweisen, dass beispielsweise ein unerfahrener 32-jähriger Teamleiter mit einem Abschluss von einer zweitklassigen Hochschule bessere Führungsnoten erhielt, wenn er seinen Mitarbeitern Anweisungen gab, als wenn er sie um ihre Meinung bat. Der Unerfahrene kann sich den kooperativen Führungsstil noch nicht leisten, er muss zunächst eigene Akzente setzen und seinen sozialen und beruflichen Status demonstrieren. Umgekehrt wurden Manager mit hohem Status und partizipativem Führungsstil als besonders selbstbewusst und leistungsbewusst wahrgenommen. Hier wurden im Gegenteil die Hochrangigen, die (noch) Befehle erteilen, als weniger selbstbewusst und weniger effizient wahrgenommen. (Sauer, 2012)

Wenn Sie ein vertrauensvolles Klima schaffen wollen, machen Sie den ersten Schritt. Das erfordert Mut und Selbstvertrauen, denn Sie machen sich dadurch angreifbar. Andererseits erweitern Sie Ihren Einfluss mit fairen Mitteln. Und vor allem: Sie erweitern Ihren Einfluss dauerhaft und weitestgehend verlässlich. Dadurch erhalten Sie in besonders kritischen Situationen die notwendige Rückendeckung. Vertrauen basiert auf Glaubwürdigkeit, auf gemeinsamen Werten, Zielen und auf Nähe. Diese Faktoren werden gelebt und erlebt. Werden sie nur kommuniziert, aber nicht mit Leben erfüllt, erreichen Sie das genaue Gegenteil. Vertrauen schafft Bindung, spornt an und fasziniert andere, die davon magnetisch angezogen werden. Das empfiehlt Sie nicht nur als Top-Führungskraft. Sie schaffen dadurch auch einen echten Wettbewerbsvorteil für Ihr Unternehmen.

Erfolgreiche Gefechte werden vorab gewonnen – bringen Sie Ihre Truppen klug in Stellung

Große Entscheidungen mit weitreichenden Auswirkungen sind und bleiben ein Machtpoker. Und dieses Spiel gilt es, jedes Mal aufs Neue für sich zu entscheiden.

Entwickeln Sie Taktiken!

Macht ist nicht einmalig gesetzt, sie muss fortwährend errungen und verteidigt werden, wenn Sie Entscheidungen mit anderen Menschen zusammen treffen oder diese nur aus dem Hintergrund beeinflussen wollen. Sie erweitern Ihren Einfluss maßgeblich mit einer sehr guten Vorbereitung.

Diese Fragen können Ihnen helfen, verschiedene Ansätze und erfolgreiche Taktiken zu entwickeln:

1. Welche Auswirkungen hat die anstehende Entscheidung auf mich und meine Entwicklungsmöglichkeiten?
2. Wie viel Energie werde ich investieren müssen, um eine Entscheidung in meinem Sinne herbeizuführen?
3. Was werde ich erreichen, wenn diese Entscheidung zu meinen Gunsten getroffen wird?
4. Was passiert, wenn ich verliere?
5. Wer ist an der Entscheidung offiziell beteiligt? Wer entscheidet im Hintergrund?
6. Wessen Interessen sind von dieser Entscheidung betroffen?
7. Welche Auswirkungen hat die anstehende Entscheidung auf die Beteiligten und deren Entwicklungsmöglichkeiten?
8. Wie viel Energie werden die Betroffenen investieren müssen, um eine Entscheidung in ihrem Sinne herbeizuführen?
9. Was werden sie erreichen, wenn diese Entscheidung zu ihren Gunsten getroffen wird?
10. Was passiert, wenn sie verlieren?
11. Wo liegen Schnittmengen in den verschiedenen Interessenslagen (nicht in den Positionen)?
12. Wen müsste ich vorab unter vier Augen auf meine Seite bringen, um mein Ziel zu erreichen?

13. Welche positiven, verbindenden Aspekte oder Interessen gibt es?

14. Wie kann ich diese besonders betonen?

15. Welche Argumente könnten wen beeinflussen? Bedenken Sie dabei auch den Persönlichkeitstyp derjenigen, die Sie für sich gewinnen wollen. Was ist für diese Personen wichtig und womit kann ich sie verärgern?

16. Benötige ich Beweise? Welche Erkenntnisse könnten als Beweise gelten? Welche Quellen sind hierfür glaubwürdig und verlässlich?

17. Welche attraktiven Angebote kann ich machen?

18. Kann ich einflussreiche und vertrauenswürdige Unterhändler ins Feld führen?

19. Habe ich noch einen Gefallen offen, den ich nun im Vorfeld einfordern kann?

20. Was ist mein Maximalziel?

21. Was ist mein Minimalziel? Wo liegt Verhandlungsspielraum?

22. Welche Kompromisse mit einer symbolischen Bedeutung könnte ich anbieten?

23. Gibt es auch Kooperationsangebote?

24. Welche Machtbasis habe ich?

25. Welche Machtbasis haben potenzielle Gegner?

26. Welche Machtbasis haben potenzielle Unterstützer?

27. Ist ein Kampf tatsächlich notwendig, oder kann ich eine Entscheidung in meinem Sinne auch mit anderen Mitteln herbeiführen?

28. Wenn es zum Kampf kommt, habe ich diesen dann schon so gut wie gewonnen?

29. Wie kann ich im Falle eines Kampfes verhindern, dass mein Gegner sein Gesicht verliert?

30. Welche Alternativen gibt es?

Schaffen Sie Win-win-Situationen

Das, was für Sie von Vorteil ist, muss für andere noch lange kein Vorteil sein. Sie argumentieren im Sinne des sachlichen Unternehmensvorteils? Das ist gut. Doch Menschen entscheiden sich gern für ihren eigenen Vorteil. Der wiegt meist schwerer als alles andere. Wenn Sie hier eine Schnittmenge entdecken, haben Sie schon fast gewonnen. Trennen Sie die Entscheidung bewusst von der Person, die an der Entscheidung beteiligt ist. Ob Sie diese mögen oder schätzen, ist nicht relevant. Konzentrieren Sie sich besser auf die Ziele, die der andere verfolgt und die Interessen, die er hat. Suchen Sie bewusst nach gemeinsamen Vorteilen und Interessen. Betonen Sie diese ausdrücklich. Starten Sie Ihr Gespräch damit. Damit erzielen Sie statt eines Konflikts ein produktives Gespräch und erhöhen Ihre Chancen dramatisch, eine Entscheidung in Ihrem Sinn herbeizuführen.

Beherrschen Sie Ihre Emotionen

Um sich erfolgreich behaupten zu können, brauchen Sie einen gewissen Abstand zur Situation. Sie sollten den Überblick behalten, um im Hinblick auf Ihre Ziele überlegt und angemessen entscheiden und handeln zu können. Wenn Sie sich bei Angriffen oder Diskussionen von Ihren Gefühlen mitreißen lassen, fehlt Ihnen der nötige Abstand, um die Konsequenzen Ihres Handelns vorab zu bedenken. Emotional sehr erregt, lassen wir uns schnell zu etwas hinreißen. Das verschafft uns im Moment vielleicht Befriedigung, doch genauso schnell können uns daraus erhebliche Nachteile erwachsen. Wenn andere „Mitspieler" erkennen, welcher emotionale Knopf bei Ihnen die Pferde durchgehen lässt, werden Sie zum perfekten Spielball. So können Sie sich schützen:

1. Entscheiden Sie nichts, wenn Sie gerade sehr erregt sind. Egal, ob euphorisch oder zutiefst frustriert. Warten Sie mit einer Entscheidung, bis Sie sich wieder abgekühlt haben. Sie werden es sonst später bereuen. Garantiert. Notfalls bitten Sie um eine Unterbrechung oder vertagen Sie das Thema.

2. Sagen Sie sich selbst innerlich laut „Stopp". Atmen Sie kurz tief ein und lange wieder aus. Stellen Sie sich gezielt eine Frage, die Sie völlig von Ihrer Erregung ablenkt. Zum Beispiel: Wer trägt alles eine schwarze Brille?

3. Bitten Sie um eine kurze Unterbrechung. Laufen Sie einmal die Treppen rauf und runter. Bewegung baut das Stresshormon Adrenalin in Ihrem Körper ab. Oder gehen Sie kurz in den Waschraum. Sie sind so richtig wütend? Klemmen Sie sich einen Textmarker zwischen die Zähne (nicht

zwischen die Lippen)! Es fühlt sich genauso bescheuert an, wie es sich anhört. Innerhalb von Sekunden müssen Sie lachen und Ihre Wut verraucht. Gleiches passiert, wenn Sie anfangen, ein Lied zu singen oder zu summen. Sie können dabei nicht gleichzeitig wütend bleiben. Es funktioniert. Zuverlässig! Nur achten Sie bitte darauf, dass Sie dabei allein sind.

4. Lassen Sie sich nicht nur von Ihrem Bauchgefühl leiten. Versteifen Sie sich nicht auf Ihre Intuition. Fragen Sie sich besser: Was sind die Gründe für mein Gefühl?

5. Wenn nicht Sie in der Situation wären, sondern Ihre beste Freundin: Was würden Sie ihr raten?

6. Was würde Ihr Vorbild in dieser Situation tun?

Selbst wenn Sie sich in keiner extremen Stimmung befinden – beobachten Sie sich von Zeit zu Zeit selbst, bevor Sie in ein wichtiges Gespräch gehen. Wenn Sie sich Ihrer eigenen Gefühlslage vorab bewusst werden, laufen Sie weniger Gefahr, Ihre eigene Stimmung auf Ihre Gesprächspartner zu projizieren. Andernfalls nehmen Sie nicht die andere Person, sondern nur sich selbst wahr! Nur weil Sie das Thema besonders begeistert und Sie nur positive Aspekte finden können, muss dies Ihrem Gesprächspartner noch lange nicht so gehen. Wenn Sie wirklich an wirksamen Antworten interessiert sind, ist die Selbstwahrnehmung eine effektive Methode, um Ihre eigene Sensibilität für neue Gedanken anderer zu erhöhen.

Lassen Sie sich nicht provozieren!

Die Ergebnisse einer Studie in „Psychological Science" 2004 sind ein weiteres Indiz dafür, wie wichtig es ist, unsere Emotionen im Job zu beherrschen, wenn wir unseren Einfluss geltend machen und nach oben kommen wollen. In dieser Studie unter Leitung der Psychologin Victoria Brescoll (Yale Universität) bewerteten Männer und Frauen die Teilnehmer eines Bewerbungsgesprächs in Bezug auf Kompetenz und Status. Zu dem Versuchsaufbau gehörte, dass die Bewerber provoziert wurden. Sowohl Männer als auch Frauen bewerteten Männer, die im Verlauf des Gesprächs ihren berechtigten Ärger zeigten, als kompetenter und hochrangiger als genauso berechtigt verärgerte Frauen, denen Kompetenz und Status durch deren emotionalen Ausbruch durchwegs abgesprochen wurden. Lassen Sie sich also nicht provozieren. Wenn Sie es schaffen, Provokationen an sich abperlen zu lassen und diesen sogar noch mit Humor zu begegnen, wird Ihr Status und damit Ihr Einfluss bei allen Beobachtern sofort steigen.

Achten Sie auf den richtigen Zeitpunkt

Stehen Sie unter Stress? Fühlen Sie sich ständig unter Druck und haben Sie das Gefühl, je mehr Sie arbeiten, desto größer wird der Berg, den Sie vor sich her schieben? Dann geht es Ihnen so, wie vielen Menschen, die viel leisten. Doch Vorsicht: Wer nach außen vermittelt, unter Zeitdruck zu stehen, verrät anderen, dass er keine Prioritäten setzen kann. Damit nicht genug: Dies bedeutet, sich selbst und die eigene Zeit nicht kontrollieren zu können. Jammern Sie vor allem nicht, wenn Sie gerade in Arbeit zu ersticken drohen. Gerade Frauen tun das gern, um einfach ihren Emotionen Ausdruck zu verleihen. Doch bei Männern führt dies eher zu Irritation und im besten Fall zu Lösungsvorschlägen. Damit untergraben Sie sich selbst! Fragen Sie sich vielmehr, was für Sie wirklich wichtig und dringlich ist, und konzentrieren Sie sich ausschließlich darauf.

Zeigen Sie nach außen bei wichtigen Entscheidungen, dass Sie alle Zeit der Welt haben. Gerade, wenn dies nicht der Fall sein sollte. Wenn der richtige Zeitpunkt noch nicht gekommen ist, um Ihren Einfluss geltend zu machen, üben Sie sich in Geduld. Auch wenn es schwerfällt. Erst wenn die Zeit reif ist, greifen Sie entschlossen und ohne zu zögern zu.

Von guten Führungskräften wird erwartet, dass sie vorausdenken und vorausschauend handeln. Zukünftige Entwicklungen sollten Sie also, wo immer möglich, vorweg nehmen und sich vorher über die Konsequenzen Ihres Tuns bewusst werden. Dieses Prinzip sollten Sie nicht nur bei sachlichen Entscheidungen zum Vorteil Ihres Unternehmens befolgen, sondern gleichermaßen für Ihr eigenes Fortkommen nutzen. Der geeignete Zeitpunkt wird so klarer.

Doch wie bei jedem Prinzip ist auch beim Prinzip des „Zeithabens" Vorsicht geboten: Droht die Entscheidung verschleppt zu werden? Dann entscheiden Sie möglichst umgehend. Damit ist kein blinder Aktionismus gemeint, um Handlungsfähigkeit zu demonstrieren. Vielmehr geht es da-

Entscheiden Sie!

rum, die Handlungsfähigkeit zu erhalten. Nachgedacht, Vor- und Nachteile erwogen haben Sie bereits. Fehlentscheidungen können Sie notfalls korrigieren. Die Folgen einer zu spät getroffenen Entscheidung oder einer nicht getroffenen Entscheidung sind jedoch in den seltensten Fällen noch revidierbar, da dies nicht mehr Ihnen obliegt. Auch hier gilt: Selbst wenn Ihnen vor Angst die Knie zittern, zeigen Sie nach außen Zuversicht und überlegene Souveränität. Gerade in kritischen Zeiten motiviert dies Mitarbeiter und schafft Vertrauen. Je höher Sie kommen, desto wichtiger wird diese Vorbildfunktion.

Wenn Sie die Entscheidung nicht selbst treffen können, ist es ebenso wichtig, den optimalen Zeitpunkt abzupassen, um eine neue Herangehensweise vorzuschlagen. Sie können auch eine Einschätzung treffen („Nehmen wir an, dass …"), die die entscheidenden Akteure selbst auf die gewünschte Lösung bringt. Oder Sie präsentieren einen neuen Aspekt, der den Entscheidungsprozess in Ihrem Sinne beschleunigt. Wichtig ist, zu erkennen, wann die anderen Beteiligten am empfänglichsten auf Ihren Einwurf reagieren und den Ball annehmen. Wenn Sie unsicher sind: Einen guten Hinweis liefert die Körpersprache. Ist diese verschlossen? Dann ist der Zeitpunkt noch nicht da. Wirkt sie offen und zugewandt? Dann los. Spiegelt der Mensch mit den höchsten Machtbefugnissen, der die endgültige Entscheidung treffen wird, Ihre Körpersprache während Ihres Beitrags? Dann machen Sie den Sack zu!

Klappe halten!

Es wurde eine Entscheidung in Ihrem Sinne getroffen? Werden Sie nicht übermütig! Triumphieren Sie nicht über andere und vor allem zerreden Sie die Entscheidung nicht wieder. Halten Sie den Mund, sobald eine Entscheidung in Ihrem Sinne getroffen wurde! Was Sie vielleicht als zusätzliche Versicherung werten, um die Entscheidung nochmals zu bestätigen, weckt bei Gesprächspartnern Zweifel, die vorher gar nicht da waren, und irritiert zutiefst. Also einfach mal die Klappe halten. Auch, wenn es schwerfällt. Damit sichern Sie die Entscheidung und Ihre eigene Position wesentlich besser ab!

NACHGEFRAGT

Dr. Ursula von der Leyen

„Nie vergessen: Suchen Sie sich frühzeitig Unterstützer."

Dr. Ursula von der Leyen ist Bundesministerin für Arbeit und Soziales der Bundesrepublik Deutschland.

Wie lauten aus Ihrer Sicht die wichtigsten Prinzipien, um Entscheidungsprozesse zu beeinflussen?
Der richtige Ton und das richtige Timing sind ganz entscheidend. Man muss die Alternativen kennen und die genauen Zeitleisten im Prozess. Wenn im richtigen Moment kein Gegenvorschlag zur Hand ist oder die eigentliche Entscheidung schon vorab ausgekungelt wurde, dann ist aller Fleiß vergebens. Und nie vergessen, frühzeitig Unterstützer zu suchen. In kritischen Situationen hilft es mir, wenn ein Kabinettskollege oder eine Kollegin aus einem anderen Ressort mit einer klugen Bemerkung flankiert. Diese Bereitschaft muss ich aber vorher durch Information und Gespräche hergestellt haben.

In diesem Zusammenhang: Ihr wichtigster Rat an Frauen – was sollten diese unbedingt tun und was sollten sie in jedem Fall vermeiden?
Die Mechanismen der Entscheider muss man kennen. Dann aber selbstbewusst auftreten. Zeigen Sie, dass Sie sich der eigenen Stärken bewusst sind. Es gibt keinen Grund, sich klein zu machen. Die Wirtschaft braucht Frauen in Spitzenpositionen. Untersuchungen zeigen, dass Unternehmen, die ihre Führungsebenen divers besetzt haben, bessere Ergebnisse erzielen. Der Grund ist nicht, dass Frauen besser sind, sondern dass sie anders sind. Der vielfältige Blick auf Risiken und Entscheidungen führt zu besseren Resultaten, das macht sich im Umsatz, bei den Arbeitsplätzen, aber auch im Börsenwert bemerkbar. Was Frauen vermeiden sollten: Niederlagen persönlich zu nehmen. So schmerzhaft es auch sein mag – einfach wegstecken, daraus lernen und nach vorne schauen. Niederlagen sind unvermeidbar, sie passieren. Respekt erringen sich auf Dauer diejenigen, die standhaft bleiben.

Was unterscheidet aus Ihrer persönlichen Erfahrung Gewinner und Verlierer im Job?

Da frage ich mich doch gleich: Wie definiert man einen „Gewinner" oder „Verlierer"? Das hängt von den eigenen Zielen ab. Ist es der berühmte Spitzenmanager, dessen Privatleben den Bach runtergeht, oder eine alleinerziehende Schneiderin, die mit einer cleveren Geschäftsidee den Sprung in die Selbstständigkeit schafft? Für mich gehören Zielstrebigkeit, Durchhaltevermögen, Empathie und Kritikfähigkeit dazu. In der Politik werden wir ja im Wochenrhythmus in Gewinner und Verlierer eingeteilt. Das ist so beständig wie Ebbe und Flut. Für mich zählt, ob ich es schaffe, das politische Leben und mein Privatleben im Einklang zu führen und ob ich in beidem gestalten kann. Gelingt das, dann ist das ein Gewinn.

Gehen Sie Konflikte frühzeitig an – Gruppen moderieren und managen

Grundsätzlich sind Konflikte wünschenswert. Sie sind zwar mit Sicherheit anstrengend, klar. Doch grundsätzlich sollten Sie Konflikte willkommen heißen! Warum? Weil sie der Motor für Veränderungen sind und in diesem Verständnis konstruktiv! Aufgrund von Meinungsverschiedenheiten sind wir gezwungen, gewohnte Einschätzungen zu hinterfragen und scheinbar Unveränderliches völlig neu zu betrachten. Solange es um eine konstruktive Auseinandersetzung geht, in der durchaus hart verhandelt werden kann, sind Konflikte wertvoll – wenn sie nicht zum Dauerzustand werden! Konstruktive Konflikte sind Chancen und Anregungen, die, richtig gemanagt, zu profitablen Innovationen und neuen Märkten führen können. Kluge Führungskräfte richten ihr Augenmerk auf derartige Konflikte und versuchen zu verstehen, welches Entwicklungspotenzial sich hinter ihnen verbirgt:

➡ **Bewusstsein:** Ein Konflikt kann das Bewusstsein dafür schärfen, dass es auch andere Perspektiven gibt als ausschließlich die eigene. In Extremfällen entstehen sogar wertvolle Paradigmenwechsel.

- → **Miteinander:** Ein Konflikt kann deutlich machen, welche Fähigkeiten in den Teammitgliedern „schlummern" und so vollkommen neue Synergien schaffen.
- → **Einsichten:** Ein Konflikt kann die Einsicht in den Wert anderer Sichtweisen und Herangehensweisen fördern.
- → **Kreativität:** Ein Konflikt kann den Funken für neue gedankliche Ansätze entzünden.
- → **Veränderung:** Ein Konflikt kann die Bereitschaft zur Veränderung fördern.

Leider gibt es auch unproduktive Konflikte. Sie entstehen aufgrund von Missverständnissen, Unsicherheit, Rivalität, Kommunikationsunterschieden oder -fehlern, falschen Annahmen, Widerstand bei Veränderungen, eigenen Interpretationen oder Vorurteilen, um nur einige zu nennen. Konflikte neigen dazu, sich weiter zu verschärfen. Je eher Sie einen Konflikt also angehen, desto leichter können Sie eine Lösung finden. Konflikte lösen sich nicht von allein. Je länger Sie damit warten, desto eher werden den Konflikte weiter eskalieren. Dann wird eine Konfliktlösung schwer und manchmal auch unmöglich.

Managen Sie den Konflikt!

Achten Sie verstärkt auf die Anzeichen eines unproduktiven Konflikts

Sobald Sie folgende Anzeichen in Ihrem Team, in Ihrem Projekt oder in der Sitzung, die Sie moderieren, verstärkt verzeichnen, sollten Sie umgehend handeln. Intervenieren Sie. Besonders, wenn Sie eine Sitzung moderieren, die dazu dient, eine weitreichende Entscheidung zu treffen.

1. Das Engagement sinkt merklich.
2. In der Zusammenarbeit herrscht immer stärker ein Klima der Ungeduld.
3. Die Bereitschaft, aufeinander einzugehen, sinkt.
4. Argumente werden aggressiv vorgebracht.
5. Persönliche Angriffe erfolgen.
6. Der Sinn einer Zusammenarbeit wird in Frage gestellt.

Nutzen Sie Interventionsmöglichkeiten in einer Sitzung

→ Machen Sie eine Pause: Jede Pause nimmt Druck aus einer Situation, die zu eskalieren droht. Nach einer Pause haben sich die Gemüter womöglich etwas abgekühlt und Sie haben die Möglichkeit, den Konflikt konstruktiv anzusprechen.

→ Geben Sie eine lösungsorientierte Rückmeldung an die Runde: Schildern Sie neutral, was Sie beobachten. Bewerten Sie nichts! Fordern Sie alle Teilnehmer auf, aktiv nach einer Lösung zu suchen und entsprechende Vorschläge zu machen. Benennen Sie keinesfalls Schuldige!

→ Geben Sie der Runde eine neue Denkrichtung: Verblüffen Sie die Sitzungsteilnehmer mit einer unerwarteten Frage: „Stellen Sie sich vor, Harry Potter käme zu uns und würde Ihnen drei Wünsche gewähren, um das Problem zu lösen. Wie lauteten Ihre Wünsche?"

Führen Sie einen fairen Dialog

Achten Sie einmal darauf: Wie häufig hören Sie in einer Verhandlung „Ja, aber …"? „Ja, aber" ist nichts anderes als ein verklausuliertes „Nein". Schlimmer noch: Es signalisiert dem Gegenüber, dass kein Interesse an seinem Vorschlag besteht und der „Ja, aber"-Sager nicht gewillt ist, ernsthaft über den Vorschlag nachzudenken. Ein „Ja, aber" wird meist reflexartig und blitzschnell vorgebracht. Lassen Sie selbst in Ihrer Verhandlung oder Ihrer Moderation einer Sitzung größte Vorsicht mit diesem Einwand walten: Ein derartig verklausuliertes „Nein" führt bei Ihrem Gegenüber sofort zu Gegenwehr und schon haben Sie statt tragfähiger Annäherungen eine weitere Verschärfung des Konflikts erzielt.

Streichen Sie „aber" aus Ihrem Wortschatz

Probieren Sie, „aber" durch „und" zu ersetzen. In den meisten Fällen bleibt der Sinn durchaus erhalten. Durch ein „Aber" erreichen Sie nur, dass sofort Abwehrgeschütze in Stellung gebracht werden, dass Ihr Gegenüber sich Ihren Argumenten verschließt. Durch ein „Und" signalisieren Sie Ihrem Gegenüber immer Wertschätzung und Anerkennung und bauen ihm Brücken, um Ihre Argumente in seine Sichtweise zu integrieren. Ihr Gesprächspartner wird Ihnen viel leichter folgen. Versprochen.

Ein Beispiel: Ihr Kollege erklärt vehement, dass das neue Produktionsverfahren keine zehn, sondern nur acht Zyklen am Tag schaffen kann. Sie haben zusammen mit einem Team aus Produktion und Entwicklungsabteilung jedoch einen Prozess entwickelt, mit dem das möglich wird. Sie könnten nun entgegnen: „Ja, aber das ist eine veraltete Annahme. Wir haben dafür schon einen neuen Prozess getestet, der beweist, dass zehn Zyklen problemlos möglich sind." Ihr „Ja, aber" wird zu einem Frontalangriff, den Ihr Kollege versuchen wird zu widerlegen, um Recht zu behalten. Wenn Sie stattdessen sagen würden: „Ja, du hast völlig Recht. Das Verfahren ist ursprünglich auf acht Zyklen ausgelegt. Und bislang war es uns nicht möglich, diese Zyklen ohne Risiko zu erhöhen. Zusammen mit den Kollegen aus der Produktion und der Entwicklung haben wir nun einen neuen Ansatz entwickelt, um dieses Problem zu lösen. Das Verfahren ist bereits umfassend mit der Qualitätssicherung getestet und läuft stabil. Ich schlage vor, dass ich dir, sobald es dir passt, den Prozess live demonstriere. Womöglich entdeckst du mit deiner Expertise noch weiteres Verbesserungspotenzial." Sie drücken das Gleiche aus, beweisen Ihren Führungsanspruch und nehmen den Menschen mit, statt mit ihm einen Streit zu beginnen.

Die Konfliktlösung: Wer ist warum und wie beteiligt?

Wenn Sie einen Konflikt lösen wollen, sollten Sie sich zuerst Ihrer Rolle in diesem Geschehen bewusst sein. Sind Sie von dem Konflikt selbst betroffen? Oder nehmen Sie eine unparteiische Vermittlerrolle ein? Für beide Rollen gilt: Seien Sie achtsam! Achtsam sich selbst gegenüber und noch viel mehr allen am Konflikt Beteiligten gegenüber. Achtsamkeit ist viel mehr als Aufmerksamkeit für ein bestimmtes Verhalten oder eine bestimmte Äußerung im gegenwärtigen Moment. Achtsamkeit bedeutet, sich aller Komponenten bewusst zu sein, die mit dem Konflikt zusammenhängen.

Eine wichtige Voraussetzung für jede Konfliktlösung: Fühlen sich alle am Konflikt Beteiligten ausreichend anerkannt und respektiert? Wenn nicht, können Sie inhaltlich machen, was Sie wollen. Der Konflikt wird sich weiter ver-

Respektieren Sie Kontrahenten!

schärfen. Seien Sie also besonders achtsam und respektvoll allen Beteiligten gegenüber. Nur so können Sie zu einer zufriedenstellenden Lösung kommen.

„Erst wenn Personen sich anerkannt fühlen, erkennen sie auch Normen wie Gleichheit, Gleichwertigkeit und Integrität an. Wer sich dagegen nicht anerkannt sieht, fühlt sich isoliert und antwortet nicht selten mit Gewalt. Der Kampf um Anerkennung ist eines der wichtigsten Handlungsmotive des Menschen – während die gegenseitige Anerkennung als Basis für stabile zwischenmenschliche Beziehungen dient. Sich anerkannt zu fühlen und anerkannt zu sein gehört somit zu den Grundbedürfnissen des Menschen." (Borbonus, 2011)

Männer und Frauen: Entschärfen Sie Konfliktpotenzial auch in der Sprache

Zu Anerkennung und Respekt dem anderen gegenüber gehört auch, sich der geschlechtsspezifischen Kommunikation des Gesprächspartners bewusst zu werden und sich ihr anzupassen. Wenn Sie als Frau mit einer Frau ein Konfliktgespräch führen, wird Ihr Gespräch eher eine „Verhandlung über Nähe, bei der man Bestätigung und Unterstützung geben und erhalten möchte und Übereinstimmung erzielen will". (Quelle: Tannen, 2004)

Laut Tannen streben Frauen vereinfacht gesagt nach Sympathie, Männer hingegen nach Hierarchie. Frauen suchen also nach Bindung, indem sie das Gleiche betonen, Männer nach ihrer Position, in der sie entweder über- oder unterlegen sind. Frauen wollen im Gespräch ihr Verständnis für die Gefühle des Gesprächspartners signalisieren („Ja, ich weiß, die Situation ist schwierig"), während Männer sich mit der Sachlage befassen und versuchen, das Problem des anderen herunterzuspielen („Das kann doch nicht so schwer sein, diese Aufgabe zu schultern"). Bei beiden Seiten löst diese Art der unterschiedlichen Übermittlung von Botschaften oft Unverständnis aus. Männer empfinden die weibliche Art der Herangehensweise rasch als „im Nebel herumreden", Frauen umgekehrt die männliche Herangehensweise als aggressiv.

Diese generellen Kommunikationsunterschiede sollten Sie sich besonders bewusst machen, wenn Sie ein Konfliktgespräch mit einem Vertreter des anderen Geschlechts vorbereiten. Wenn Sie nicht aus Ihrer Sicht, sondern aus seiner Sicht argumentieren, wird er sich nicht nur besser verstanden fühlen. Sie entgehen auch Missverständnissen eher, die sich aus den unterschiedlichen Betrachtungsweisen fast schon automatisch ergeben. Sie werden auch die Chance, die tatsächlichen Ursachen des Konflikts zu entdecken und zu verstehen, dramatisch erhöhen. Eine wichtige Voraussetzung, um den Konflikt überhaupt lösen zu können.

Herrscher und Moderator: zwei fundamental unterschiedliche Konfliktlösungsstrategien

Konflikte entstehen immer aus einer Vielfalt von Ursachen. Und Menschen neigen zum Versuch, Vielfalt zu reduzieren, um wieder die Oberhand zu gewinnen, den Überblick zu haben, schlicht die Kontrolle zurück zu erhalten. Die Strategie der „Schreckensherrschaft" beschreitet den Weg der scheinbar schnellen Konfliktlösung. Das Problem: Nach dem vermeintlich überstandenen Konflikt brechen gleich die nächste Konfliktherde auf, weil die Konfliktursache nicht behoben, sondern lediglich „niedergetrampelt" wurde. Viele internationale Krisenherde zeigen allzu deutlich, wie wenig die „Strategie des Schreckens" einer langfristigen Lösung dient.

Die Schreckensherrschaft	Konflikte lösen und Einfluss erweitern
Kämpfe mit allen Mitteln.	Zeige Verständnis für die Situation.
Verleugne das Problem und vertusche die Ursachen.	Stimme zu, dass es einen Konflikt gibt.
Attackiere deinen Gegner. Bringe ihn emotional gegen dich auf, gehe aggressiv vor.	Bleib ruhig, kontrolliere deine Emotionen. Bleibe höflich! Wenn nötig, entschuldige dich aufrichtig. Rechtfertige dich nicht.
Verurteile deinen Gegner. Oder vernichte ihn gleich ganz, damit er dir nicht mehr gefährlich werden kann.	Werte dein Gegenüber auf. Zeige, dass du eine gute Meinung von ihm hast. Begegne ihm immer mit Respekt und Anerkennung.
Übe Vergeltung, wo immer möglich und weise gute Argumente zurück.	Höre genau zu. Versuche, den anderen zu verstehen. Welche Erwartungen, Ängste und Ansatzpunkte werden sichtbar?
Schmettere jeden Einwand sofort ab.	Finde das Ziel des anderen heraus.
Suche nach Schuldigen und nach Gründen.	Konzentriere dich auf die Lösung. Trenne das Problem von dem Menschen. Bleib in der Sache klar und respektvoll gegenüber dem Kontrahenten.

Die Schreckensherrschaft	Konflikte lösen und Einfluss erweitern
Streite und debattiere mit jedem, der nicht deiner Meinung ist.	Unterstütze diejenigen, die ebenfalls an einer Lösung interessiert sind, und betone das Verbindende. Suche die Übereinstimmung.
Interessiere dich nicht für die Sichtweise anderer.	Frage deinen Gesprächspartner. Versuche zu verstehen, wie er zu der Haltung kommt. Dann argumentiere nur mit dem Nutzen für dein Gegenüber.
Sag klar, was du verlangst, und rücke davon keinen Zentimeter ab.	Äußere eigene Hoffnungen und Zweifel. Aufrichtigkeit führt zu neuen Auswegen.
Setze dich mit allen Mitteln rücksichtslos durch.	Hilf dem anderen, selbst Lösungen zu entdecken, die für beide von Vorteil sind.
Sprich ein Machtwort.	Triff eine gemeinsame Vereinbarung. Dokumentiere diese Lösung. Triff zusätzlich eine Abmachung, wie die Lösung dann auch umgesetzt wird. Kontrolliere die Umsetzung.

BEST PRACTICE

Die Strategie der Moderation für die weltweite Abrüstung

„Alt-Kanzler Helmut Schmidt (SPD), Ex-Bundespräsident Richard von Weizsäcker (CDU), der frühere Außenminister Hans-Dietrich Genscher (FDP) sowie der SPD-Politiker Egon Bahr fordern die Atommächte zu Gesprächen über Abrüstung auf", schrieb die Frankfurter Allgemeine Zeitung im Vorwort zu dem gemeinsamen Statement der vier Politikgranden, das in eben dieser Zeitung am 9. Januar 2009 veröffentlicht wurde. In ihrem gemeinsamen Appell mahnte das Quartett der Staatsmänner: „Das Schlüsselwort unseres Jahrhunderts heißt Zusammenarbeit." Die USA und Russland müssten den Anfang machen, da sie über die meisten Atomsprengköpfe verfügten. Aber nur über eine enge Zusammenarbeit mit Europa und China könnten auch solche Staaten erreicht werden, die nach Atomwaffen strebten. (Quelle: ddp, 8. Januar 2009)

Nur drei Monate später titelte die Welt: „Abrüstungsinitiative – Obama ruft zu einer Welt ohne Atomwaffen auf." (Quelle: Die Welt, 5.4.2009) Die öffentliche Diskussion gipfelte in der Verleihung des Friedensnobelpreises im Oktober 2009 an Barack Obama „... für seine außergewöhnlichen Bemühungen zur Stärkung der internationalen Diplomatie und zur Zusammenarbeit zwischen den Völkern. Das Komitee

Lust auf Macht

hat dabei besonderes Augenmerk auf Obamas Vision und seine Arbeit für eine Welt ohne Atomwaffen gelegt". (Quelle: Spiegel Online, 9.10.2009)

• •

Das Konfliktgespräch: Verdeutlichen Sie sich Ihr Ziel

Bevor Sie in das Lösungsgespräch mit Ihrem Kontrahenten gehen, sollten Sie sich Ihr eigenes Ziel noch einmal ganz klar machen. Was genau wollen Sie mit dem Gespräch erreichen? Wie lautet Ihre Strategie? Worauf sollten Sie achten, um zu einer befriedigenden Lösung für alle zu kommen?

1. Starten Sie mit einer neutralen Beobachtung, nicht mit einer Bewertung!
2. Welche Auswirkung hat dies auf Sie?
3. Halten Sie unbedingt die Bindung zu Ihrem Gesprächspartner.
4. Welches Bedürfnis Ihrerseits ist damit verbunden? Fordern Sie eine Lösung, bitten Sie um ein konkretes Verhalten oder appellieren Sie an Ihren Gesprächspartner.
5. Welches Bedürfnis hat Ihr Gesprächspartner?
6. Verhandeln Sie Optionen zum beiderseitigen Vorteil.
7. Treffen Sie gemeinsam eine Vereinbarung. Halten Sie die Lösung schriftlich fest und stellen Sie diese mit einem Dank auch Ihrem Gesprächspartner zur Verfügung.

Stellen Sie sich vor, ein Kollege hat Ihnen eine wichtige Unterlage bis zum heutigen Tage nicht geliefert. Sie hatten ihn darum gebeten, denn Sie brauchen diese dringend und er ist bereits einige Tage über die Zeit. Sie sind schwer verärgert. Es wäre emotional verständlich, wenn Sie ihn nun wegen seiner Unzuverlässigkeit angreifen oder sich beklagen, dass er Ihr Ansinnen nicht ernst nehme. Beides Wege, die mit höchster Wahrscheinlichkeit die weitere Zusammenarbeit vergiften. Und Ihr Ziel, die Unterlage zu erhalten, rückt in weite Ferne. Schaffen Sie stattdessen eine Dramaturgie in Ihrer Argumentation: Sie beginnen mit der Ich-Botschaft und münden in ein Wir. Halten Sie dabei mit Ihrer Irritation nicht hinter dem Berg, aber bauen Sie dem Kollegen zugleich eine Brücke, damit er sein Gesicht wahren kann:

1. Neutrale Beobachtung:

Ich habe ein Problem. Allein bekomme ich dieses nicht gelöst. Dazu brauche ich Ihre Hilfe. Ich habe in der vergangenen Woche die aktuellen Kennzahlen des Projekts „xyz" nicht erhalten.

2. Auswirkung auf mich:

Ich sage Ihnen ganz offen, ich bin darüber irritiert, …

3. Bindung halten:

… weil ich Sie als sehr zuverlässig kenne und schätze.

4. Ihr Bedürfnis:

Ich benötige diese Daten dringend, um den aktuellen Projektstatus auf der Lenkungsausschusssitzung zu präsentieren.

5. Bedürfnis des anderen:

Haben wir etwas außer Acht gelassen, weshalb die Daten bislang nicht geliefert werden konnten?

6. Optionen zum beiderseitigen Vorteil:

Wir beide sind an diesem Projekt beteiligt. Damit stehen wir beide auch für den Erfolg des Projekts. Die Vorstandssitzung inklusive Lenkungsausschuss findet morgen statt. Wie lösen wir das Problem kurzfristig?

Was müsste passieren, damit künftig die Daten pünktlich zu der vereinbarten Zeit geliefert werden?

7. Gemeinsame Lösungsvereinbarung:

Ich danke Ihnen sehr für Ihre Unterstützung!

Während des Konfliktgesprächs ist es hilfreich, sich auf das positive Ergebnis zu konzentrieren. Eine Erfolgserwartung motiviert und lässt Sie auch in schwierigen Situationen durchhalten. Machen Sie Ihre Hausaufgaben und bereiten Sie ein wichtiges Gespräch akribisch vor.

➜ Wo könnten gemeinsame Anknüpfungspunkte liegen?

→ Wie können Sie Ihr Gegenüber dazu bringen, von sich und den eigenen Interessen zu erzählen? Damit dies funktioniert, müssen Sie sich wirklich dafür interessieren!

→ Was können Sie ihm Interessantes bieten, was er noch nicht hat oder weiß und was für ihn wichtig ist?

→ Hören Sie genau zu und versuchen Sie, die Beweggründe Ihres Gegenübers ernsthaft zu verstehen.

Erst wenn Sie dessen Absichten und Interessen kennen, können Sie die Verhandlung steuern und eine wirksame Lösung zum beiderseitigen Nutzen finden. Sie wollen Ihre Lösung durchsetzen? – Können Sie Ihre Idee so beiläufig platzieren, dass Ihr Gegenüber glaubt, selbst darauf zu kommen?

Verstehen Sie Ihren Kontrahenten?

Ignorieren Sie in jedem Fall Angriffe oder spitze Bemerkungen im Verlauf des Gesprächs. Lassen Sie diese souverän an sich abperlen. Sonst verschiebt sich Ihr Zielfokus und Ihr Gegenüber gewinnt die Oberhand. Wenn die Angriffe nicht aufhören und weiter eskalieren, können sie Ihren Kontrahenten mit Ihrer Beobachtung beruhigen: „Ich möchte das Problem zu unser beider Vorteil lösen. Dafür benötige ich Ihre Unterstützung. Momentan habe ich den Eindruck, dass Ihnen etwas anderes wichtig ist. Können Sie mir bitte sagen, was Sie stört, damit wir hierfür eine Lösung finden können, um anschließend auf … zurückzukommen?" Wenn Sie an einer echten Lösung interessiert sind, sollten Sie eine Machtprobe unbedingt vermeiden. Gerade, wenn Sie mehr Macht haben sollten.

Eine Ausnahme gibt es: Das Problem geht immer wieder auf einen einzigen Unruhestifter zurück? Trotz mehrmaliger ernst gemeinter Versuche zeigt er kein Interesse, eine konstruktive Lösung in beiderseitigem Interesse herzustellen? Dann handeln Sie. Bieten Sie keinen Spielraum. Versuchen Sie nicht, weiter zu verhandeln. Unruhestifter sind nicht an einer Lösung interessiert. Kündigen Sie passionierten Unruhestiftern. Sollte dies unmöglich sein, isolieren Sie sie.

Integrieren Sie gegenläufige Strömungen – Lachen nicht vergessen

Mark Twain hat einmal gesagt: „Was dich in Schwierigkeiten bringt, ist nicht das, was du nicht weißt. Es sind vielmehr Dinge, die du sicher weißt, die aber doch nicht so sind." Wie wertvoll könnte es also sein, wenn wir erst einmal sehr genau hinhören und hinschauen, bevor wir uns allzu rasch eine Meinung bilden. Denn unsere Vorstellung von der Realität und die Realität müssen keineswegs deckungsgleich sein. Wenn wir bereit sind, anderen wirklich zuzuhören und eine andere Meinung als die unsrige zu akzeptieren, können wir daraus neue Erkenntnisse schöpfen. Versuchen Sie zuerst zu verstehen, bevor Sie eine andere Meinung, ein anderes Vorgehen gleich als unsinnig aussortieren. Auch oder gerade, wenn unser erster Gedanke ist: Blödsinn! Die uns fremde Sicht der Dinge könnte eine fundamentale Wahrheit oder eine wichtige Problemlösung enthalten, die uns sonst entgeht.

Das letzte Universalgenie starb mit Gottfried Wilhelm Leibniz 1716. Das ist bereits 297 Jahre her. Heute kann kein Mensch mehr alles wissen, da sich unser Wissen seitdem explosionsartig vermehrt hat und weiter vermehrt. Dennoch sind wir beständig davon überzeugt, dass unsere Sichtweise richtig ist und die anderen sich auf dem Holzweg befinden. Das Prinzip „Entweder/oder" ist noch immer verbreitet. Doch es ist ein Prinzip, mit welchem wir die heutige und vor uns liegende Komplexität nicht mehr beherrschen können. Mit diesem linearen Prinzip verstellen wir uns den Blick für effektive Lösungen. Was würde passieren, wenn wir „Entweder/oder" durch das Prinzip „Sowohl, als auch" ersetzten? Angenommen, wir blieben in unseren Zielen klar und würden verschiedene Lösungswege willkommen heißen. Könnten wir damit nicht sowohl unser eigenes als auch das Verständnis unserer Kollegen und Mitarbeiter tiefgreifend erweitern? Wären wir dann nicht auch in der Lage, auf den ersten Blick widerstrebende Strömungen in unserem Team zu aller Nutzen zu integrieren? Würden wir dann bessere Lösungen finden? Würden sich dann alle respektiert fühlen und wirklich um Lösungen und nicht um Anerkennung ringen? Würden wir dann andere noch mehr ermutigen und unterstützen? Bedenken Sie: Der effektivste Weg, eine

Hören Sie gut zu!

hervorragende Führungskraft und eine Top-Managerin zu werden, ist, anderen zum Erfolg zu verhelfen!

Das bedeutet selbstverständlich nicht, dass ab sofort überall nur Harmonie herrscht. Wenn Meinungsverschiedenheiten produktiv ausgetragen und genutzt werden, kann es dennoch hart zur Sache gehen. Egal, wie hart manche Verhandlung war, beenden Sie Gespräche, die Sie moderieren oder im eigenen Interesse führen, immer positiv. Sie zeigen damit deutlich, dass Sie das Problem von der Person trennen. Halten Sie unter allen Umständen die emotionale Verbindung aufrecht. Gerade, wenn es schwerfällt! Fast alle schwerwiegenden Konflikte basieren darauf, dass keine Bindung zueinander besteht oder eine bislang bestehende Bindung zerstört wurde. Wenn Sie es schaffen, in einer Verhandlung trotz aller Kontroversen eine Bindung herzustellen und aufrechtzuerhalten, erzeugen Sie eine Atmosphäre des Vertrauens: Die Menschen, mit denen Sie arbeiten, spüren, dass sie Schwierigkeiten offen ansprechen können, ohne dafür Nachteile zu erfahren.

Sie sagen jetzt, Sie können doch heute Abend kein Bier mehr mit jemandem trinken gehen, der Sie in der Sitzung so hart angegriffen hat? Gerade dann sollten Sie dies tun. Denken Sie daran: Derjenige nimmt Sie vielleicht nur als gefährliche Konkurrenz wahr! Es ist und bleibt ein Kompliment, wenngleich kein schönes. Trennen Sie das Problem in jedem Fall von der Person. Dann können Sie ohne weiteres zu einer gemeinsamen, positiven Lösung kommen. Sollte Ihr Konflikt schon gelöst sein, bevor Sie miteinander abends an die Bar gehen, ist dies ein Friedenssignal. Wenn nicht, können Sie damit womöglich die Situation entschärfen, weil Sie die Beziehung zu diesem Menschen weiter aufrechterhalten und festigen. Springen Sie also über Ihren Schatten und verschenken Sie nicht die wertvolle Möglichkeit echter Einflussnahme durch eine gute Beziehungsbasis.

Einige Frauen verwechseln Durchsetzungskraft mit Schreckensherrschaft. Wie ein Panzer walzen sie jeden Widerstand platt, der sich ihnen entgegen stellt. Vorsicht: Durch solch ein Verhalten schaffen Sie sich beständig Feinde. Bis zu einer mittleren Führungsebene mag dies funktionieren. Darüber hinaus werden es diese Frauen in den seltensten Fällen bis an die Spitze schaffen. Denn jeder Feind sinnt früher oder später auf Revanche. Und je größer die

Halten Sie die Bindung zum Gegner!

feindlich gesinnten Truppen sind, desto schwächer werden die eigene Position und der damit verbundene Einfluss. Mitarbeiter lassen sich mit Angst und Schrecken nicht zu Höchstleistung motivieren und werden sich im Krisenfall nicht loyal hinter ihre Führungskraft stellen. Mächtige Unterstützer und Mentoren, die für den weiteren Aufstieg unumgänglich sind, werden mit dieser Strategie ebenfalls kaum zu finden sein.

Stark und herzlich setzt sich durch!

WISSEN UND FORSCHEN

Das Ich-Hormon ist männlich

„Wie stur jemand auf seiner Meinung beharrt, ist auch eine Frage des Testosteronspiegels." Das hat eine Studie des University College London ergeben. Neurowissenschaftler hatten Zweier-Teams junger Frauen aufgestellt, die sich jeweils zwei Bildschirmmuster anschauten und dann darüber diskutierten, welches der beiden Muster die stärkeren Kontraste aufweise. Ein Teil der jungen Frauen hatte zuvor eine Tablette mit dem männlichen Sexualhormon Testosteron geschluckt, die andere Hälfte ein Placebo; wer welche Tablette eingenommen hatte, wussten die Probandinnen nicht. In der Diskussion über die Kontrastschärfe der Bilder zeigte sich, dass die Testteilnehmerinnen, die das Sexualhormon eingenommen hatten, sich kaum von ihrer Meinung abbringen ließen, die Placebo-Gruppe zeigte sich wesentlich unvoreingenommener und diskussionsbereiter. (Quelle Tagesspiegel, „Das Ich-Hormon", 1.1.2012)

Vermeiden sie es, männlicher als jeder Mann werden zu wollen und dabei biestig und verbissen zu werden. Bleiben Sie eine Frau. Zeigen Sie, dass Sie eine sind. Stehen Sie zu sich. Ja, genießen Sie es, eine Frau zu sein. Authentisch, mit einem klaren Ziel, einer wohl überlegten Taktik, Diplomatie, Mut und Leidenschaft werden Sie mehr Einfluss ausüben können, als Sie bisher vielleicht angenommen haben. Das bedeutet nicht, dass man Ihnen auf der Nase herumtanzen kann oder dass Sie Everybody's Darling werden sollen. Es bedeutet, dass Sie bei sich bleiben und mit Selbstbewusstsein und Charme und einer gewissen Demut, die Sie vor Dummheiten bewahrt, Ihre Ziele eleganter und leichter verfolgen und erreichen. Mit der gleichen Zielstrebigkeit. Mit dem gleichen Ehrgeiz.

Wenn Männer gefragt werden, was sie sich von Frauen für eine erfolgreiche Zusammenarbeit wünschen, wird immer wieder an erster Stelle „mehr Humor" und „nicht alles so persönlich nehmen" genannt. Lachen ist tatsächlich erlaubt! Vor allem über sich selbst. Wer sich selbst nicht zu ernst nimmt, signalisiert, dass er anderen Meinungen offen gegenübersteht.

Haben Sie Spaß!

Dass auch Sie nicht unfehlbar sind und Fehler tolerieren, um aus ihnen zu lernen. Eine positive innere Haltung motiviert nicht nur Sie in schwierigen Situationen, sondern auch Ihr Team. Sie schaffen so eine größere Bindung Ihrer Mitarbeiter. Eine wichtige Voraussetzung für ein leidenschaftliches Engagement für gemeinsame Ziele. Zeigen Sie, dass Sie hart in der Sache sein können (wenn es nötig ist), aber man mit Ihnen auch lachen kann. Seien wir ehrlich: Verbringen wir nicht viel zu viel Zeit im Job, um daran keinen Spaß zu haben? Wer Spaß bei der Arbeit hat, vermittelt Optimismus und hat garantiert mehr Erfolg! Haben Sie also Spaß, dann vergessen Sie auch das Lachen nicht!

Lernen Sie mit Niederlagen umzugehen – Gewinner stehen wieder auf

Scheitern und Fehler sind die Wiege des Erfolgs. Anders ausgedrückt: Wir können unsere Ziele nur erreichen, wenn wir die Fähigkeit entwickeln, Misserfolge zu überwinden und daraus etwas Positives lernen. Wer Initiative zeigt, betritt Neuland. Wer Neuland betritt, geht Risiken ein. Wer Risiken eingeht, begeht mit hoher Wahrscheinlichkeit Fehler. Wer Fehler macht, kann lernen. Wer keine macht, wird immer da bleiben, wo er gerade ist. Warum? Aus eigenen Erfolgen lernen wir kaum etwas, da sie letztlich nur das bestätigen, was wir schon wissen. Jeder Misserfolg unterstützt also unser Lernen. Aus dieser Sicht ebnen uns Misserfolge sogar erst den Weg zu Erfolgen. Sie sind nicht nur unausweichlich. Sie sind sogar nötig.

Aus Fehlern lernen wir!

Wenn wir unser Ziel trotz eines kurzfristigen Rückschlags weiter anvisieren, wandeln wir eine Enttäuschung in eine positive Erkenntnis. Daraus entsteht Widerstandsfähigkeit. Der wahrscheinlich anschließende Erfolg gibt uns das nötige Selbstvertrauen, mit Fehlern angemessen umzugehen. Ingrid Becker-Mickler, die 1968 in Mexiko die Olympische Goldmedaille im Fünfkampf gewann, sagte nach ihrem Sieg: „Ich habe erst das Verlieren lernen müssen, um einmal ganz vorne zu sein."

BEST PRACTICE
Klaus Kleinfeld

Einstmals hoch gelobter Shootingstar der deutschen Wirtschaft, der es 2005 mit gerade 47 Jahren zum Vorstandsvorsitzenden von Siemens bringt, fällt Klaus Kleinfeld schon nach zwei Jahren umso tiefer über die Korruptionsaffäre. Ohne ein Wort verschwindet er, der bislang die Medien gesucht hat, über Nacht aus der Öffentlichkeit, als sein Vertrag nicht verlängert wird. Er handelt in dem Verfahren gegen ihn einen Vergleich von zwei Millionen aus und kauft sich frei. Ein Statement hat er bis heute nicht dazu abgegeben. Bereits 2008 erlebt Kleinfeld ein fulminantes Comeback in den USA als CEO des größten amerikanischen Aluminiumherstellers Alcoa. Capital titelte am 13.4.2010 über ihn: „Comeback-Kid. Das zweite Leben des Klaus Kleinfeld" (URL: http://www.capital.de/unternehmen/management/: Comeback-Kid--Das-zweite-Leben-des-Klaus-Kleinfeld/100029500html?mode= print). Die Fähigkeit, sich im richtigen Moment ruhig zu verhalten und gleichzeitig im Hintergrund seine hochkarätigen Kontakte zu pflegen und zu nutzen, haben ihn gestärkt aus der vernichtenden Niederlage hervorgehen lassen.

Mut zum Fehler!

Jeder zieht im Laufe der Zeit einmal den Kürzeren im Spiel um Macht und Einfluss. Je höher der Spieleinsatz steigt, desto härter wird gekämpft. Viele Menschen aber werden aufgrund tief sitzender Ängste zu Vermeidungsstrategien getrieben. Bloß nichts riskieren, bloß keinen Fehler machen, es könnte zu meinen Ungunsten ausgehen. Mit dieser Strategie kleben Sie dort fest, wo Sie jetzt sind. Wenn Sie an die Spitze kommen wollen, sind Risiken unvermeidbar: Wer nie einen Fehler macht, macht wahrscheinlich gar nichts. Beobachten Sie, lernen Sie und vor allem: Trainieren Sie. Nur Wissen nützt Ihnen gar nichts. Und nehmen Sie möglichst nichts persönlich. Es ist nur ein Spiel. Mal gewinnt man, mal verliert man. Der Trick dabei ist, dass man öfter gewinnt als verliert. Wenn Sie sich dem Spiel noch nicht wirklich gewachsen fühlen und unterliegen, ziehen Sie sich etwas zurück und lassen Sie Gras über die Sache wachsen. Und dann starten Sie erneut einen Versuch. Werfen Sie nicht gleich alles hin, nur weil es beim ersten Anlauf nicht geklappt hat. Überlegen Sie besser:

→ Welche Lektion können Sie aus Ihrem Scheitern lernen?
→ Wie können Sie es beim nächsten Mal besser machen?
→ Was können Sie noch retten?

Sie werden sehen, Sie gehen aus der schwierigen Situation gestärkt hervor. Selbstzerfleischung nützt Ihnen nichts. Jammern und klagen oder andere zu beschuldigen noch viel weniger. Damit untergraben Sie sich selbst. Jetzt heißt es, sich ruhig zu verhalten und sich ein dickes Fell zuzulegen.

Der Fokus ist entscheidend: Ist das Glas halbvoll oder halbleer?

Jede Situation im Leben hat sowohl eine positive als auch eine negative Seite. Die entscheidende Frage ist, worauf Sie sich fokussieren. Ist Ihr Glas halb voll oder halb leer? Sehen Sie an Ihrer aktuellen Situation vorwiegend den Nachteil oder den Vorteil? Menschen, die dauerhaft Hervorragendes bewirken und Herausragendes leisten, fokussieren sich auf die positive Seite. Das bedeutet nicht, dass sie negative Aspekte nicht wahrnehmen. Sie sind sich derer durchaus bewusst. Stellen Sie sich vor, Sie laufen einen Marathon: Es ist ein Unterschied, ob Sie sich auf das Gefühl des Sieges über sich selbst auf den vor Ihnen liegenden 42 Kilometern konzentrieren werden. Oder ob Sie sich von Anfang an auf die Dinge konzentrieren, die schlecht laufen: Das Wetter ist zu warm, Ihre Schuhe fangen schon nach fünf Kilometern an zu drücken, werden Ihnen schmerzhafte Blasen zufügen, andere sind schneller und überholen Sie, und und und. Wenn Sie sich diesem negativen Fokus hingeben, ist die Wahrscheinlichkeit groß, dass Sie mittendrin aufgeben werden. Wenn Sie hingegen den positiven Zielfokus beibehalten, erhöhen Sie Ihre Widerstandsfähigkeit dramatisch und werden Ihr Ziel (sofern Sie richtig trainiert haben) trotz der negativen Randerscheinungen erreichen und Ihren Erfolg feiern.

Konzentration aufs Ziel!

Fokussieren Sie Ihren Blick darauf, was Sie tun können. Sie können sowieso nicht alles kontrollieren. Der Rennfahrer Mario Andretti sagte einst: „Wenn Sie vermeintlich alles unter Kontrolle haben, fahren Sie lediglich nicht schnell genug." Vermeiden Sie es also, sich damit aufzuhalten, was derzeit unmöglich erscheint. Konzentrieren Sie sich auf die positiven Aspekte und gewinnen Sie Ihre Handlungshoheit zurück. Halten Sie an Ihrem langfristigen Ziel fest und suchen Sie nach neuen Wegen. Dadurch stärken Sie Ihre eigene Arbeitsmoral wie auch die Ihres Teams. Vielleicht halten Sie es wie Benjamin Franklin, der einst sagte: „Ich bin nie gescheitert. Ich hatte nur 10.000 Ideen, die nicht funktioniert haben."

Institutionalisieren Sie einen Lernprozess in Ihrem Unternehmen

In Ihrem Unternehmen herrscht ein Klima der Offenheit und des Vertrauens. Ihre Mitarbeiter haben das sichere Gefühl, Fehler offen und ehrlich ansprechen zu können, ohne dafür abgestraft zu werden. Das ist gut! Aber: Es reicht nicht aus! Warum? Wenn Sie Lernen nicht institutionalisieren, werden die gleichen Fehler womöglich immer wieder gemacht, ohne dass eine Lehre daraus gezogen wird. Dies kann für einzelne Akteure, ganze Teams, Bereiche oder das gesamte Unternehmen gelten. Zwingen Sie Ihre Mitarbeiter, sich mit Fehlern durch genaue Analysen konstruktiv auseinanderzusetzen. Verankern Sie dieses Prinzip auf allen Unternehmensebenen bis ins Top-Management. Andernfalls verschenken Sie möglicherweise entscheidende Wettbewerbsvorteile, weil nur derjenige, der den Fehler gemacht hat, seine Lektion lernt und der Rest des Unternehmens nicht. Wie der legendäre Alan G. Lafley (2000–2009 CEO von Procter & Gamble) in einem Interview sagte: „Es reicht nicht, Verantwortung für die eigenen Fehler zu übernehmen. Man muss eine Unternehmenskultur schaffen, in der aus Fehlern gelernt wird und die zu kontinuierlicher Verbesserung führt. … Misserfolge sind ein wichtiges Thema, die Auseinandersetzung damit sollte kein Lippenbekenntnis, sondern gelebte Praxis sein. … Ich sehe meine Fehlschläge als Geschenk an. Wenn Sie das nicht tun, werden Sie auch nicht aus Ihnen lernen, Sie werden sich nicht verbessern – und das Unternehmen auch nicht." (Lafley 2011)

· ·

NACHGEFRAGT
Sabine Dietrich

„Nehmen Sie Ihre Karriere selbst in die Hand!"

Sabine U. Dietrich ist Safety & Operational Risk Director; Head of HSSE; Ethics & Compliance Lead, Member of the Board BP Europa SE.

Wie lauten die wichtigsten Prinzipien, um Entscheidungsprozesse zu beeinflussen?

Zum wichtigsten Prinzip gehört für mich – wie sicherlich für viele Führungskräfte – Verantwortung für Entscheidungen, aber auch die Vorbereitung von Entscheidungen zu übernehmen. Dadurch kann ich meinen Einfluss geltend machen und steuernd eingreifen. Das setzt Standvermögen voraus, da man gegebenenfalls auch mal gegen den Strom schwimmt und seine Position vertreten muss. Selbstvertrauen in Kombination mit einer gesunden „Risikotoleranz" unterstützt für mich diese Entscheidungsprozesse, wenn man die richtigen Leute ins Boot holt, gut vorbereitet ist und relevante Erfahrungen einbringt.

Neugierde hilft, sich eine gute Grundlage für diese Entscheidungen zu erarbeiten und zu erhalten. Dazu gehören für mich neue Erfahrungen in den unterschiedlichsten Ländern mit verschiedensten Menschen und die kontinuierliche Erweiterung des eigenen Horizonts.

In diesem Zusammenhang: Ihr wichtigster Rat an Frauen – was sollten diese unbedingt tun und was sollten sie in jedem Fall vermeiden?

Nehmen Sie Ihre Karriere selbst in die Hand! Warten Sie nicht auf den „Karrierebus", der Sie zum nächsten tollen Job fährt. Definieren Sie Ihre persönlichen Ziele und sind Sie bereit, diese zu verfolgen. Kommunizieren Sie Ihre Ziele aktiv, binden Sie

Unterstützer ein und scheuen Sie sich nicht, eine aktuelle Anpassung der Ziele an die jeweiligen Fortschritte vorzunehmen.

Frauen neigen erfahrungsgemäß eher dazu, auf ihre „Entdeckung" durch das Management zu warten. Gutes Selbstmarketing, selbstverständlich gepaart mit exzellenter Performance, ist ein wichtiger Erfolgsfaktor für das eigene Fortkommen. Frauen zeigen tendenziell mehr Zurückhaltung bei der Übernahme neuer Aufgaben. Legen Sie diese Bescheidenheit ab, sagen Sie – respektvoll –, was Sie erreichen möchten, und bleiben Sie Neuem gegenüber offen.

Jungen üben sich schon früh in hierarchischen Spielen, bei denen einer den Ton angibt, z.B. Fußball mit einem Trainer, der klare Vorgaben macht, die akzeptiert werden. Mädchen unter sich hingegen bewegen sich eher in flachen Hierarchien, bei denen es eben keine „Chef-Puppenspielerin" gibt. Dieses erlernte Verhalten setzt sich leider auch in Unternehmen fort, Hierarchien unter Frauen sind dabei schwer zu akzeptieren. Daran müssen wir arbeiten, wir müssen eigenverantwortlich handeln und solidarisch und offen miteinander umgehen.

Was unterscheidet aus Ihrer persönlichen Erfahrung Gewinner und Verlierer im Job?
Für mich gibt es keine Gewinner und Verlierer, sondern Menschen mit unterschiedlichen Kompetenzen. Menschen, die etwas wagen, gehen ein gewisses Risiko ein, um etwas zu erreichen. Dies ist nicht unbedingt die nächste Hierarchiestufe. Das kann ein Projekt sein, eine besondere Aufgabe, eine Herausforderung, der man sich stellt und die erfolgreich gemeistert wird. Andere Menschen fühlen sich in ihrem gewohnten Arbeitsumfeld wohl. Wir sind alle unterschiedlich und sollten akzeptieren, dass jeder nach seiner Fasson glücklich wird. Denn nur wer seine Tätigkeit mit Freude und motiviert ausübt, wird diese erfolgreich erledigen – und dadurch gewinnen.

• •

Gestalten Sie Ihr Erfolgs-netzwerk – nur die richtigen Beziehungen bringen Sie ans Ziel!

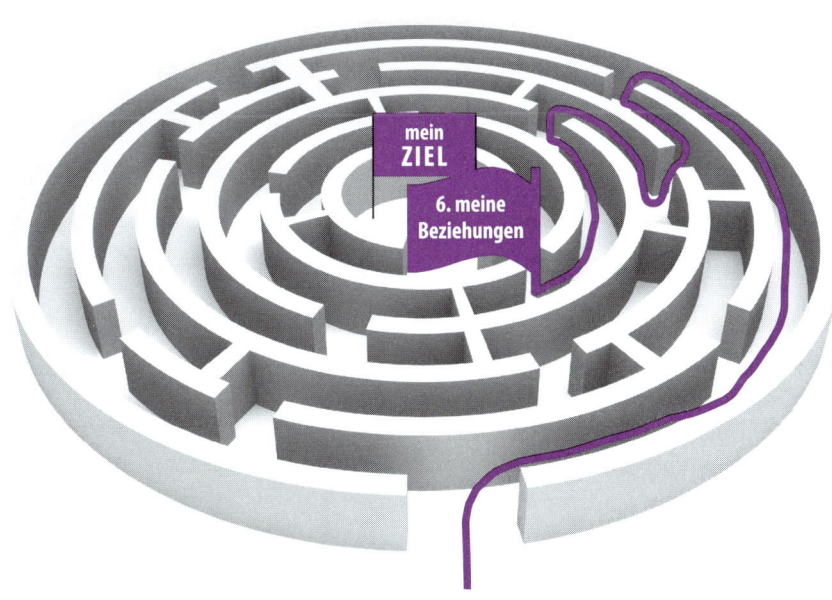

mein
ZIEL

**6. meine
Beziehungen**

Immer wieder werden Beziehungen und Netzwerke mit Abstand als der wichtigste Erfolgsfaktor für Spitzenkarrieren benannt. Doch was macht Beziehungen zu anderen Menschen so wertvoll für die eigene Karriere? Welche Vorteile entstehen Ihnen durch ein gutes Netzwerk? Und was macht ein gutes Netzwerk aus?

Beziehungen sind dann sinnvoll, wenn diese Ihnen helfen, Ihre Ziele schneller und leichter zu erreichen als ohne Unterstützung. Fast alle anspruchsvollen Ziele lassen sich heute nur noch mit Hilfe anderer erreichen: So erzielen wir Ergebnisse, die wir allein niemals erreichen könnten. Netzwerke mit verschiedenen Menschen zu knüpfen, in denen sich die einzelnen Netzwerkpartner gegenseitig unterstützen und helfen, sind eine grundlegende Erfolgsvoraussetzung für jede Karriere. Beziehungen machen uns also effektiver.

Als soziales Wesen lebt jeder Mensch in mehr oder weniger stabilen Netzwerken, auch wenn wir uns dessen häufig kaum bewusst werden oder diese Beziehungen nicht als Netzwerke bezeichnen würden. Das erste und normalerweise lebenslang tragfähigste Netzwerk ist unsere Familie. Bereits hier wird das Prinzip der Wechselwirkung entfaltet. Es ist ein Geben und Nehmen. Es folgen Kindergarten, Schule, Sport, Hobbys, Ausbildung/Studium, Auslandsaufenthalte und und und. Manche Netzwerkbeziehungen werden so stark, dass sie zu tiefen Freundschaften werden, die ein Leben lang halten. Andere bestehen nur kurzfristig. Grundsätzlich gilt: Ohne andere Menschen könnten wir uns nicht entwickeln. Das gilt als Kind genauso wie für einen Erwachsenen. Daher sind für jeden Menschen Netzwerke unabdingbar. Im Berufsleben bieten uns Netzwerke viele Vorteile:

→ Wissensvorsprung
→ Zeitvorsprung
→ Einflusszuwachs
→ Türöffner
→ Bessere Arbeitsergebnisse
→ Neue Ideen
→ Neue Chancen
→ Neue Jobs
→ Mehr Gehalt und Privilegien

Beziehungen machen Sie effektiver!

- → Neue Kunden/mehr Geschäft
- → Prestigeträchtige Projekte
- → Kompetenz zur persönlichen Weiterentwicklung
- → Förderung und Unterstützung
- → Schlagkräftige Allianzen
- → Neue Geschäftsmodelle/neue Märkte
- → Referenzen und Empfehlungen
- → Schutz vor Fehlern und Risiken
- → Schutz vor Gefahren
- → Schutz vor Verleumdung/Wahrung des eigenen, guten Rufs
- → Schutz vor Intrigen und Fallen
- → Neue Bühnen, um weithin sichtbar und noch bekannter zu werden

Wie wichtig diese Netzwerke sind, wird jedem von uns schlagartig klar, wenn wir einen neuen Job in einem für uns neuen Unternehmen antreten. Erinnern Sie sich noch an Ihren ersten Arbeitstag? Wie war das? Kannten Sie bereits jemanden? Vor allem: Kannte jemand Sie? Wurden Sie in Empfang genommen oder mussten Sie sich selbst sogar an der Rezeption vorstellen? Wurden Sie in Ihr neues Büro geführt und wussten Sie zuerst gar nicht so genau, was Sie nun tun sollten? Nehmen wir an, Ihr Vorgesetzter war an diesem Tag nicht anwesend. Einen Assistenten, an den Sie sich wenden konnten, hatten Sie noch nicht? Sie fühlten sich verloren, weil Sie zuerst nicht wussten, wen Sie ansprechen sollten, um sich zu orientieren? Dann geht es Ihnen so, wie fast allen Menschen. Ohne Beziehungen zu anderen, die Sie dabei unterstützen, Ihre Ziele zu erreichen, sind Sie aufgeschmissen – unabhängig davon, was Sie alles auf dem Kasten haben!

● ●

BEST PRACTICE

Die neuen Netzwerke – Der „homo dictyous" ergreift das Ruder

„Der ‚homo dictyous', der vernetzte Mensch, ersetzt den eigennützigen Homo oeconomicus, das beherrschende Rollenbild des 20. Jahrhunderts", schreibt manager magazin in seinem Beitrag „Streng vertraulich" (Student, 2011) – und „hierzulande verbreiten sich informelle, ja intime Formen des Umgangs". Zu diesen „Streng vertraulich"-Bünden gehören beispielsweise die „jungen CEOs" mit Managern zwischen Anfang 40 bis Ende 50, ein bislang ausschließlich männliches Netzwerk, das frische Impulse von Outsidern wie Fernsehgröße Günter Jauch und Fußballmanager Oliver Bierhoff integriert. Da geht es dann auch um Themen wie Diversity und Rekrutierung von Frauen für Vorstandsposten. In dieses Netzwerk wird „man" (wie in etliche weitere mehr oder minder geheime Verbünde) regelrecht berufen. Die Similauner, ein weiterer CEO-Bund (s. S. 242) verkörpern dieses Prinzip in Reinform. Frauen „geben sich in Sachen Netzwerken ambivalent" – mangelnde Kontakte werden als größtes Karrierehemmnis beschrieben, zugleich ist diese Art der Beziehungspflege vielen Frauen eher fremd. Eine begeisterte Netzwerkerin ist Margarete Haase (s. S. 142) wie auch Monika Schulz Strehlow, Präsidentin von „Frauen in die Aufsichtsräte" (FidAR). Sie skizziert die Besonderheit von Frauennetzwerken: „Das Elitäre lehnen Frauen weitestgehend ab; sie verknüpfen Netzwerkarbeit häufig mit einem Charity-Ansatz." Diese und weitere „Netzwerke der Macht" finden Sie am Ende dieses Kapitels.

Wer sind die Meinungsbildner? – So gewinnen Sie Multiplikatoren

Meinungsbildner und Multiplikatoren sind weit mehr als „nur" die Top-Führungskräfte Ihres Unternehmens. Positionsinhaber wie Vorstände oder Geschäftsführer haben selbstverständlich offiziell die Macht und sind damit automatisch wertvolle Bestandteile eines Netzwerks. Doch was ist mit Aufsichtsräten, die die Interessen der Anteilseigner vertreten, oder mit den Gesellschaftern selbst? Ungleich schwerer zu erreichen, können sie mächtiger sein als jeder Vorstand, der schließlich von ihnen berufen wird. Wenn Sie selbst einen Vorstandsposten anstreben, müssen Sie sogar auf deren Radar kommen! Gleiches gilt für viele besonders einflussreiche Positionen innerhalb und außerhalb Ihres Unternehmens, die vielleicht offiziell nicht mit besonders viel Macht ausgestattet sind und dennoch einflussreicher sein können: so genannte „graue Eminenzen". Im ersten Schritt zu erkennen, wie sich das sichtbare und unsichtbare Geflecht um Macht und Einfluss in Ihrem Unternehmen gestaltet, ist die Voraussetzung, um die Menschen zu identifizieren, die gezielt zu einem

Bestandteil Ihres persönlichen Netzwerks werden sollten. Wie Sie das schaffen? Beobachten, beobachten, beobachten und testen!

Welche Beziehungen innerhalb Ihres Unternehmens erweitern Ihren Einfluss?

→ Macht-Inhaber = Top-Management und Gesellschafter

Offizielle Macht-Inhaber sind das gesamte Senior Management, allen voran die Geschäftsleitung und Vorstände. Die offizielle Macht ist umso größer, je größer die Ressourcen, Umsätze und Profite sind, die der jeweilige Macht-Inhaber verantwortet (der CEO ist hiervon natürlich ausgenommen). Eine besondere Macht-Position in dieser Gruppe nehmen Aufsichtsräte oder Beiräte ein, die entweder selbst Gesellschafter sind oder diese repräsentieren. Macht-Inhaber sind wesentlich für Ihren Aufstieg, für die Vergabe der prestigeträchtigen Projekte, den Zugang zu notwendigen Ressourcen, zu wichtigen anderen Kontakten und vor allem sind sie ein wirksames Schutzschild gegen Konkurrenten und Feinde.

→ Graue Eminenzen = Technokraten und Politiker

Das Wort „Technokratie" entstammt dem griechischen „téchne", Können, und „kratos", Macht. Nicht zu verwechseln mit Bürokraten, sind sie wörtlich genommen „Problemlöser", die Entscheidungen aufgrund ihrer Expertise treffen, statt bestimmte Interessengruppen zu vertreten. Aufgrund dieser Expertise finden Sie Technokraten überwiegend in unabhängigen Stabs-Funktionen. Dadurch haben Technokraten offiziell nicht viel Macht, weil ihnen die Ressourcen fehlen. Doch im Hintergrund können sie aufgrund ihres Wissens einflussreiche Ratgeber des Vorstands sein und haben neben ihrem Status als „graue Eminenz" die Macht, Initiativen oder Projekte zu unterstützen und vor allem sofort zu beenden! Wichtige Technokraten zu gewinnen, könnte daher effektiver sein, als sich im ersten Schritt direkt an Ihre Top-Führungskräfte zu wenden, wenn Ihnen der Zugang zu dieser Ebene fehlen sollte. Technokraten können ein einflussreicher Türöffner sein.

Häufig finden sich in großen Organisationen auf der Partner- oder Direktoren-Ebene einflussreiche „Politiker", die ebenfalls keine Machtposition auf-

grund von Ressourcen- oder Umsatzverantwortung mehr haben, diese jedoch einst hatten. Möglicherweise waren diese „Hintergrund-Eminenzen" zwischenzeitlich wirklich in der Politik oder sind einst Vorstand gewesen und nun sozusagen auf ihrem „Altenteil" einen Schritt in der Hierarchie zurückgegangen. Aufgrund ihres Netzwerks und ihrer Erfahrungen sind diese Menschen meist sehr einflussreich und sind damit die idealen Mentoren, weil sie selbst ihre eigenen Karriereziele bereits erreicht haben.

➜ Super-Netzwerker

Vielleicht kennen Sie Menschen, die ohne mit der Wimper zu zucken sofort genau den richtigen Kontakt parat haben? Sei es, um eine wichtige Information zu beschaffen, fachkundigen Rat einzuholen oder eine verschlossene Tür zu öffnen? Dann kennen Sie Super-Netzwerker. Super-Netzwerker sind Menschen, die scheinbar jeden kennen. Ein Super-Netzwerker muss nicht zwangsläufig über eine tatsächliche Machtposition in Ihrem Unternehmen verfügen. Häufig finden Sie super Vernetzte an gänzlich unscheinbaren Positionen. Doch durch ihre Kontakte sind sie extrem einflussreich. Sie sind die wertvollsten Säulen jeden Netzwerks, weil sie nicht nur viele hervorragende Kontakte bieten, sondern auch gern helfen, wo sie können.

Selbstverständlich können Sie einen Super-Netzwerker auch außerhalb Ihres Unternehmens finden. Erfolgreiche Headhunter, PR-Verantwortliche, Journalisten, Vorsitzende von gemeinnützigen Organisationen und Politiker sind fast zwangsläufig aufgrund ihres Berufs herausragende Super-Netzwerker. Vielleicht finden Sie auch einen Super-Netzwerker in Ihrem Freundes- oder Familienkreis. Gerade wenn Sie selbst Netzwerken als Last empfinden und nur eine sehr begrenzte Zeit und Mühe in wenige, dafür effektive Netzwerk-Beziehungen investieren wollen, sind Super-Netzwerker ideal. Durch diese sind Sie oftmals nur über zwei Kontakte mit der ganzen Welt verknüpft.

➜ Konkurrenten

Was fällt Ihnen zu Ihren eigenen Konkurrenten ein, wenn es z.B. um das nächste Projekt, die nächste Position, mehr Budget oder mehr oder besseres Personal geht? Könnten Sie sich vorstellen, dass einer Ihrer Konkurrenten der wertvollste Pfeiler Ihres Netzwerks werden könnte? Wenn Ihnen das absurd vorkommt, so geht es Ihnen wahrscheinlich wie den meisten Menschen. Nach einer Umfrage unter sechs Millionen Angestellten 2010 berichtete die Daily Mail, dass 20 Prozent der Befragten angaben, ihre Kollegen zu hassen! Die Gründe: Eifersucht oder die Wahrnehmung der Kollegen als bedrohliche Konkurrenz. Dabei war der Anteil der Frauen, die mit Ablehnung und Intrigen auf Konkurrenz von Kollegen reagierten, deutlich höher als der der Männer. (Quelle: http://www.dailymail.co.uk/news/article-1251227/Be-careful-say-work-One-employees-hate-colleagues.html)

Wahrscheinlich haben die Kollegenhasser noch nicht vom „Dutch Admiral Paradigma" gehört. Dieses Wissen könnte Ihre Einstellung zu Konkurrenten fundamental wandeln: Wissenschaftler verweisen darauf, dass beständiges gegenseitiges Loben statt des üblichen Konkurrenzgerangels die Karrieren beider Konkurrenten wesentlich schneller und erfolgreicher befeuern kann, als wenn sich einer gegen den anderen durchsetzt.

Seinen Namen erhielt das Dutch Admiral Paradigma durch zwei niederländische Kadetten, die beim Abschluss ihrer gemeinsamen Ausbildung einen gegenseitigen Schwur ablegten, ausschließlich Gutes über den anderen zu berichten und sich gegenseitig zu fördern, wo immer sich die Gelegenheit dazu bot. Es blieb nicht bei dem Schwur. Sie setzten diesen wirkungsvoll in die Tat um. Das Ergebnis: Beide Kadetten stiegen zusammen zu den jüngsten Admirälen der Niederlande auf. (Quelle: http://de.scribd.com/doc/55379564/56/Models-for-categorising-culture)

Wer ist Ihr Tandempartner?

Gerade wenn Sie einen gleichwertigen Konkurrenten haben und in einem großen Unternehmen aufsteigen wollen, in dem es für mehr als zwei Menschen immer genügend Aufstiegschancen gibt, könnte sich diese Strategie des gegenseitigen Lobens, des Austauschs von Gefälligkeiten und der gegenseitigen Information als effektivster Karriereturbo erweisen. Das setzt voraus, dass Sie Ihrem Konkurrenten ernsthaft helfen wollen und es schaffen, eine vertrauensvolle Beziehung herzustellen, bevor Sie diesen Vorschlag unterbreiten!

→ Leistungsträger

Erfolgreiche Führungskräfte investieren in eine enge Bindung zu Mitarbeitern, die Leistungsträger ihres Teams sind, selbst wertvolle Netzwerke unterhalten und gerade in kritischen Situationen loyal hinter ihren Vorgesetzten

Kapitel 6: Gestalten Sie Ihr Erfolgsnetzwerk – nur die richtigen Beziehungen bringen Sie ans Ziel!

209

stehen. Wenn Sie ein Team übernehmen oder neu aufbauen, sollten Sie diese Mitarbeiter so schnell wie möglich identifizieren und hinter sich versammeln.

Welche Beziehungen sollten Sie knüpfen, um Ihr Ziel effektiv zu erreichen?

Wie Sie in den vorangegangenen Kapiteln bereits gesehen haben, reicht es nicht, nur eine vertrauensvolle Beziehung zu Ihrem Vorgesetzten und Ihren Mitarbeitern zu haben, wenn Sie Ihre Ziele möglichst effektiv erreichen wollen. Sie sollten sich unbedingt bewusst werden, wer wiederum auf Ihren Vorgesetzten und außerhalb dieses Kreises auf andere Einfluss nimmt und wer möglicherweise auch jenseits der offiziellen Machtpositionen tatsächlich die Macht in Ihrem Unternehmen hat. Um verstecktem Einfluss und Macht gezielt auf die Spur zu kommen, ist es hilfreich, große strategische Entscheidungen innerhalb Ihres Unternehmens genau zu beobachten.

→ Wer trifft die Entscheidungen, wenn es z.B. um große Übernahmen und Zukäufe, den Aus- und Abbau einzelner Geschäftsfelder oder große Investitionen in einzelne Produktlinien oder Standorte geht?

→ Wer wird vorab von wem konsultiert und um Rat gefragt?

→ Wer sind enge Vertraute des Entscheidungsträgers oder einzelner Mitglieder des Entscheidungsgremiums?

→ Wer trifft mit wem Nebenabsprachen? Sind strategische Allianzen erkennbar?

Erst wenn Sie zu diesen Fragestellungen eine klare Vorstellung haben, können Sie für sich entscheiden, zu wem Sie unbedingt eine gute Beziehung aufbauen wollen, wer außerdem hilfreich wäre, es zukünftig werden könnte und wer derzeit erst einmal neutral zu behandeln ist. Da der Aufbau vertrauensvoller und tragfähiger Beziehungen Zeit, Arbeit und echtes Interesse voraussetzt, ist es sinnvoll, sich vorerst nur auf diese Menschen zu konzentrieren, die für Sie von konkretem Nutzen sind. Die einfachste Möglichkeit, an diese Menschen heranzukommen, wenn Sie noch nicht unmittelbar mit ihnen zusammenarbeiten, ist, sich entweder durch andere gezielt vorstellen zu lassen oder sich selbst vorzustellen, indem Sie sich da aufhalten, wo Ihre Zielpersonen sind.

Analysieren Sie Ihre Beziehungsmatrix

Wenn Sie Ihr eigenes Netzwerk einflussreich gestalten wollen, ist es hilfreich, wenn Sie zuerst Ihre bestehenden Beziehungen analysieren. Tragen Sie Ihre heutigen Beziehungen in Ihre Beziehungsmatrix (s. Abbildung) nach folgendem Modell ein:

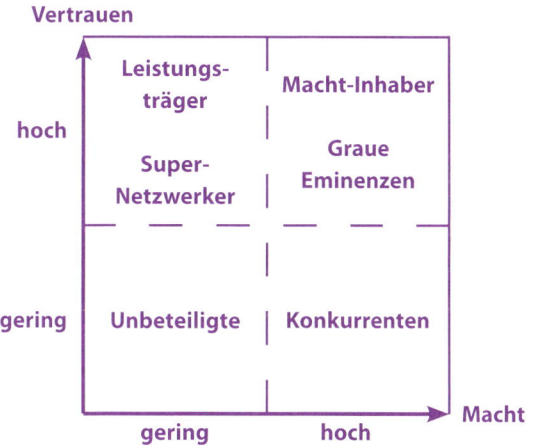

Abb. 12: Beziehungsmatrix

Sie haben kaum Beziehungen in den oberen Quadranten? Dann ist Ihr Netzwerk nicht sehr einflussreich. Haben Sie Schwierigkeiten, Entscheidungen in Ihrem Sinne zu treffen und auch umzusetzen? Sie stoßen immer wieder auf scheinbar unüberwindlichen Widerstand? Ihre guten Ideen und Initiativen werden allgemein begrüßt – aber Sie dürfen diese nur ausarbeiten und anschließend erhalten andere den Lead? Hier könnte ein wichtiger Grund liegen! Konzentrieren Sie sich auf die Entwicklung vertrauensvoller Beziehungen zu Macht-Inhabern und grauen Eminenzen.

Sie haben in den oberen Quadranten viele gute Beziehungen? Herzlichen Glückwunsch, dann haben Sie bereits eine der wichtigsten Abzweigungen im Karrierelabyrinth richtig genommen!

Haben Sie auch Widersacher oder gar echte Feinde? Wenn ja, in welchen Quadranten befinden sich diese Personen? Sind diese schon gefährlich für Sie

oder können sie Ihnen noch gefährlich werden? Wie können Sie diese Gefahr neutralisieren?

Gibt es auch Beziehungen, die Sie womöglich belasten? Sind diese für Sie nicht von strategischer Bedeutung? Dann sollten Sie sie besser beenden.

Wenn Sie wissen, wie Ihre Beziehungsmatrix aktuell aussieht, betrachten Sie Ihre Ziele. Welche Beziehungen sind für Sie unumgänglich? Welche sind bereits vorhanden und welche wollen Sie so schnell wie möglich knüpfen?

Suchen Sie sich unbedingt einen Mentor auf höchster Ebene!

Der ideale Mentor ist ein einflussreicher Manager mit einem sehr guten Ruf. Ist Ihr Mentor in Ihrem Funktionsbereich tätig? Je mächtiger Ihr Mentor ist, desto mehr wird er Ihnen helfen können. Achten sie darauf, dass Ihr Mentor seine Karriereziele bereits erreicht hat und nun seine Erfahrungen, seine Kontakte und seine Unterstützung gern mit einer hoffnungsvollen Kandidatin teilt.

Suchen Sie sich mächtige Mentoren!

Ein Mentor öffnet Ihnen Türen, unterstützt Sie, feuert Sie an, korrigiert Sie, lässt Sie an seinen Erfahrungen teilhaben. Sie sind an einem kritischen Punkt in Ihrer Karriere angekommen? Dann sind gute Mentoren Gold wert! Selbst wenn Sie bereits in einer Top-Management-Position sein sollten, können Sie gerade jetzt von einem starken Mentor profitieren. Ein solcher wird dann eher im Aufsichtsrat oder im Vorstand der Holding zu finden sein. Besonders hier brauchen Sie verlässliche Unterstützer und auch Ratgeber, um Ihren Erfolg abzusichern.

• •

BEST PRACTICE

Das Mentoren-Netzwerk rund um den Globus

Der Win-win-Aspekt steht im Vordergrund beim speziellen Cross-Mentoring-Programm der internationalen Unternehmensberatung Praesta (www.praesta.com): Vorstände und Aufsichtsräte coachen vielversprechende weibliche Führungskräfte eines anderen Unternehmens (die dort ein bis zwei Ebenen unterhalb des Vorstands positioniert sind) für den Aufstieg an die Spitze. Die Mentoren aus den Top-Etagen gewinnen durch ihr Engagement neue Perspektiven, die Mentees partizipieren am umfangreichen Erfahrungswissen engagierter Top-Manager. Zahlreiche Studien haben nachgewiesen, dass gemischtgeschlechtliche Gremien ideenreicher, effektiver und damit effizienter arbeiten. In herkömmlichen Besetzungsverfahren von Vorständen und Aufsichtsräten allerdings sind weibliche Aspiranten bislang nicht oder kaum existent. 2005 in Großbritannien von Peninah Thomson gegründet, verzeichnet das Cross-Mentoring-Netzwerk von Praesta UK mehr als 95 Unternehmen als Mitglieder, darunter O2, Rolls Royce, Sodeco, BBC, McKinsey & Company, Unilever und BP. Über 100 Senior Women haben im Verlauf von fünf Jahren bereits teilgenommen. In einer von den Netzwerkpartnern aus dem „FTSE 100-Kreis" (die 100 höchstdotierten Unternehmen an der Londoner Börse) eigens gegründeten Stiftung wird das Programm inhaltlich stetig weiterentwickelt und derzeit auf die FTSE 350 ausgeweitet (http://mentoringfoundation.co.uk/). „It's an excellent initiative to try to make Boards more effective by making able women better prepared", sagt Sir Philip Hampton, Chairman Royal Bank of Scotland. Parallel initiiert Praesta im europäischen und außereuropäischen Ausland gleichartige Programme. Im deutschsprachigen Raum ist Praesta-Partnerin Anne Sutthoff Ansprechpartnerin für Unternehmen, die sich für das Cross-Mentoring-Programm interessieren (anne.sutthoff@praesta.com).

Welche Beziehungen außerhalb Ihres Unternehmens erweitern zusätzlich Ihren Einfluss und Ihre Machtbasis?

→ Kunden
→ Potenzielle A-Kunden
→ Verbandsvorstände
→ Medienvertreter
→ Politische Meinungsführer
→ Wichtige Lobbyisten
→ Anerkannte Wissenschaftler Ihres Fachgebiets und/oder Ihrer Branche
→ High Potentials auf allen Ebenen

Gibt es auch private Beziehungen, die Ihnen helfen können, Ihre Ziele zu erreichen?

Welche privaten Kontakte können Ihnen helfen, Ihr berufliches Ziel zu erreichen?

Welche privaten Beziehungen wollen Sie außerdem unbedingt kontinuierlich pflegen und festigen, weil diese für Sie neben Ihrem beruflichen Ziel genauso kostbar sind (oder sogar kostbarer) und keinesfalls gefährdet werden dürfen?

Bedenken Sie, dass gerade private Beziehungen Ihnen helfen können. Sie suchen einen Türöffner in der Firma X? Vielleicht hat Ihr bester Freund einen Freund, der dort arbeitet und Ihnen gern hilft. Erzählen Sie von Ihren Zielen. Bitten Sie um einen Tipp oder einen Kontakt. Da unser Denken linear ausgerichtet ist, übersehen wir leider, dass die Kontakte unserer Kontakte nicht nur doppelt so viele Kontakte bedeuten, sondern sich potenzieren. Nehmen wir an, Sie haben guten Kontakt zu 100 Menschen. Ihr bester Freund hat ebenfalls guten Kontakt zu 100 Menschen. Dann sind Sie über Ihren Freund nicht mit 200 Menschen verbunden, sondern mit 10.000! Wenn Sie das nicht glauben, gehen Sie auf Ihre XING-Seite. Was steht unter Kontakten von Kontakten? Damit ist schnell klar, dass die Small-World-Theorie für uns alle gilt. Sie besagt, dass wir über sechs Kontakte mit der ganzen Welt verbunden sind! Worauf warten Sie also: Fragen Sie Ihre Freunde, Ihre Familienmitglieder, Ihre Nachbarn, Ihre …

● ●

WISSEN UND FORSCHEN

Old Boys Networks in den Aufsichtsräten

In 80 Prozent aller Auswahlverfahren für die Neu- und Nachbesetzung von Aufsichtsräten haben Frauen allenfalls dann eine Chance, wenn sie Familienmitglieder des Großaktionärs sind. Dies ist die Bilanz einer breit angelegten Studie des Reinhard-Mohn-Instituts für Unternehmensführung und Corporate Governance der Universität Witten-Herdecke. Unter der wissenschaftlichen Leitung von Prof. Dr. Michèle Morner wurden Interviews mit 181 Aufsichtsratsmitgliedern von insgesamt 28 DAX-30 und MDAX-Unternehmen geführt und 26 Nominierungsprozesse untersucht. In 80 Prozent aller Verfahren sind Aufsichtsrats- und Vorstandsvorsitzender beteiligt und – sofern existent – der Großaktionär. Die Erstellung von Kompetenzprofilen, das Hinzuziehen externer Berater oder professionelle Interviews mit den Kandidaten gelten als überflüssig und zeitraubend. Der kleine Kreis der Beteiligten erachtet die Rekrutierung aus den eigenen Netzwerken für ausreichend und bewertet seine Vorgehensweise als effizient und schnell. Nur in etwa einem Sechstel der Auswahlprozesse seien auch andere Aufsichtsratsmitglieder und externe Berater hinzugezogen worden; hier gibt es auch Kriterienlisten und Alternativkandidaten. Voraussetzung ist allerdings: Der Kandidat muss bereits Vorstand sein! Angesichts der geringen Anzahl weiblicher Vorstände erneut eine kaum zu überwindende Hürde für Frauen.

● ●

Gewinnen Sie Top-Meinungsführer für sich

Sie müssen nicht alle Menschen sympathisch finden, zu denen Sie gute Beziehungen aufbauen wollen. Sympathie ist natürlich hilfreich und dennoch keine Voraussetzung für eine gute Beziehung! Wenn Sie sich vor Augen führen, wie wichtig dieser Mensch für das Erreichen Ihrer Ziele ist und Sie Ihren Fokus auf die positiven Seiten dieses Menschen legen, ist es leicht, ehrlichen Respekt, Anerkennung und Wertschätzung für diese Person zu entwickeln. Sie müssen jemanden nicht mögen, Sie sollten ihn respektieren, wenn Sie eine tragfähige Beziehung aufbauen wollen.

Um hochrangige Menschen für sich zu gewinnen, gibt es ein paar einfache Regeln:

→ Achten Sie darauf, worauf sich die Macht und der Einfluss dieses Menschen begründen! Rütteln Sie nicht daran!

→ Wenn noch keine tragfähige Beziehung besteht, überlegen Sie, wie Sie Ihrem Meinungsbildner zuerst einen Vorteil verschaffen können. Vielleicht können Sie einen Kontakt zu einem wichtigen Medienvertreter anbieten? Vielleicht haben Sie auch ein besonders interessantes neues Buch gefunden, das ihm eine ganz neue Perspektive auf eine Aufgabe vermitteln könnte, an der er aktuell arbeitet? Vielen Menschen geht es darum, die eigene Position abzusichern. Können Sie hierbei helfen?

→ Erst wenn Sie etwas für den anderen getan haben, erzählen Sie kurz und knapp und präzise von Ihren eigenen Zielen! Bitten Sie um einen Tipp oder einen Rat zur Lösung.

→ Können Sie Ihre eigenen Ziele mit denen Ihres Top-Meinungsführers verknüpfen und ihm dadurch helfen, wiederum seine eigenen Ziele effektiver zu erreichen und aktuelle Aufgaben oder Probleme leichter zu lösen? Auch wenn dieser Meinungsführer Ihnen seine eigenen Ziele vermutlich nicht ohne weiteres verraten wird. Fragen Sie ihn danach, was ihm wichtig ist. Welche Erwartungen hegt er? Was erwartet er als nächstes von Ihnen?

→ Stellen Sie sich auf den Persönlichkeitstyp Ihres Top-Meinungsführers so gut wie möglich ein:

– Wie kommuniziert dieser Mensch? Ist er eher ergebnisorientiert oder möchte er Schritt für Schritt Fakten beleuchten? Ist es ihm wichtig, welche Auswirkungen sein Tun auf andere Menschen hat? Oder ob etwas neu und einmalig ist? Stellen Sie sich auf seinen Kommunikationsstil ein.

– Wie ist sein Arbeitsstil? Wie können Sie sich diesem anpassen? Sie sind eher experimentell und er ist eher analytisch? Dann nehmen Sie sich Zeit, die Details zu betrachten und Alternativen auszuarbeiten. Nur so werden Sie seine Aufmerksamkeit gewinnen.

– Wo liegen vermutlich seine Stärken und Potenziale? Wo seine Schwächen? Können Sie helfen, diese Schwächen auszugleichen?

– Was macht dieser Mensch gerne? Hat er eine besondere Leidenschaft? Engagiert er sich für etwas, was Sie ebenfalls interessiert? Bekleidet er ein Ehrenamt? Wo ist er Mitglied? Wann hat er Geburtstag? Hat er Familie? Kinder? In welchem Alter? Was lehnt er völlig ab? Was verärgert ihn?

→ Finden Sie Gemeinsamkeiten! Gibt es gemeinsame Werdegänge, Interessen oder Wertvorstellungen? Betonen Sie diese. Dadurch nehmen Sie andere mehr für sich ein als mit jeder Leistung!

→ Hören Sie gut zu! Welche Namen erwähnt er? Welche Zahlen, Daten, Fakten nennt er? Wirkt er entspannt oder gestresst? Was ist derzeit sein größtes Problem?

→ Nehmen Sie Herausforderungen aktiv an und handeln Sie verantwortungsvoll. Überzeugen Sie durch Ihren Blick über den Tellerrand, stellen Sie Bestehendes positiv in Frage und schlagen Sie Initiativen vor. Bieten Sie gleichzeitig an, die Verantwortung für die Umsetzung zu übernehmen, um ein Problem Ihres Top-Meinungsführers zu lösen und Ihrem eigenen

Ziel näher zu kommen. Lösen Sie Aufgaben zuverlässig und in der geforderten Qualität. Achten Sie darauf, mit Ihren Ergebnissen auch nach außen sichtbar zu werden! So vermeiden Sie die Arbeitsbienenfalle und werden gleichzeitig zu einem wichtigen Gesprächspartner für Ihre Top-Meinungsführer.

→ Beweisen Sie unbedingt Loyalität. Sprechen Sie bei anderen positiv über Ihren Vorgesetzten und Ihre Top-Meinungsführer. Ergreifen Sie bei offenen Konflikten deren Partei. Wenn Ihnen nichts Positives einfällt, bleiben Sie neutral. Vermeiden Sie eine zu große Nähe zu deren Feinden.

→ Generell sollten Sie alle Menschen mit ehrlichem Respekt und ehrlicher Anerkennung behandeln. Konzentrieren Sie sich auf die Aspekte, die Sie wirklich schätzen. Anerkennung ist weder Schleimen noch Schmeicheln. Anerkennung wirkt nur, wenn sie ehrlich und aufrichtig ist! Mit falschem Schleimen werden Sie nicht dauerhaft weiterkommen!

Achten Sie beim Umgang mit Macht-Inhabern darauf, sich selbst nicht klein zu machen. Diese sind auch „nur" Menschen. Zeigen Sie, dass Sie durch Ihre Substanz und den Blick für das große Ganze ein adäquater Partner auf Augenhöhe sind.

● ●

NACHGEFRAGT

Daniela Weber-Rey

„Frauennetzwerke reichen nicht."

Daniela Weber-Rey ist Partnerin von Clifford Chance, Mitglied des Verwaltungsrats der BNP Paribas in Paris und Mitglied der Regierungskommission Deutscher Corporate Governance Kodex.

Wodurch ließe sich ein Vorstand und Geschäftsführer motivieren, auch ohne offizielles Mentoren-Programm zum Mentor zu werden?

Die gesellschaftliche Erwartung, stark unterstützt von der Presse, lässt keine Ruhe bei dem Thema einer erhöhten Frauenrepräsentanz. Vorstände oder Geschäftsführer sind bemüht, diesem Druck nachzukommen. Sie haben durchaus erkannt, dass eine gezieltere Berücksichtigung von Frauen in Führungspositionen dem Unternehmensinteresse dient. Es gilt – durch Vielfalt in der Zusammensetzung – die Heterogenität der Diskussionskultur und der Leistungsbeiträge im Interesse des Unternehmens zu fördern und den Kandidatenpool deutlich zu erweitern. Wenn also in den Köpfen der Geschäftsleitungen angekommen ist, dass mehr Diversität dem Unternehmensinteresse aus vielerlei Gründen dient, werden sie auch daran mitwirken, den alten deutschen Grundsatz „Kinder, Küche, Kirche" umzupolen in „Kinder, Krippe, Karriere" und stolz darauf sein. Wichtig ist allerdings, den Frauen wirklich die Wahl zu lassen. Die eine oder andere Mutter mag sich ganz bewusst und ohne jede gläserne Decke dafür entscheiden, ihr Karrierepotenzial nicht auszuschöpfen.

In diesem Zusammenhang: Ihr wichtigster Rat an Frauen – was sollten diese unbedingt tun und was sollten sie in jedem Fall vermeiden?
Jede Frau kann nur für sich selbst entscheiden, welche beruflichen Perspektiven sie entwickeln kann und möchte und welches Karrierepotenzial sie ausbauen und nutzen möchte. Genauso wie die Männer müssen auch Frauen frei sein, sich dem größeren Druck und Zeitaufwand einer Karriere zu stellen oder eben nicht. Ich persönlich war überzeugt, eine bessere Mutter zu sein, wenn ich mir selbst Erfüllung im gesellschaftlichen und beruflichen Umfeld schaffe. Weniger Zeit mit den Kindern muss nicht heißen, dass diese Zeit nicht durch höhere Qualität gleichwertig mit ständiger scheinbarer Verfügbarkeit ist. Auch die Führung eines Haushalts ist aufreibend, birgt Frustpotenzial und hält die Mutter von den Kindern fern, unter Umständen ohne ihr die Befriedigung eines weitergehenden Engagements zu ermöglichen. Jede Frau sei daher aufgerufen, den für sie richtigen Weg zu finden und diesen selbstbewusst zu beschreiten – auch als Mutter, ob berufstätig oder nicht, als Karrierefrau, Hausfrau oder mit Zwischenlösungen. Keinesfalls sollte eine Frau wegen ihrer Karriereaspirationen auf Kinder verzichten oder die Familiengründung zu weit hinausschieben, zumindest dann nicht, wenn der Partner bereits zur Verfügung steht.

Welches Netzwerk war für Ihre Karriere entscheidend?
Die enge Familie, vor allem mein Mann – und eine natürliche Begabung zum Aufbau eigener Netzwerke. Diese Fähigkeit lässt sich sicherlich auch gezielt ausbauen.

Reine Frauennetzwerke, zu groß an der Zahl, zu divers in der Zusammensetzung, habe ich nicht als förderlich empfunden. Ohnehin ist es für Frauen und Männer besser, sich in gemischten Netzwerken zu bewähren. Die Bilingualität im Umgang mit beiden Geschlechtern, d.h. die Vertrautheit im beruflichen Umgang sowohl mit Männern also auch mit Frauen, ist eine Fähigkeit, die in der jetzt in den Arbeitsmarkt drängenden Generation unverzichtbar für das Gedeihen von Unternehmen ist und unverzichtbar für die Karriere der betroffenen Männer und Frauen.

Vom ersten Kontakt zur guten Geschäftsbeziehung – bleiben Sie dran!

Nehmen wir an, Sie besuchen den Jahresevent Ihrer Branche. Ein großer Branchenkongress, der über zwei Tage geht. Sie kommen allein. In einer halben Stunde fängt der erste Vortrag an. Bei Ihrer Ankunft stellen Sie fest, dass Sie niemanden kennen. Im Vorsaal stehen bereits viele Menschen an Bistrotischen und unterhalten sich.

Was tun Sie?

→ Sie flüchten ganz schnell wieder und warten in den Waschräumen, bis es losgeht.

→ Sie prüfen an einem ruhigen Ort Ihre E-Mails auf Ihrem Smartphone.

→ Sie setzen sich schon einmal in den Konferenzsaal, denn frühes Kommen sichert die besten Plätze.

→ Sie suchen nach einer anderen Frau, die ebenfalls allein herumsteht.

→ Sie suchen nach einer Gruppe interessant aussehender Menschen, die Sie gern kennenlernen würden, und stellen sich zu ihnen.

→ Sie haben schon im Vorfeld recherchiert, dass einige hochrangige Menschen kommen werden, die Sie unbedingt kennenlernen wollen. Sie haben sich die Gesichter genau eingeprägt und haben gerade einen dieser Menschen entdeckt, dem Sie sich nun vorstellen werden.

Sie wählen die letzten beiden Varianten? Sehr gut! Sie haben den halben Weg im Pfad Netzwerken bereits genommen! Nun geht es darum, einen unvergesslichen Eindruck zu machen, der Sie von allen anderen Teilnehmern positiv abhebt. Eine einfache Variante, um ein einflussreiches Beziehungsnetz zu errichten: Lächeln Sie und machen Sie den ersten Schritt. Warten Sie nicht, bis jemand auf Sie zukommt!

Darf ich mich dazugesellen?

Fragen Sie einfach freundlich, ob Sie sich dazustellen dürfen. Seien Sie aufgeschlossen und herzlich. Stellen Sie sich nur mit Ihrem Namen vor und fragen Sie nach dem Namen Ihres Gegenübers. Merken Sie sich diesen unbedingt! Verwenden Sie diesen Namen, wo es geht. Der eigene Name ist für jedermann das wichtigste Wort!

Jetzt sind Sie dabei, doch die volle Aufmerksamkeit haben Sie möglicherweise noch nicht. Einem anderen Menschen die volle Aufmerksamkeit zu schenken, ist heutzutage großer Luxus geworden. Ständig sind wir mit uns selbst beschäftigt und lassen uns ablenken. Unsere Aufmerksamkeitsspanne sinkt kontinuierlich. Daher brauchen Sie einen eindrucksvollen Einstieg.

Wenn Sie jemanden kennenlernen, haben Sie maximal sechs Sekunden Zeit, die Aufmerksamkeit Ihres Gegenübers zu fesseln, so dass diese Person mehr von Ihnen wissen möchte.

Sie haben nur 6 Sekunden!

Wenn Sie innerhalb von sechs Sekunden kein Interesse wecken, wird Ihr Gegenüber abschalten und, egal was Sie vielleicht Beeindruckendes zu erzählen haben, nichts mehr davon aufnehmen. Womit wecken Sie nun das Interesse Ihrer Zielperson auf jeden Fall? Ihr Gegenüber wird Sie über kurz oder lang fragen, was Sie machen und woher Sie kommen. Jetzt hängt alles von Ihrer Eröffnung ab:

Gestalten Sie Ihren Erstkontakt unvergesslich und positiv

1. Starten Sie mit einem Knalleffekt, der die Menschen in maximal sechs Sekunden neugierig macht.
2. Übersetzen Sie Ihr Profil in ein passendes Bild. Gibt es dafür eine Metapher?
3. Unwiderstehliche Themen sind Liebe, Geld, Gesundheit und Sicherheit. Wie können Sie Ihre Selbstdarstellung mit einem dieser Themen im über-

tragenen Sinne verknüpfen? Formulieren Sie eine Problemlösung, einen Vorteil in diesem Zusammenhang für Ihr Gegenüber.

4. Sprechen Sie ausschließlich über den Nutzen, den Sie bringen. Ergebnisse sind interessant, nicht Prozesse oder gar Produkte!
5. Sprechen Sie so, dass auch Ihre Großmutter Sie verstehen könnte.
6. Üben Sie Ihren Einstieg vorab laut, bis Sie sich mit ihm angefreundet haben.

Werfen Sie einen Anker im Kopf des Gegenübers durch Originalität

„Ich besorge Ihnen zwei Millionen Freundinnen." (Managerin Frauenzeitschrift)

„Ich sorge jeden Tag für eine Million samtweicher Babypopos." (Managerin Pflegeprodukte)

„Ich dressiere die größten Raubkatzen der Welt." (Managerin Rüstungsindustrie)

„Ich heize jeden Tag 600.000 Gockeln mächtig ein! " (Managerin Großküchenmaschinen)

Nach einem solchen Gesprächseinstieg haben Sie normalerweise die volle Aufmerksamkeit Ihres Gegenübers. Jetzt können Sie die ernsthafte Begründung, Ihre Geschichte dahinter, seriös liefern.

Sie haben damit nicht nur Interesse für Ihre Person geweckt, man vergisst Sie auch nicht wieder. Im Gegensatz zu vielen anderen Mitteilnehmern. Wenn Sie am nächsten Tag den Kontakt vertiefen wollen, wird man sich garantiert an Sie erinnern! Mit einem überraschenden bildhaften Einstieg haben Sie einen mächtigen Anker im Kopf Ihres Gegenübers geworfen!

Werden Sie unvergesslich!

Gestalten Sie elegante Gesprächsverläufe – mit Charme!

Ein gutes Gespräch zu führen ist eine Kunst, es bedeutet, eine Verbindung zwischen dem anderen und sich selbst zu schaffen. Und das gelingt, wenn Sie

Ihrem Gegenüber das Empfinden geben, wirklich an ihm interessiert zu sein. Menschen, die ihr Gegenüber, nicht sich selbst in den Mittelpunkt stellen, werden als charmant empfunden: „Charme: Das ist die Eigenschaft bei anderen, die uns zufriedener mit uns selbst macht", sagte der Schweizer Philosoph Henri Frédéric Amiel (1821–188). Und was können Sie sich für mögliche längerfristige Kontakte mehr wünschen als einen zufriedenen Gesprächspartner, dem Sie diese positive Empfindung vermittelt haben!

→ Stellen Sie interessante, offene Fragen, die nicht mit einem einfachen „Ja" oder „Nein" beantwortet werden können. Small Talk geht immer: Stellen Sie eine Frage zur Veranstaltung, zum Referenten, zum Thema des Treffens. Gute Small-Talk-Themen sind alles Verbindende. Was nehmen Sie und Ihr Gesprächspartner gemeinsam um Sie herum wahr? Was sehen Sie, hören Sie, empfinden Sie?

→ Finden Sie so schnell wie möglich mindestens eine Gemeinsamkeit. Machen Sie aus „Sie und ich" ein WIR!

→ Sorgen Sie für eine positive Stimmung.

→ Zeigen Sie, dass Sie selbst nicht perfekt sind, und lachen Sie über sich selbst. Das bedeutet aber nicht, den Fokus auf die eigenen Schwächen zu lenken!

→ Machen Sie ein ehrliches Kompliment. Lassen Sie Ihr Gegenüber glänzen, nicht sich selbst.

→ Belehren Sie niemanden.

→ Loben Sie unbeteiligte Dritte.

→ Laden Sie andere ein, an Ihrer Unterhaltung teilzunehmen.

→ Wenn der Kontakt Ihnen interessant erscheint, vereinbaren Sie einen Folgetermin oder zumindest ein Telefonat.

→ Tauschen Sie Ihre Visitenkarten aus.

→ Danken Sie für das Gespräch.

Der Kontakt ist interessant für Sie? Dann könnten Sie etwas Wichtiges lobend anerkennen und um einen Folgetermin bitten. Ein kleines Beispiel für eine „Brücke", die Sie bauen können: „Ihr Vorhaben ist hoch interessant! Ich würde gern von Ihren Erfahrungen lernen. Hätten Sie Lust, sich mit mir nächste Woche zum Essen zu treffen?" Viele Menschen werden sich geschmeichelt fühlen und Ihrem Vorschlag entsprechen. Vorausgesetzt, dass Sie dies auch ehrlich empfinden!

Achtung: Sie können jederzeit eine für Sie wichtige Person kennenlernen. Verpassen Sie diese Chancen nicht, indem Sie keine Visitenkarten dabei haben. Ab sofort sollten Sie möglichst immer mindestens zehn Ihrer eigenen Visitenkarten mit sich führen. Jedes Mal, wenn Sie das Haus verlassen! Auch wenn Sie privat losziehen! Für Männer ist dies ganz normal. Frauen vergessen Ihre Karten sogar, wenn Sie ausgewiesene Netzwerkveranstaltungen besuchen. Tun Sie das nie wieder!!!

Visiten-karten nie vergessen!

Der Gesprächsausstieg: die Kunst, ein Ende zu finden

Seien Sie stets ehrlich! Bei größeren Anlässen können Sie ein interessantes Gespräch durchaus so beenden: „Herr Dr. Meyer, es ist großartig, dass wir uns heute persönlich kennengelernt haben und wir so ein interessantes Gespräch über … geführt haben. Vielen Dank. Das ist für mich sehr wertvoll. Ich würde mich sehr freuen, wenn wir dazu in Kontakt bleiben könnten. Darf ich Sie hierzu in den nächsten Tagen anrufen? Ich würde gern die Gelegenheit nutzen, noch weitere Gespräche zu führen. Sicher geht es Ihnen auch so. Würden Sie mich bitte entschuldigen? Ich wünsche Ihnen noch einen besonders schönen Abend und danke Ihnen sehr für Ihre Aufmerksamkeit."

Wenn Sie das Gespräch beenden wollen und kein Interesse daran haben, den Kontakt weiter zu vertiefen, können Sie auch einfach sagen: „Vielen Dank für das nette Gespräch. Ich würde gern die Gelegenheit nutzen, noch weitere Gespräche zu führen. Ich wünsche Ihnen noch einen schönen Abend." Herausragend wird es, wenn Sie Ihren Gesprächspartner einem anderen Menschen vorstellen und ihm so ein anderes Gespräch vermitteln, bevor Sie sich verabschieden!

Bleiben Sie dran: Vertiefen Sie Ihren Kontakt

Sie haben jemanden kennengelernt, der für Sie interessant ist? Sie wollen aus diesem Erstkontakt eine gute Beziehung aufbauen? Dann sollten Sie sich spä-

testens innerhalb der nächsten 24 Stunden melden und in Erinnerung bringen. Rufen Sie an, schreiben Sie eine Mail oder noch besser eine kleine handschriftliche Nachricht. Bedanken Sie sich für das Kennenlernen. Können Sie schon etwas für diesen Menschen tun? Schlagen Sie ein weiteres Treffen vor. Kommunizieren Sie vor allem nicht einfach nur über E-Mails. Diese sind das schwächste Kommunikationsmittel, weil sie am unverbindlichsten sind.

Vertiefen Sie eine entstehende Beziehung, indem Sie sich anfangs möglichst einmal im Monat melden. Der Grund kann ein interessanter Hinweis für den anderen sein. Vielleicht ein Zeitungsausschnitt, ein Kontakt, ein wichtiger Link, eine Einladung oder eine Kundenempfehlung.

Bleiben Sie einfach im Gespräch! Wenn dieser Kontakt für Sie wichtig ist, ist es auch Ihre Aufgabe, diesen Kontakt zu einer Beziehung zu entwickeln. Die einfachste Methode lautet: helfen – loben – bitten – danken.

Hier ein paar Anregungen:

→ Interessante Bücher, Artikel, Studien weiterleiten
→ Beispiele liefern, die zu einer Problemlösung inspirieren könnten, die für Ihren Kontakt wichtig ist
→ Kontakte zu Menschen herstellen, die für den anderen wichtig sind
→ Bei einer konkreten Problemlösung behilflich sein
→ Eine Plattform verschaffen, auf der Ihr Kontakt glänzen kann
→ Zutritt zu wichtigen Kreisen verschaffen
→ Eine Einladung aussprechen
→ Auf ein interessantes Event hinweisen
→ Bei einflussreichen Menschen Ihren Kontakt ausdrücklich loben und positionieren
→ Glückwünsche zum Geburtstag
→ Glückwünsche zum neuen Job
→ Glückwünsche zu Beförderungen, außergewöhnlichen Projekterfolgen, großen Deals, neuen Produkten, …
→ Glückwünsche zu Berichterstattungen über Ihren Kontakt
→ Glückwünsche zur Hochzeit oder Geburt eines Kindes
→ Weihnachts-, Neujahrs-, Ostergrüße oder zu anderen wichtigen Feiertagen der jeweiligen Kultur des anderen

Lust auf Macht

- ➔ Aufmunternde Worte bei einem Misserfolg
- ➔ Beileid bei einem Trauerfall
- ➔ Selbst um einen Rat, um Unterstützung, Referenzen oder Empfehlungen bitten
- ➔ Für einen erwiesenen Gefallen danken
- ➔ Für eine Initiative danken, die indirekt Ihr Leben verbessert (begründen, was daran wertvoll ist)

Letztlich ist es ganz einfach: Wenn Sie ein ehrliches Interesse für die Menschen um Sie herum entwickeln, werden Sie viele Möglichkeiten finden, um Beziehungen zu vertiefen, ohne sich zu verbiegen. Sie können, ja Sie sollten unbedingt authentisch bleiben!

BEST PRACTICE

Wie Anshu Jain Beziehungen schafft

Jörg Eigendorf, Mitglied der Chefredaktion der Welt Gruppe, beschreibt in seinem eindrucksvollen Porträt der neuen Doppelspitze der Deutschen Bank das Erfolgsprinzip von Anshu Jain: „Suche in der Fremde das, was dir am nächsten ist. Passe dich an, ohne deine Seele zu verraten." Als Jain bei Merrill Lynch startet, „wird er dann an der Wall Street jeden Montagabend ‚Monday Night Football' im Fernsehen sehen, obwohl er keine Ahnung von dem Sport hat. Aber er, der Cricket spielt, mag Sport generell. Und da seine Kollegen bei Merrill Lynch am Dienstag über das Montagsspiel diskutieren, setzt er sich eben auch vor den Fernseher". (Quelle: Welt am Sonntag, „Deutsche Bank: Ein Fall für zwei", 27.5.12)
Für Jain war dies ein effektives Mittel, um als echter Außenseiter dennoch Zugang zu seinen Kollegen und Vorgesetzten zu finden. Seine Leistungen waren herausragend. Doch ohne einen persönlichen Zugang wesentlich weniger wert. Heute ist dieser Außenseiter Vorstandsvorsitzender der mächtigsten Bank in Deutschland!

Wenn Sie noch eine Anregung benötigen, wie Sie fachlich zu einem wertvollen Gesprächspartner auf der Top-Ebene werden können, hilft Ihnen möglicherweise die jährliche Veröffentlichung des World Economic Forums in

Davos (www.weforum.org). Die Teilnehmer bewerten Auswirkungen und Eintrittswahrscheinlichkeit der aus ihrer Sicht größten globalen Risiken. Die Ergebnisse gewähren einen guten Einblick in dringliche Herausforderungen, mit denen sich Unternehmenslenker aktuell beschäftigen. Beispielsweise werden diese Fragen zu den Auswirkungen des Klimawandels auf die Wirtschaft diskutiert:

→ Braucht es eine Regierung der Ozeane zur Regeneration des Ökosystems der Meere?

→ Wie wirken sich die jährlichen Monsunregen auf die Verfügbarkeit von Elektrizität und damit auf Wirtschaftskreisläufe aus?

→ Welche Auswirkung hätte ein Kippen der Ökokreisläufe des Amazonas auf die weltweite Trinkwasserzufuhr?

Haben diese Themen auch Auswirkungen auf Ihr Unternehmen? Urteilen Sie nicht vorschnell. Vielleicht betreffen Auswirkungen Ihr Unternehmen nur indirekt, aber nicht minder schwerwiegend. Können Sie für ein oder mehrere relevante Risiken Ihres Unternehmens interessante neue Lösungsinitiativen vorschlagen und initiieren?

Unabhängig von Ihrer fachlichen Expertise ist es letztlich ganz leicht, das Interesse jedes Menschen für sich selbst zu gewinnen. Sie müssen dafür kein Universalgenie sein oder andere mit unlauteren Mitteln manipulieren. Es ist wirklich einfach: Wenn Sie sich ernsthaft für andere Menschen interessieren und dies deutlich und freundlich zeigen, werden Sie für diese interessant. Nehmen wir einmal folgendes Szenario an:

Sie nehmen am „Montag an der Spitze", der monatlichen Gesprächsreihe des SPIEGELs und der Körber-Stiftung, teil. Als prominenter Interviewpartner tritt Josef Ackermann an diesem Abend auf. Da Sie in der Finanzdienstleistungsbranche an die Spitze wollen, wäre Ackermann ein Top-Kontakt für Sie. Was können Sie tun? Zuerst sollten Sie sich gründlich vorbereiten. Was interessiert den früheren Deutsche-Bank-Chef derzeit? Mit welchen Themen beschäftigt er sich? Was verärgert ihn? Gibt es schon verbindende Elemente zwischen Ihnen und ihm? Eine kurze Recherche wird Ihnen sicherlich genug Anhaltspunkte liefern. Überlegen Sie sich vor der Veranstaltung sorgfältig zwei bis drei kluge Fragen, die Sie auf der Veranstaltung aus dem Publikum heraus stellen können. Wenn Sie diese parat haben, können Sie sich während der Diskussion auf Ackermann selbst konzentrieren und ernsthaft zuhören. Dadurch lernen Sie den Bankmanager nicht nur besser kennen, Sie können auch zum richtigen Zeitpunkt die geeignete Frage stellen, um damit erstmalig sichtbar zu werden.

Wichtig ist, dass Sie Fragen stellen, die womöglich auch ein Ackermann nicht so einfach beantworten kann. Stellen Sie keine kontroversen Behauptungen auf. Brechen Sie keinen Streit vom Zaun. Wenn er die Frage interessant findet, wird er auch Sie interessant finden. Am Ende des offiziellen Auftritts können Sie ihn nun mit hoher Wahrscheinlichkeit problemlos ansprechen. Stellen Sie sich kurz vor, bedanken Sie sich für seinen Auftritt und Ihre Diskussion im Rahmen des offiziellen Teils. Sagen Sie unbedingt kurz und ganz konkret, was Sie besonders interessant fanden und dass Sie sich freuen würden, wenn Sie dies vertiefen könnten. Geben Sie ihm Ihre Visitenkarte und bitten Sie um seine. Als Frau haben Sie einen großen Vorteil: Wenn Sie dies charmant mit einem Lächeln gestalten, werden Sie kaum abgewiesen werden. Fragen Sie, ob Sie sich bei ihm melden dürfen? Ja? – prima, dann tun Sie dies unbedingt innerhalb der nächsten 24 Stunden! Wenn er nun gehen möchte, lassen Sie ihn gehen. Sehen Sie eine Möglichkeit, ihm womöglich einen Gefallen tun zu können? Sie haben ihn ja schließlich live erlebt. Was sind seine Ziele? Können Sie ihm in irgendeiner Weise nützen? Dann tun Sie dies so schnell wie möglich. Vielleicht können sie einen interessanten Kontakt herstellen, oder Sie haben eine interessante Information für ihn? Das setzt voraus, dass Sie sich ernsthaft für Ackermann interessiert haben. Dass Sie ihm genau zugehört haben. Nur dann werden Sie Möglichkeiten finden, zu helfen und dadurch selbst interessant zu werden.

Das wertvollste Buch, das unserer persönlichen Meinung und Kenntnis nach in der Management-Literatur bislang geschrieben wurde, ist „Wie man Freunde gewinnt" von Dale Carnegie. Carnegie stellt darin anschaulich Prinzipien vor, wie jeder Mensch zu anderen aufrichtige und tragfähige Beziehungen herstellen kann. Unabhängig davon, ob Sie heute eine herausragende Position haben oder ganz am Anfang Ihrer Karriere stehen und in den Augen anderer möglicherweise noch ein Nobody sind. Er schreibt

Interessieren Sie sich für andere?

darin: „Wer sich für andere interessiert, gewinnt in zwei Monaten mehr Freunde als jemand, der immer nur versucht, die anderen für sich zu interessieren, in zwei Jahren." Wann haben Sie sich das letzte Mal aufrichtig für einen anderen Menschen interessiert? Können Sie ein gemeinsames geschäftliches Interesse entdecken?

Organisieren Sie Ihre Beziehungen: Bringen Sie Struktur hinein

Unter Umständen haben Sie jetzt schon viel Wissen über für Sie wichtige Kontakte angesammelt. Damit es nicht verlorengeht, sollten Sie Ihre Kontakte in einer zentralen Datei organisieren. Sie können eine professionelle Kundenkontaktsoftware nutzen, Ihr Outlook verwenden oder einfach eine Excel-Tabelle anlegen. Nutzen Sie eine Form, die Ihnen liegt, und erfassen Sie die Inhalte sorgfältig. So behalten Sie alles Wichtige und gleichzeitig halten Sie sich den Kopf frei. Folgende Inhalte haben sich bewährt:

Kontaktdaten:

Einfluss:

Aktueller Fokus:

Persönlichkeitstyp:

No-gos:

Persönliche Interessen:

Bauen Sie Ihr Netzwerk auf – bevor Sie es benötigen

Bleiben Sie dran. Sie müssen Ihre Beziehungen kontinuierlich pflegen. Sie, Sie allein. Nicht der andere. Sie sind dafür verantwortlich. Doch was bedeutet das: „Beziehungen zu pflegen"? Geben Sie sich ernsthaft Mühe, den anderen mit seinen Bedürfnissen wahrzunehmen, zu verstehen und zu unterstützen? Denken Sie an eine gute Freundin. Wodurch bekunden Sie Ihre Freundschaft? Wie verhalten Sie sich, um die Beziehung zu ihr zu bestärken? Nehmen Sie in wichtigen Momenten wirklich Anteil an ihrem Leben? Wenn ja, festigt sich Ihre Freundschaft weiter. Wenn nein, wird Ihre Freundschaft nicht überleben. Dies basiert auf einem einfachen Effekt: Vertrautheit ruft Zuneigung hervor. Je öfter wir einen Menschen sehen, der uns sympathisch ist, desto intelligenter und attraktiver wird er uns finden. Jetzt sollen Sie natürlich niemanden stalken. Das würde den gegenteiligen Effekt erzielen. Doch genau hinzusehen und an den entscheidenden Punkten im Leben eines Menschen, der Ihnen wichtig ist, Anteil zu nehmen, ist die halbe Miete. Was sind diese entscheidenden Punkte? Keith Ferrazzi beschreibt in seinem Buch „Geh niemals alleine Essen", wie wir ein starkes emotionales Band zu Menschen aufbauen können, wenn wir es schaffen, dem anderen bei folgenden Dingen zu helfen:

→ Gesundheit
→ Vermögen
→ Kinder

Jetzt denken Sie vielleicht: Tut es nicht auch ein schönes Essen? Eine Einladung zu einem Essen oder zu einem wichtigen Fußballspiel ist womöglich eine gute Kontaktplattform. Natürlich verbinden gemeinsame Erlebnisse. Doch eine echte Beziehung, von der Sie ernsthaft profitieren können, bauen Sie gerade zu einflussreichen Menschen dann auf, wenn Sie jemandem bei „der Befriedigung seiner dringendsten Bedürfnisse" helfen. Und die dringendsten Bedürfnisse der Menschen sind nun einmal die eigenen Kinder, die eigene Gesundheit und die Gesundheit der Familie sowie das eigene Vermögen z.B. in Form des eigenen Jobs, der schließlich bezahlt wird, oder in Form eines Kontakts zu dem neuen Steuerberater, der den optimalen Steuervorteil verschafft.

Wenn Sie beispielsweise mitbekommen, dass die Mutter Ihres Kontakts schwer erkrankt ist und Sie von einer Operationsmethode wissen, die hierfür sehr geeignet ist, aber noch zu einem Geheimtipp zählt, geben Sie die Adresse weiter. Wenn Sie einen direkten Kontakt herstellen können, tun Sie es unaufgefordert. Wenn es klappt, wird Ihnen dieser Mensch ewig dankbar sein. Möglichkeiten hierfür gibt es viele. Voraussetzung ist, dass Sie ernsthaft zuhören und wirklich daran interessiert sind, dem anderen zu helfen, damit er bekommt, was er will. Dazu gehört auch, den Gefallen einfach zu tun und

Kapitel 6: Gestalten Sie Ihr Erfolgsnetzwerk – nur die richtigen Beziehungen bringen Sie ans Ziel!

nicht damit zu warten, bis Sie gefragt werden. Wenn Sie darauf warten, werden Sie ewig warten. Ferrazzi schreibt dazu: „Wie viel man den Menschen gibt, mit denen man in Berührung kommt, entscheidet darüber, wie viel man zurückbekommt. Das heißt, wenn man Freunde haben und etwas auf die Beine stellen will, muss man sich selbst aufraffen und etwas für andere tun – Dinge, die Zeit, Energie und Gedanken erfordern."

Jetzt denken Sie: Puh, ich habe jetzt schon keine Zeit mehr, wie soll ich das auch noch schaffen?

Wenn 60 Prozent unseres beruflichen Aufstiegs von unseren Beziehungen und nur zehn Prozent von unserer Leistung abhängen, wäre es dann nicht eine gute Idee, etwas Zeit (vielleicht eine halbe Stunde am Tag?) in den gezielten Ausbau Ihres Netzwerks und die Pflege für Sie wichtiger Kontakte zu investieren? Wenn diese Kontakte zu einer echten Beziehung werden, die Sie nutzen können, wenn Sie diese brauchen? Bedenken Sie, Top-Manager konzentrieren sich auf das Wesentliche, auf die Handlungen, die relevante Ergebnisse liefern. Mit tragfähigen Beziehungen können Sie mehr bewirken, als andere mit bloßer Leistung.

• •

BEST PRACTICE
Mathias Döpfner und Friede Springer

Der rasante Aufstieg Mathias Döpfners zum Vorstandsvorsitzenden des Axel-Springer-Konzerns ist vor allem auf die Kontakte zurückzuführen, die Döpfner schon zu Studentenzeiten aktiv knüpfte und pflegte und nicht zuletzt auf seine spätere enge Beziehung zu Friede Springer. Noch vor Döpfners Antritt als Chefredakteur der Welt hatte der Historiker und Publizist Arnulf Baring Döpfner im Rahmen einer gemeinsamen Essenseinladung mit Friede Springer bekannt gemacht. Zwar wurden hier nur wenige Worte gewechselt, doch im Hintergrund trieb Baring mithilfe seines engen Kontakts zu Bernhard Servatius, dem damaligen Aufsichtsratsvorsitzenden, Döpfners Einstieg in die Springer-Gruppe voran. Als es schließlich soweit war, suchte Döpfner erstmals den persönlichen Kontakt zu Friede Springer. Während eines Aufenthalts in den USA hatte er die Biografie von Katherine Graham entdeckt. Der Frau, die der einflussreichen Washington Post Group vorstand und die eine verblüffende Ähnlichkeit zu der Lebensgeschichte von Friede Springer aufwies. Kurzerhand schickte er allen Mitgliedern des Aufsichtsrats noch vor seinem Amtsantritt ein Exemplar und schrieb Friede Springer einige persönliche Zeilen dazu. Wie Inge Kloepfer in ihrer autorisierten Biografie von Friede Springer schreibt: „Besser als mit diesem Buch hätte er sich beim Eintritt in den Verlag der Mehrheitsaktionärin nicht empfehlen können."

Doch Vorsicht vor Geschenken an höher stehende Personen, diese müssen sozial ausgewogen sein, sonst geht der Schuss nach hinten los! Das richtige Maß hat Döpfner mit seinem Vorgehen ebenfalls eindrucksvoll bewiesen. Die Beziehung Mathias Döpfner – Friede Springer ist sicherlich eine besondere Vorgesetzten-Mitarbeiter-Konstellation und dennoch hat dieses ungeschriebene soziale Gesetz auch auf der höchsten Ebene Bestand. Zum 70. Geburtstag von Friede Springer schenkte ihr ranghöchster Mitarbeiter Döpfner ihr einen Gutschein für einen Tangokurs. Für seine tanzbegeisterte Chefin war dies mit Sicherheit eine nette Geste; ihr Geschenk an ihren Vorstandschef war mehr als das: Friede Springer überschrieb Döpfner 1.978.800 ihrer Aktien der Axel Springer AG im Wert von 73 Millionen Euro! Hierdurch wuchs Döpfners Anteil am Konzern Ende August 2012 auf 3,26 Prozent. (Quelle: Horizont, 23. August 2012) Chefs dürfen Geschenke machen, Mitarbeiter sollten es bei aufmerksamen Gesten belassen!

WISSEN UND FORSCHEN

Die Einsamkeit der Mächtigen

Welcher Mensch freut sich nicht, wenn ein anderer ihm einen Gefallen erweist! Normalerweise sind gerade die kleinen Aufmerksamkeiten der Schmierstoff im Beziehungsgetriebe. Doch Vorsicht, wenn Sie als Mitarbeiterin einen Repräsentanten der Unternehmensspitze mit einem kleinen Geschenk für sich gewinnen wollen. „Wer an den Schalthebeln der Macht sitzt", schreibt Psychologie Heute (Luerweg 2012), vermute beim Schenkenden eher „unlautere Absichten". Das hat eine Studie britischer und amerikanischer Psychologen ergeben. Die Versuchspersonen sollten eine Aufgabe gemeinsam mit einem Partner lösen. Dieser Partner war entweder gleichgestellt oder untergeordnet. In einigen Fällen erhielten die Protagonisten von ihrem Partner kurz vor Ende des Experiments noch ein kleines Geschenk; danach sollten sie dessen Persönlichkeit beschreiben. Stammte in der Versuchsanordnung das Geschenk vom Gleichrangigen, so erhielt dieser beste Noten. Stammte es hingegen vom Untergebenen, so wurde aus diesem ein „zwielichtiger Charakter", der gerade einen Bestechungsversuch unternommen hatte. Die Reaktion des Altbundespräsidenten Christian Wulff, der zu kostenfreien Urlauben in Italien oder Spanien eingeladen wurde und darin nur reine Freundschaftsdienste sehen wollte, sei „zumindest für einen einflussreichen Politiker eher ungewöhnlich", schreibt Luerweg.

Jetzt ist es an der Zeit: Wandeln Sie Ihre Kontakte in berufliche Vorteile

Sie haben sich nun bei den Menschen, mithilfe derer Sie Ihre Ziele erreichen können, durch Ihr eigenes Interesse, Ihre Wertschätzung und Ihre Unterstützung interessant gemacht. Sie haben in Ihre Erstkontakte genügend investiert und sie zu einer guten Beziehung entwickelt. Jetzt ist es an der Zeit, diese um Unterstützung zu bitten. Bitten Sie um eine konkrete Handlung. Erzählen Sie von Ihrem Ziel. Sie möchten ein Entrée in einen elitären Zirkel? Wenn dies aus Ihrer Sicht machbar erscheint, bitten Sie konkret darum. Wenn Sie unsicher sind, könnten sie Ihren Kontakt auch fragen, was ihn motivieren könnte, Ihrer Bitte zu entsprechen. Sie wünschen einen Rat? Wunderbar, wenn Sie andere um Rat fragen, profitieren nicht nur Sie davon, Sie zeigen dem anderen auch Wertschätzung und Respekt!

Beziehungen sind Investitionen!

Wenn beruflich erfolgreiche Menschen gefragt werden, was der größte Erfolgsfaktor ihrer Karriere ist, wird häufig das Glück genannt, zur richtigen Zeit am richtigen Ort gewesen zu sein. Sind das wirklich glückliche Zufälle? Durch Beziehungen werden aus scheinbaren glücklichen Zufällen gezielte Aktionen! Anders ausgedrückt: Ihre Beziehungsarbeit ist eine Investition, um zur richtigen Zeit am richtigen Ort zu sein! Aber warten sie nicht darauf, bis der andere von allein darauf kommt, etwas für sie zu tun. Im

Zweifel passiert dies nie. Wenn Sie selbst konkret eine Bitte äußern, wird dieser viel häufiger entsprochen, als Sie momentan vielleicht glauben. Menschen helfen anderen prinzipiell gern. Und eine Hand wäscht die andere.

Erzeugen Sie einen Kulturwandel – ziehen Sie andere Frauen mit nach oben!

Immer mehr Stellen werden über persönliche Kontakte vermittelt. „‚Vitamin B' war im vergangenen Jahr bei der Besetzung eines Viertels aller offenen Stellen entscheidend." Das ermittelte 2011 das Institut für Arbeitsmarkt- und Berufsforschung (IAB) in Nürnberg in einer Befragung von 15.000 Unternehmen.

„Persönliche Beziehungen gehören nicht nur zu den wichtigsten Mechanismen der Personalsuche, sie sind auch die erfolgversprechendsten. In knapp zwei von drei Anwerbeversuchen über diese Kanäle kam es zur Besetzung der Stelle." (Quelle: http://www.spiegel.de/karriere/berufsleben/mitarbeitersuche-ein-viertel-der-jobs-wird-ueber-vitamin-b-vergeben-a-804652.html) Je höher wir in den Hierarchien steigen, desto mehr Positionen werden über Beziehungen und Kontakte vermittelt. In mittleren Führungsetagen sind es bereits mehr als 50 Prozent aller Jobs, die durch Beziehungen vergeben werden und nicht mehr offiziell ausgeschrieben werden. Viele Firmen setzen auf offizielle Empfehlungen ihrer Mitarbeiter und zahlen für Empfehlungen passender interner und externer Kandidaten sogar Prämien. Was für viele Männer selbstverständlich ist, scheint für viele Frauen leider noch sehr schwer zu sein.

• •

BEST PRACTICE
Frauennetzwerke – Frauen kungeln anders

„Frauen netzwerken nicht ganz so karriereorientiert wie Männer", meint Henrike von Platen, Präsidentin der Business and Professional Women (BPW), eines der größten und ältesten Frauennetzwerke mit rund 30 000 Mitgliedern. Den eigenen, konkreten Vorteil zu sehen und zu verfolgen, bedeutet für Frauen oft noch mehr Überwindung und wird fast entschuldigend angemerkt: „Ich finde es ganz legitim, zu sagen: Es bringt mir auch Vorteile", so Jacqueline von Manteuffel, die im Netzwerk Soroptimisten aktiv ist. Weltweit zählt dieses Frauennetzwerk rund 90 000 Mitglieder. Der Grundgedanke sei, dass „unterschiedliche Berufe sich vernetzen und voneinander profitieren". Anders als die Soroptimisten will das European Women's Management Development (EWMD) bewusst Männer mit an Bord holen: Bisher allerdings mit kaum erwähnenswerten Zahlen: „Es erfordert für Männer viel Selbstbewusstsein, in ein Frauennetzwerk einzutreten", sagt Sprecherin Rena Bargsten. Aktuell listet das Gründerinnenportal des Bundeswirtschaftsministeriums 346 Frauennetzwerke auf. (Quelle: dpa, „Kein Fußball, kein Golf, kein Bier", Tagesspiegel 28.10.2012)

Missverständnisse beim Thema Netzwerken aus weiblicher und männlicher Sicht

„Wenn Männer einen Anruf eines Headhunters erhalten und ihnen ein Jobangebot unterbreitet wird, an dem sie nicht interessiert sind, werden mir umgehend fünf andere Kandidaten genannt, die potenziell für diesen Job in Frage kommen. Was passiert, wenn ich eine Frau überhaupt finde und ihr das gleiche Angebot unterbreite und sie ebenfalls nicht interessiert ist? Kann sie mir andere Frauen nennen? Vielleicht kann sie es, aber sie tut es nicht. Der Grund: Wenn die von ihr vorgeschlagenen Kandidatinnen nicht 100 Prozent passen oder so erscheinen und später einen schlechten Job machen, könnte dies womöglich auf sie zurückfallen!" Das berichtet ein Personalberater und Headhunter aus vielfacher Erfahrung. Hier besteht ein fundamentaler Irrtum auf weiblicher Seite: Die Kontaktgeberin ist nicht für die spätere Leistung ihres vermittelten Kontakts verantwortlich!

Empfehlen Sie andere Frauen weiter!

Es geht lediglich darum, einen womöglich passenden Kontakt herzustellen! Und das wirft in jedem Fall ein positives Licht auf diejenige, die Kontakte weitergibt. Denn diese Frau beweist, dass sie nicht nur gut vernetzt ist, sondern auch das Vertrauen anderer Menschen besitzt. Damit empfiehlt sie sich automatisch als Führungskraft. Und der Personalberater wird bei dem nächsten passenden Angebot erneut auf sie zukommen.

Verschenken Sie nicht diese Möglichkeit auf neue Chancen. Bedenken Sie: Je höher wir in der Hierarchie kommen, desto größer wird der Anteil der Positionen, der nicht offiziell ausgeschrieben, sondern ausschließlich über Kontakte vergeben wird! Und wenn es nicht dieses spezielle Angebot des Headhunters war, das für Sie interessant war – vielleicht ist es das nächste? Dies zeigt sich auch auf XING, dem größten beruflichen Online-Netzwerk im deutschsprachigen Raum. „XING hat einen Frauenanteil von lediglich 30 Prozent. Wir sind selbst schuld, wenn wir den männlichen Netzwerken nichts entgegensetzen! 90 Prozent aller Empfehlungen auf XING kommen von Männern!" (Quelle: Angela Rittig, XING)

Statt sich gegenseitig zu unterstützen und unterschiedliche Werte und Lebensvorstellungen wie

→ Karriere bis an die Spitze von Unternehmen
→ Karriere „nur" bis ins mittlere Management
→ Karriere ohne Kind,
→ Karriere mit einem oder mehreren Kindern,
→ Karriere mit Mann,
→ Karriere ohne Mann,
→ kein Karrierewunsch
→ oder gar nicht arbeiten

zu respektieren, sind die schärfsten Kritiker von Frauen in Führungspositionen Frauen! Doch solange wir uns nicht solidarisch untereinander erklären, unsere Unterschiede akzeptieren, ja sogar begrüßen, haben alle die, die Frauen aus Machtpositionen fernhalten wollen, leichtes Spiel. „Neulich saß ich dabei, wie eine Frau, die nebenberuflich fremde Kinder betreut, einer schwangeren Physikerin eindrücklich schilderte, dass fremd betreute Kinder irgendwie alle einen Schaden bekämen. Wer als Frau also Karriere und Kind verbinden möchte, hat stets das schlechte Gewissen im Nacken – und dessen Stimme ist weiblich." (Quelle: http://www.handelsblatt.com/meinung/kolumnen/wiebesweitwinkel-wie-frauen-andere-frauen-daran-hindern-karriere-zu-machen/3462362.html)

Unterstützen Sie andere Frauen. Ziehen Sie bei Ihrem eigenen Aufstieg andere, fähige Frauen mit sich nach oben, so wie es Männer selbstverständlich

untereinander tun. Erklären Sie sich mit anderen Frauen solidarisch. Damit könnte unser ärgster Feind, wir selbst, besiegt werden. Heute noch geschlossene männliche Machtzirkel hätten dem kaum noch etwas entgegenzusetzen. Gerade Unternehmenskulturen, die bislang noch ausschließlich nach männlichen Regeln funktionieren, würden um weibliche Aspekte sinnvoll erweitert werden. Auch zum Wohle vieler Männer, die sich ebenfalls andere Arbeitswelten wünschen. Je mehr Frauen die Führung übernehmen, desto eher können wir Unternehmenskulturen so verändern, dass Familie und Karriere für Frauen und auch für Männer kein Widerspruch mehr sind.

Wie gut das Prinzip der wechselseitigen Unterstützung funktioniert, verdeutlicht eindrucksvoll die Darstellung der Verflechtungen der Aufsichtsratsmandate der DAX-Unternehmen, in denen noch immer viele Multikontrolleure ihre Macht potenzieren. (Quelle: http://www.ftd.de/unternehmen/: infografik-dreiecksbeziehungen/60158858.html) Dies beweist auch die Darstellung des „Machtnetzes" am Beispiel von Nicola Leibinger-Kammüller, der Geschäftsführenden Gesellschafterin und Vorsitzenden der Geschäftsführung

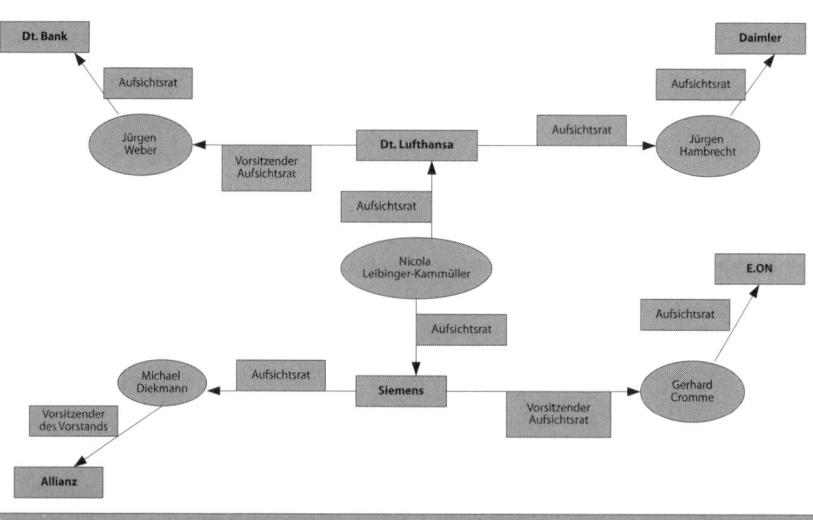

Abb. 13: Network_Kammüller

von Trumpf. Leibinger-Kammüller gehört laut manager magazin (Student, 2011), zu den wenigen Frauen, „die in der Wirtschaft breit vernetzt sind".

Der erste Eindruck zählt – und der letzte auch!

Zu Beginn dieses Kapitels haben Sie sich daran erinnert, wie schwierig es ist, einen neuen Job in einem neuen Umfeld zu starten, wenn noch keinerlei Kontakte bestehen. Bitte stellen Sie sich nun vor, Sie wechseln nach einiger Zeit erneut das Unternehmen, um sich einer noch größeren Herausforderung zu stellen. Wie verlassen Sie das Unternehmen? Was passiert mit Ihren internen Beziehungen? Veranstalten Sie vielleicht eine kleine Feier? Gut! Noch besser wäre, wenn Sie zusätzlich Ihre Beziehungen aufrechthielten, dafür sorgten, dass Sie in guter Erinnerung bleiben, und Ihre Nachfolgerin aktiv empfehlen würden. Die gute Nachrede ist das beste Fundament für Ihren künftigen Erfolg. Wie Sie sich verabschieden begründet maßgeblich Ihren guten Ruf!

Wie wäre es mit individuellen Briefen an Ihre wichtigsten Beziehungspartner? An Vorgesetzte und Mentoren, an unternehmensexterne Kontakte, mit denen Sie interessante Projekte verwirklicht haben – und in jedem Fall an Ihre Mitarbeiter, Ihr Team. Hier ein möglicher Entwurf:

Bleiben Sie in bester Erinnerung!

Liebe Mitstreiter,
die vergangenen fünf Jahre habe ich mit Ihnen zusammen das Geschäftsfeld … aufgebaut. Wir haben gemeinsam echte Pionierarbeit geleistet. Sie haben auch in schweren Stürmen den Mut und die Zuversicht nie verloren. Dafür gebührt Ihnen höchster Respekt und meine volle Anerkennung. Auf mich wartet nun eine neue Aufgabe. Am … werde ich Geschäftsführerin der …… in …… Ich gehe mit einem weinenden und einem lachenden Auge. Wie Sie bereits wissen, wird Frau … meine Nachfolgerin. Frau … ist eine Expertin für … und wird sicherlich wertvolle neue Impulse setzen können. Ich schätze Frau … sehr und ich bitte Sie, sie genauso zu unterstützen, wie Sie mich die vergangenen Jahre unterstützt haben.
Ich danke Ihnen rückblickend sehr herzlich für Ihr Vertrauen, für Ihr besonderes Engagement und die Unterstützung, die Sie mir immer zuteil-

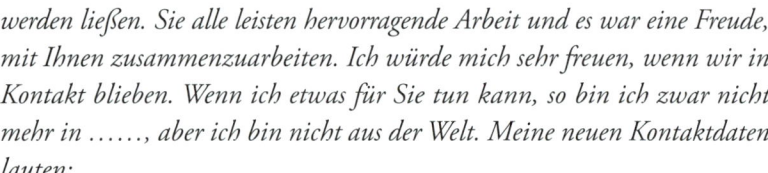

werden ließen. Sie alle leisten hervorragende Arbeit und es war eine Freude, mit Ihnen zusammenzuarbeiten. Ich würde mich sehr freuen, wenn wir in Kontakt blieben. Wenn ich etwas für Sie tun kann, so bin ich zwar nicht mehr in ……, aber ich bin nicht aus der Welt. Meine neuen Kontaktdaten lauten:
……
Ich wünsche Ihnen für die Zukunft von Herzen alles Gute und weiterhin viel Erfolg.
Ihre …

Die 100 ersten Tage im Job mögen entscheiden über Erfolg oder Misserfolg. Die Art, wie Menschen einen Job wieder verlassen, prägt den Eindruck, den die Person hinterlässt. Tun Sie alles dafür, im Falle eines Wechsels einen positiven Eindruck zu hinterlassen und Ihre wichtigsten Kontakte darüber hinaus zu halten. Vielleicht kehren Sie sogar eines Tages zurück?

Netzwerke der Macht – diese Kontakte sind Gold wert

Je größer die Macht, desto elitärer die Zirkel: Dies stellen die teilweise fast mit dem Nimbus von Geheimbünden behafteten Verbindungen der Mächtigen unter Beweis. Es gibt nicht das einzige Netzwerk, das zum Erfolg verhilft. So individuell Ziele sind, so individuell jeder Karriereweg ist, so individuell sind die Netzwerke und Beziehungen, die dahinter stehen. Suchen Sie nach einem oder mehreren Netzwerken, wo Sie auf Menschen treffen, die Ihnen helfen können, Ihre Ziele effizienter zu erreichen. Wählen Sie ein Netzwerk, das zu Ihnen und Ihren Zielen passt. Nicht die Masse, sondern die Klasse entscheidet, ob Sie Ihr Ziel erreichen.

Die Klasse entscheidet!

Natürlich sind nicht alle Netzwerke für jeden Menschen frei zugänglich. Je exklusiver ein Netzwerk ist, desto vielfacher sind die Aufnahmebedingungen. Oftmals lohnt ein zweiter Blick. Und was im ersten Moment unerreichbar erscheint, ist vielleicht realistischer, als Sie denken. Unter Umständen kennen Sie schon den Türöffner, der Ihnen den Eintritt ermöglicht? Neugierig geworden? Dann folgen hier einige Anregungen für regionale, überregionale und teilweise weltweit operierende Netzwerke, in denen Sie unmittelbar mit mächtigen Menschen und/oder Gleichgesinnten in Kontakt treten können:

Internationale Netzwerke

→ World Economic Forum, Davos: http://www.weforum.org
→ Young Global Leaders: http://www.weforum.org/community/forum-young-global-leaders
→ Young Presidents Organisation: www.ypo.org
→ Women's Forum: http://www.womens-forum.com

Diese Organisation ist aus Protest entstanden: Als die französische Unternehmerin Aude de Thuin auf ihre Anmeldung zum Weltwirtschaftsforum in Davos nicht einmal eine Antwort erhielt, gründete sie kurzerhand eine rein weibliche Gegenorganisation: das Women's Forum for the Economy and Society mit der Botschaft „Building the future with women's vision". Fester Treffpunkt ist Deauville, ein mondänes Seebad an der normannischen Küste, das heute bereits den Ruf als Davos der Frauen errungen hat. Auch männliche Führungskräfte reisen mittlerweile an, schreibt manager magazin in seinem Beitrag „Tour des femmes" (Freisinger 2012).

→ WCD Women Corporate Directors: http://www.womencorporatedirectors.com
→ The Family Business Network: www.fbn-i.org
→ European Roundtable of Industrialists: www.ert.eu
→ Global Young Leaders: http://www.cylc.org/gylc
→ Club of Rome: www.clubofrome.de
→ Nicolas Berggruen Institute on Governance: http://berggruen.org
→ Atlantikbrücke: www.atlantik-bruecke.org

1952 gegründet, zählt die Atlantikbrücke heute rund 500 Mitglieder. Das Karrierenetzwerk „Young Leaders" ist Bestandteil der Atlantikbrücke. Aktuelle Mitglieder sind u.a. Bundeskanzlerin Angela Merkel; Bundesaußenminister Guido Westerwelle; Jürgen Fitschen, Co-Vorstandsvorsitzender der Deutschen

Kapitel 6: Gestalten Sie Ihr Erfolgsnetzwerk – nur die richtigen Beziehungen bringen Sie ans Ziel!

239

Bank; Alexander Dibelius, Vorstandsvorsitzender von Goldman Sachs Deutschland; Mathias Döpfner, Vorstandsvorsitzender der Axel Springer AG; Eckart von Klaeden, Staatssekretär von Angela Merkel; Dietrich von Klaeden, Leiter für Regierungsbeziehungen der Axel Springer AG und Bruder von Merkels Staatssekretär; Sigmar Gabriel, SPD-Vorsitzender; Thomas Enders, Vorstandsvorsitzender von EADS (Airbus); Martin Winterkorn, Vorstand von VW und Porsche; Jens Weidmann, Präsident der Deutschen Bundesbank; Andreas Raymond Dombret, Vorstandsvorsitzender der Deutschen Bundesbank.

→ Atlantik Forum e.V. der Young Leaders: www.atlantik-bruecke.org/programme/young-leaders-programm

Das Programm für junge Führungskräfte aus Deutschland und den USA gehört zu den erfolgreichsten Projekten der Atlantik-Brücke. Die Deutsch-Amerikanische Young Leaders-Konferenz bietet den Teilnehmern die Möglichkeit, eine Woche lang aktuelle Themen mit transatlantischem Bezug intensiv zu diskutieren. Führende Persönlichkeiten des öffentlichen Lebens werden als Gastredner eingeladen.

Wie wird man Young Leader?

Zu Beginn jeden Jahres werden von Young Leaders-Alumni oder Mitgliedern der Atlantik-Brücke potenzielle Konferenzteilnehmer zwischen 28 und 35 vorgeschlagen, die dann zur Bewerbung aufgefordert werden. Mit Hilfe eines „Steering Committee" werden aus diesen Bewerbungen jeweils 25 deutsche und 25 amerikanische Young Leaders ausgewählt. Diese sollten im Beruf bereits erste Führungskompetenz gezeigt haben, sich neben ihrer beruflichen Tätigkeit gesellschaftlich engagieren und nachgewiesenes Interesse an transatlantischen Themen haben.

Deutsche Netzwerke

→ Baden-Badener Unternehmergespräche: www.bbug.de

Die Einladung zu diesen Treffen gilt als Ritterschlag, Selbstbewerbungen sind tödlich. Die Teilnehmer dieser Unternehmergespräche sind zu einem lebenslangen, stetig wachsenden Netzwerk zusammengewachsen. Und es sind für etliche bekannte Wirtschaftsgrößen konkrete Optionen daraus entstanden. So wurde der Ex-RWE-Finanzvorstand Clemens Börsig 1999 im Rahmen einer Diskussion vom damaligen Bank-Chef Rolf E. Breuer entdeckt – und zur Deutschen Bank geholt. Als Horst Weitzmann, Vorstandsvorsitzender der BBUG-Trägergesellschaft, 1986 mit seinem Partner die Badischen Stahlwerke per Management-Buy-out kaufte, erhielt er dank seines Kontakts zu zwei Bankern aus dem BBUG-Kreis einen Kredit. (Quelle manager magazin Online 2005, Werke: „Nur für Mitglieder", s. Literaturverzeichnis)

→ Wirtschaftsjunioren, Netzwerk für Führungskräfte unter 40: www.wjd.de
→ Tönissteiner Kreis: www.toenissteiner-kreis.de
→ Wirtschaftsclub Rhein Main: www.wirtschaftsclub-rm.de
→ Überseeclub: www.ueberseeclub.de
→ Kaufmanns-Casino München: www.kaufmanns-casino.de
→ Capital Club Berlin: www.berlincapitalclub.de
→ Manager Lounge: https://manager-lounge.manager-magazin.de

Deutsche Netzwerke zur gezielten Förderung von Frauen in Aufsichtsratspositionen

→ FidAR, Frauen in die Aufsichtsräte: www.fidar.de

FidAR engagiert sich seit 2006 mit dem Ziel, den Frauenanteil in den deutschen Aufsichtsräten signifikant und nachhaltig zu erhöhen. Seit 2011 erstellt FidAR den Women on Board (WoB)-Index. Der WoB-Index liefert Transparenz zur Beteiligung von Frauen in Vorstands- und Aufsichtsratsgremien deutscher börsennotierter Unternehmen. FidAR hat inzwischen über 320 Mitglieder – Männer und Frauen –, die einflussreiche Positionen in Wirtschaft, Wissenschaft und im öffentlichen Leben einnehmen. Ausgewählte und hochkarätige Veranstaltungen sorgen für eine exzellente Vernetzung der Mitglieder.

→ Verband Deutscher Unternehmerinnen: www.vdu.de

Frauen in Führungspositionen, die ein Aufsichtsratsmandat in einem Unternehmen oder einer Institution anstreben, können sich mit ihrem Qualifikations- und Kompetenzprofil in die VdU-Vermittlungsdatenbank eintragen lassen. Die Bewerbung erfolgt online unter https://www.vdu.de/esf-register.

Beispiele geschlossener Zirkel, die Frauen (noch) nicht offen stehen

→ Die jungen CEOs (ohne Webpräsenz, da ausschließlich interne Berufung)
→ Die Similauner Seilschaft (ohne Webpräsenz, da ausschließlich interne Berufung)

BEST PRACTICE
Die Similauner – wenn der Berg ruft

„Nach der Devise ‚it's very lonely at the top' trägt der Topmann die ganze Einsamkeit der Machtwelt in seiner Brust. Ein Glücksfall, wenn er Mitglied im handverlesenen Kreis der ‚Similauner' ist. Dann nämlich weiß er sich ein paar Tage im Jahr wenigstens sicher unter seinesgleichen", schreibt das manager magazin (Freisinger 2012) über diesen Kreis der einflussreichsten Männer der deutschen Wirtschaft. „Dass Frauen hier nichts zu suchen haben, versteht sich von selbst." Im Jahr 1992 bei einer gemeinsamen Bergtour des Gipfelstürmers Reinhold Messner mit dem damaligen McKinsey-Chef Herbert Hentzler wurde die Idee geboren, bereits 1993 fanden sich die damaligen Wirtschaftsgranden von Hubert Burda über Jürgen Schrempp bis Klaus Zumwinkel zum illustren Kreis der Similaun-Bezwinger zusammen – dem Berg an der Grenze zwischen Tirol und Südtirol, wo das gut konservierte Skelett des Ötzi gefunden wurde. Bis zum heutigen Tage hat diese Runde der Mächtigen ihren Exklusivcharakter nicht verloren; einem kleinen Buch „Die Touren der Similauner" wird wohl auch deshalb eine solche Aufmerksamkeit zuteil, weil es als Insiderbuch nur einem erlesenen Kreis von Lesern zugänglich ist. Was ist bis zum heutigen Tage auch für die „jungen Wilden" wie René Obermann und Klaus Kleinfeld so bezwingend an dieser „Seilschaft"?: „Beim Klettern versucht man einen, der einen Fehler gemacht hat, aufzufangen und lässt ihn nicht wie im politischen und wirtschaftlichen Leben fallen."

Alumni-Netzwerke

Die Zugehörigkeit zu einer elitären Universität ist ein stärkeres Band, als gemeinhin vermutet. Selbst, wer dort nicht direkt studiert hat, sondern „nur" Management-Fortbildungsprogramme absolvierte, gehört dazu!

- → Harvard USA: www.alumni.hbs.edu
- → Hochschule St. Gallen HSG Alumni: www.alumni.unisg.ch/de/home/ ueber-hsg-alumni/ueber-hsg-alumni
- → European Business School Alumni Netzwerk (eXebs): www.ebs.edu/alumni

Auch andere Alumni-Zirkel beweisen, welchen Einfluss sie heute in der Wirtschaft haben. Allen voran die Alumni-Vereinigung von McKinsey (www. mckinsey.de/html/alumni), deren Mitglieder viele mächtige Positionen einnehmen und sich gegenseitig auch nach Jahren unterstützen. 2012 werden 200 Konzerne mit einem Umsatz größer als einer Milliarde US Dollar von Ex-McKinseys auf der CEO-Position geführt (Quelle: manager magazin, 4/2012, Editorial).

Stipendien, die viele Türen öffnen

Ein besonderer Türöffner in geschlossene Kreise sind Stipendien. Manche werden bereits zu Beginn des Studiums und manche erst zur Promotion oder nach erster Führungserfahrung vergeben. In Deutschland vergeben insbesondere die folgenden Stiftungen hervorragende Begabtenförderprogramme und bieten zugleich eigene elitäre Netzwerke und Zugang zu weiteren Machtzirkeln:

- → Friedrich-Ebert-Stiftung
- → Friedrich-Naumann-Stiftung für die Freiheit
- → Hanns-Seidel-Stiftung
- → Hans-Böckler-Stiftung
- → Heinrich-Böll-Stiftung
- → Konrad-Adenauer-Stiftung
- → Rosa-Luxemburg-Stiftung
- → Stiftung der Deutschen Wirtschaft
- → Studienstiftung des deutschen Volkes

http://www.stipendiumplus.de/_media/BMBF_Begabten_Broschuere0409.pdf

Verbände

Interessensverbände sind nicht nur eine wirkungsvolle Bühne, sondern auch ein hervorragendes Netzwerk. Schließlich ist ihr Zweck, die gebündelten Interessen ihrer Mitglieder in die politische Willensbildung einfließen zu las-

Kapitel 6: Gestalten Sie Ihr Erfolgsnetzwerk – nur die richtigen Beziehungen bringen Sie ans Ziel!

243

sen. Entsprechend mächtig können Verbände als Netzwerke sein. Als einflussreichste Verbände gelten:

→ Bundesverband der Deutschen Industrie, www.bdi.de
→ Deutscher Industrie- und Handelskammertag, www.dihk.de
→ Stifterverband für die deutsche Wissenschaft, www.stifterverband.info/
ueber_den_stifterverband/index.html

Für fast jedes berufliche Umfeld existiert ein eigener Verband. Eine öffentliche Liste fast aller Verbände wird vom Präsidenten des Bundestags geführt und ist für jeden online einsehbar unter: http://www.bundestag.de/dokumente/lobbyliste/lobbylisteaktuell.pdf

Vom Golfclub bis zum kulturellen Förderkreis

Wie der Similauner-Zirkel eindrucksvoll beweist, bieten gerade die Netzwerke, die aufgrund einer privaten Leidenschaft entstehen (in diesem Fall das Bergsteigen), häufig die effektivsten Kontakte. Wenn Sie gerne Golf oder Hockey spielen, Ihre Leidenschaft der Musik, der Oper oder der Kunst gehört oder wenn Sie sich in einer wohltätigen Organisation besonders engagieren, können Sie nach einer Möglichkeit suchen, wo Ihre privaten Interessen auf einflussreiche Menschen treffen. Vielleicht gibt es einen Förderkreis, in welchem Ihre Zielperson ebenfalls engagiert ist. Diese Kombination privater und beruflicher Interessen ist unschlagbar!

Gehen Sie in Aktion – tun Sie das Richtige richtig und zwar sofort!

Sie haben nun die wichtigsten Weggabelungen im Karrierelabyrinth kennengelernt. Den einen Pfad, der für alle gleichermaßen gilt, den gibt es nicht. Jede Karriere ist so individuell, wie der Mensch, der dahinter steht. Wer wirklich nach oben kommen will, sollte seine Position und seine Leistung in einen größeren Zusammenhang stellen. Welche sind die großen kommenden Themen in Wirtschaft, Gesellschaft und Politik? Wie können Sie sich mit einem oder mehreren Themen verbinden? Wie können Sie dazu beitragen, dass Ihr Unternehmen nicht nur kurzfristige Profite maximiert, sondern beständig Gewinne erzielt und dazu beiträgt, unsere Welt und das Leben möglichst vieler Menschen dauerhaft zu verbessern? Das setzt ein intensives Nachdenken über sich selbst und das eigene Umfeld voraus. Und natürlich bedeutet es, laufend neue Erkenntnisse aus den Geschehnissen um uns herum zu gewinnen, um die eigene langfristige Strategie oder auch kurzfristige Taktik auf dem Weg an die Spitze flexibel anzupassen. Dies ist ein Prozess, der ans Eingemachte geht. Der nicht schnell mal eben so nebenbei gestrickt wird. Auch wenn viele Ratgeber heute genau das vermitteln. Doch sollten Sie diese Zeit investieren, versprechen wir Ihnen, dass sie gut investiert ist.

Ihr Maßnahmenplan – was, wie, wann, womit, mit wem

Ihr persönlicher Karrierekompass umfasst bereits Ihre Stärken, Ihre Ziele und Werte, Ihren Selbstvermarktungsprozess, die kontinuierliche Erweiterung Ihrer Einflusssphäre, Ihre Moderations- und Verhandlungsfähigkeiten, Ihre Beziehungen und Ihr Netzwerk. Damit haben Sie die entscheidenden Wege zur Macht gefunden. Dennoch lauern womöglich im Verborgenen kleine Fallen am Wegesrand, die große Auswirkungen haben können. Um diese in weitere Chancen zu wandeln, finden Sie hier kleine und wichtige Ergänzungen, die aus den persönlichen Erfahrungen von Menschen stammen, die die Spitze erklommen haben oder andere auf dem Weg dahin begleitet haben:

1. Verschreiben Sie sich Ihren Zielen voll und ganz und entscheiden Sie sich ganz bewusst für den Erfolg!

2. Sammeln Sie so früh wie möglich Auslandserfahrung. Lernen Sie den Umgang mit fremden Kulturen. Dies ist heutzutage unumgänglich! Egal in welcher Branche Sie tätig sind. Halten Sie während Ihres Auslandsaufenthalts weiter Ihre Kontakte zur Unternehmenszentrale. Bereiten Sie den nächsten Karriereschritt nach Ihrer Rückkehr noch während Ihres Auslandsaufenthalts vor. Spätestens nach fünf Jahren sollten Sie zurückkehren.

3. Wechseln Sie in die Firmenzentrale. Dort sitzt die Macht.

4. Übernehmen Sie operative Verantwortung am besten in den Ressorts Vertrieb oder Finanzen (weil diese als gewinnrelevant nach außen strahlen). Sie benötigen konkrete Erfolgszahlen, um aufzusteigen. Daher raus aus der häufigen anfänglichen Stabsfunktion und rein in die Linienverantwortung.

5. Wenn Ihre Expertise in der IT liegt, haben Sie den nicht zu unterschätzenden Vorteil, als Exotin sofort sichtbar zu werden. Dieses Ressort wird mit der voranschreitenden Technikdurchdringung aller Unternehmensbereiche immer erfolgsrelevanter und damit im Vorstand künftig weiter an Gewicht gewinnen. Beachten Sie, dass Sie nicht als Kostenfaktor gesehen werden. Verdeutlichen Sie den Wert der IT anhand von Ergebnissen und Vorteilen, die das Unternehmen erhält. Können Sie diese Vorteile in Geld ausdrücken?

6. Übernehmen Sie so schnell wie möglich disziplinarische Personalverantwortung. Entwickeln Sie unbedingt Ihre Führungskompetenz und beweisen Sie diese.

7. Initiieren Sie selbst prestigeträchtige Projekte, die bedeutende Ergebnisse für den Unternehmenserfolg liefern und hüten Sie sich vor reinen Fleißaufgaben.

8. Spielen Sie Feuerwehr bei wichtigen „Bränden", die weithin sichtbar sind. Hier können Sie beweisen, dass Sie Herausforderungen besser meistern als andere. Die richtigen Ergebnisse bringen Sie ins Top-Management.

9. Präsentieren Sie selbst souverän Erfolge. Betonen Sie Ihre Leistung anhand von Zahlen, Daten und Fakten. Weisen Sie auf Ergebnisse für das Unternehmen hin. Verschweigen Sie Ihre Anstrengungen. Jammern Sie

nicht! Wenn Sie positive Ergebnisse liefern, können Sie Ihre Forderungen leichter durchsetzen und empfehlen sich außerdem für den Aufstieg.

10. Fordern Sie aufgrund Ihrer Leistungen für das Unternehmen eine angemessene Bezahlung.

11. Fordern Sie eine passende Position und den entsprechenden Titel zu Ihrem Verantwortungsbereich.

12. Fordern Sie so viele Privilegien wie möglich, die Ihren Einfluss nach außen dokumentieren, wenn Sie in einem stark hierarchisch geprägten Unternehmen aufsteigen wollen.

13. Suchen Sie bewusst die Nähe der Erfolgreichen, die Ihre Werte teilen. Meiden Sie beständig Erfolglose.

14. Erweitern Sie Ihre Hausmacht stetig und finden Sie lautere Mittel und Wege, Hintertreiber so früh wie möglich zu neutralisieren, ohne sich Feinde zu machen.

15. Nutzen Sie ausgewählte Bühnen. Je höher Sie steigen, desto selektiver sollten Sie vorgehen. Inszenieren Sie Ihren Auftritt bewusst. Bleiben Sie dabei sympathisch, heben Sie nicht ab.

16. Gucken Sie über den Tellerrand und behalten Sie das große Ganze im Blick. Eine immer größere Spezialisierung macht Menschen mit breit angelegtem Wissen und vielseitigen Interessen stetig wertvoller.

17. Denken Sie bei allem, was Sie tun, taktisch immer mindestens zwei Züge voraus.

18. Sehen Sie genau hin: Regeln können Sie auch brechen!

19. Halten Sie sich grundsätzlich eine Hintertür offen.

20. Sollte Ihr Unternehmen in ernste finanzielle Schwierigkeiten geraten, warten Sie nicht, bis Sie zu einer Position aufsteigen, die womöglich einen unrettbaren Krisenfall managen muss. Suchen Sie sich vorher einen geeigneten neuen Job.

21. Wenn Sie den Arbeitgeber wechseln, achten Sie auf den roten Faden in Ihrem Lebenslauf. Wechseln Sie daher möglichst nicht zeitgleich die Branche und Ihr Fachgebiet. Wechseln Sie nur mit einer klaren Entwicklungs- oder Erfolgsperspektive. Achtung: Dazu gehört auch immer ein angemessener Gehaltssprung!

22. Prüfen Sie neue Angebote immer auf deren Auswirkung auf Ihre Karriereziele. Egal, wie verlockend sie auf den ersten Blick sein mögen: Bringt die Position Sie Ihrem Ziel näher oder führt sie Sie davon weg?

23. Machen Sie Ihrer Karriere Dampf. Wenn Sie länger als zehn Jahre in mittleren Führungspositionen „festhängen", werden Sie eher als wertvolle Leistungsträgerin wahrgenommen. Wer an die Spitze will, macht zeitlich Druck. Teilen Sie potenziellen Unterstützern Ihre Ziele mit und bitten Sie aktiv um Unterstützung.

24. Schreiten Sie mutig voran, behalten Sie Ihre Demut. Kein Mensch hat Erfolg ohne die Unterstützung anderer Menschen. Niemand! Zeigen Sie Ihre Dankbarkeit den Menschen, denen Ihr Dank gebührt. Bestenfalls öffentlich. Dies bedeutet nicht, sich selbst und die eigene Leistung klein zu machen. Es bedeutet vielmehr, sich selbst bewusst zu machen, dass andere Menschen ebenfalls einen Anteil an Ihrem Erfolg haben und dass ohne deren Mitwirkung dieser Erfolg unmöglich gewesen wäre. Respekt und Wertschätzung anderen Menschen gegenüber sollte selbstverständlich sein. Sie stärken damit Ihre Beziehungen zu wertvollen Unterstützern weiter. Zugleich bewahrt Sie diese Haltung vor Übermut und Arroganz, die schnell mit großen Erfolgen einhergehen und unweigerlich in den Untergang führen.

25. Legen Sie sich ein dickes Fell zu. Indem Sie sich gerade in schwierigen Situationen konsequent und diszipliniert auf Ihr Ziel konzentrieren, können Sie Ihre Handlungshoheit bewahren und selbst bei größtem Druck gelassen und leistungsfähig bleiben.

26. Seien Sie immer ein Vorbild!

Kapitel 7: Gehen S e in Aktion – tun Sie das Richtige richtig und zwar sofort!

249

NACHGEFRAGT

Dr. Katrin Suder

„Nur mit großen Herausforderungen kann man über sich hinauswachsen."

Dr. Katrin Suder ist Direktorin bei McKinsey & Company. Sei leitet das Berliner Büro sowie das Beratungsfeld öffentlicher Sektor der Unternehmensberatung.

Was empfehlen Sie, um trotz aufkommender Hindernisse am Ball zu bleiben und sich nicht vom Weg abbringen zu lassen?

Kein Mensch sollte versuchen, alle Probleme alleine zu lösen, sondern nach Rat oder Unterstützung fragen. Auch wenn das Mut und Überwindung kostet. Ein Mentor kann dabei eine zentrale Rolle spielen, gerade bei schwierigen Entscheidungen oder wenn mal nicht alles nach Plan läuft. Ich habe mir in meiner Karriere ganz gezielt Mentorinnen und Mentoren gesucht. Oftmals gaben sie mir den entscheidenden Tipp, forderten mich durch konstruktive Kritik oder öffneten neue Optionen. Gerade für Frauen sind Mentoren-Programme wichtig. Für Männer ist Netzwerken noch viel selbstverständlicher.

Ganz wichtig ist auch, Entscheidungen bewusst und aktiv zu treffen, vor allem, wenn es um die Vereinbarkeit von Beruf und Familie geht. Das Leben ist eine Abfolge von Prioritäten. Ich glaube, es hilft ungemein, Entscheidungen nicht aufzuschieben und zu denken, man könne alles schaffen. Das funktioniert auf Dauer nicht, sondern führt zu Enttäuschungen und Qualitätsverlust. Es hilft, einen Schritt zurückzugehen und zu entscheiden: Was will ich wirklich, was bin ich bereit, dafür zu tun, und was nicht? Genauso wie: Was bin ich bereit aufzugeben und was nicht?

In diesem Zusammenhang: Ihr wichtigster Rat an Frauen – was sollten diese unbedingt tun und was sollten sie in jedem Fall vermeiden?

Mein Rat an alle, aber ganz besonders an Frauen: authentisch bleiben, sich für das entscheiden, was einen wirklich interessiert und reizt, dann für seine Leidenschaften und Überzeugungen eintreten und schließlich durch Leistung überzeugen. Und der wohl wichtigste Rat für den Fall, dass Nachwuchs mit ins Spiel kommt: niemals die Gelassenheit und den Humor verlieren. Kinder und Karriere unter einen

Hut zu bekommen, ist eine gewaltige Herausforderung, ein ständiger Balanceakt. Das weiß ich aus eigener Erfahrung. Man hat oft das Gefühl, dass eine oder sogar beide Seiten zu kurz kommen, sieht sich mit unterschwelligen (oder ganz offenen) Vorurteilen und Vorwürfen konfrontiert. Solche Situationen muss man mit einer gewissen Lockerheit sehen und gestalten. Dazu gehört auch der berühmte „Mut zur Lücke", so schwer das gerade Frauen fäll. Sonst gerät man schnell an seine Grenzen.

Was forderte von Ihnen den größten Mut in Ihrer Karriere?
Mein Start 2000 bei McKinsey war eine große Herausforderung: als promovierte, theoretische Physikerin rein in die Wirtschaft. Aber mit meiner analytisch-neugierigen und in gewisser Weise auch furchtlosen Herangehensweise habe ich zum Teamergebnis beigetragen. Meine Lücken in Betriebswirtschaft konnte ich so schnell ausgleichen. Getreu eines Zitats von Marie Curie: „Man muss vor nichts im Leben Angst haben, man muss es nur verstehen."
2007 ging ich nach Berlin – als Leiterin des McKinsey-Büros dort. Das waren ein komplett neues Umfeld und eine neue Führungsrolle. Gleichzeitig musste ich große Verantwortung in einem Klienten-Projekt übernehmen, wofür ich mich damals ganz ehrlich gesagt zu jung, zu unerfahren fühlte. Aber: Nur mit großen Herausforderungen kann man über sich hinauswachsen. Mich in dieses Abenteuer zu stürzen hat mich enorm weitergebracht – beruflich und menschlich.

Hilfen zur Umsetzung – Mutmacher zum Schluss

Angenommen, Sie haben sich bereits entschieden, eine Spitzenposition anzustreben. Doch jetzt, wo Sie den ersten Schritt tun könnten, kommen Ihnen Bedenken. Sie bekommen Angst vor der eigenen Courage. „Was ist, wenn ich scheitere?" „Ist der ganze Aufwand dies überhaupt wert?" „Wo bleibe ich?" „Was ist mit meinem Partner, mit meiner Familie?"

Welche Kräfte wirken in uns, wenn wir uns entschließen, etwas zu riskieren; wenn uns ein Ziel erstrebenswert erscheint; wenn wir bereit sind, Gewohntes zu verlassen – und dann diesen Vorsatz dennoch nicht umsetzen?

Gewohntes, egal ob es sich positiv oder negativ auswirkt, bietet Sicherheit. Sicherheit ist ein biologisch verankertes Grundbedürfnis. Unsicherheit löst somit bei den meisten Menschen Unbehagen oder Angst aus. Neurowissenschaftler und Psychiater haben herausgefunden, dass Angst automatisch unser Bindungssystem aktiviert. Sie können den Mut für den ersten Schritt also leichter finden, wenn Sie beständig Ihre sozialen Bindungen stärken. Dies kann Ihr Partner sein, Ihre beste Freundin, Ihre Familie oder jemand anderer, der Ihr Vertrauen besitzt und dessen Unterstützung Sie sich versichern können. Aus einer sicheren Bindung heraus wird Ihnen der Schritt auf neues Terrain leichter fallen.

Wenn Sie Angst vor dem eigenen Erfolg haben, können folgende Überlegungen hilfreich sein:

1. Akzeptieren Sie Ihre Angst.
2. Fragen Sie sich: Wovor bewahrt mich meine Angst?
3. Wovor genau habe ich Angst?
4. Was wäre das Schrecklichste, was mir passieren könnte?
5. Wie könnte ich mich davor schützen?
6. Werde ich überleben?

Mithilfe dieser Fragen können Sie schnell wieder eine sachlich angemessene Perspektive auf Ihr Vorhaben gewinnen. Was eben noch unüberwindlich erschien, wird vielleicht nicht mehr ganz so überwältigend aussehen. Entschließen Sie sich ganz bewusst für Ihren Erfolg!

BEST PRACTICE

Mutmacherin Marissa Mayer

Marissa Ann Mayer, geboren 1975 in Wisconsin, studierte an der Stanford University Informatik und startete 1999 als 20. Mitarbeiterin bei Google. „Mayer bestimmte das Design der Google-Hauptseite und der Google-Suche. An der Gestaltung von Google News, Gmail und Orkut hatte sie maßgeblich mitgewirkt. Später besetzte sie die Positionen der Produktmanagerin für die Google-Suchprodukte und war Vizepräsidentin im Unternehmen Google. Die von Newsweek als Zarin für Produktstarts bezeichnete Mayer war damit für alle neuen Produkte von Google zuständig, so dass die Los Angeles Times attestierte, wohl kein anderer Mensch habe so viel Einfluss darauf, wie Menschen das Internet erleben." (Quelle: Wikipedia) Mayer repräsentierte Google maßgeblich in der Öffentlichkeit und gab Google ihr Gesicht. Am 16. Juli 2012 wurde Marissa Ann Mayer zum CEO von Yahoo ernannt. Ihre Ernennung erfolgte, obwohl Mayer mit ihrem ersten Kind schwanger war und das Board davon wusste. Im Oktober 2012 hat sie ihren Sohn geboren. Für ihr Beispiel, dass Kinder und Ausnahme-Karrieren durchaus miteinander zu vereinbaren sind, wurde sie im Juli 2012 mit dem „Aenne Burda Award" ausgezeichnet. Bereits seit 2008 zählt Fortune sie zu den „50 most powerful Women" weltweit. Und Newsweek kürte sie unlängst zum Mitglied der „10 Tech Leaders of the Future".

Kleine Motivationshilfen mit großer Wirkung

Sie haben sich entschlossen, auch an die Macht zu gelangen? Wunderbar! Mit diesen kleinen und ungemein effektiven Herangehensweisen können Sie sich selbst bei der Stange halten, wenn der erste Elan nachlässt:

Nutzen Sie Ihr Ziel als Passwort

Wir alle nutzen jeden Tag mindestens zwei bis drei verschiedene Dinge, in die wir Passwörter eingeben müssen, um sie nutzen zu können. Angenommen, Sie wählen Passwörter, die Sie in den nächsten Wochen an Ihre Ziele erinnern? Oder an etwas, worauf Sie sich stärker konzentrieren wollen? Oder an etwas, was Sie ab sofort unbedingt disziplinieren wollen? Kreieren Sie ein sicheres Passwort, das Sie selbst an den Aspekt erinnert, der Ihnen sofort die größtmögliche positive Veränderung im Hinblick auf Ihr Ziel bringt. Vielleicht ist es auch etwas, was Sie künftig auf gar keinen Fall mehr machen wollen, weil es Sie von Ihrem Ziel abhält. Welcher Aspekt das ist, können nur Sie allein entscheiden. Mit einem Passwort erinnern Sie sich konstant ohne Aufwand selbst. Ein kleiner, wirkungsvoller und sehr effektiver Tritt in den Hintern, den wir alle von Zeit zu Zeit benötigen!

Machen Sie Termine mit sich selbst und nehmen Sie diese genauso ernst wie Termine mit wichtigen Kunden

Was Sie sofort umsetzen wollen, können Sie jetzt in Ihr Outlook oder den Kalender Ihres Smartphones eintragen. Sie nutzen Terminkalender aus Papier? Auch hier können Sie einen Eintrag machen! Mit dieser Maßnahme erinnern Sie sich nicht nur selbst an das, was Sie künftig für sich nutzen wollen. Sie schaffen sich so auch die nötigen Freiräume und setzen gleich die richtigen Prioritäten, um Ihre Ziele zu erreichen.

Entwickeln Sie „Wenn-dann"-Entschlüsse

Überlegen Sie sich, wo Ihre erfolgskritischen inneren Schweinehunde erfahrungsgemäß lauern. Machen Sie sich klar: Täglich Prioritäten zu setzen und das Wichtigste zuerst zu erledigen steigert Ihre Wirksamkeit außerordentlich. Sie merken allerdings, dass Sie sich manchmal allzu gern durch Unwichtiges ablenken lassen? Das macht Ihnen zwar Spaß, führt aber leider zu keinem Ergebnis? Dann könnte Ihr „Wenn-dann"-Entschluss lauten: „Bevor ich mit meinem Arbeitstag beginne, frage ich mich: ‚Wenn ich heute nur eine einzige Aufgabe erledigen könnte, welche würde mich dann – mit Blick auf mein Ziel – am effektivsten voran bringen?' Diese eine Aufgabe erfülle ich zuerst!" Entscheidend dabei ist, dass Sie Ihre persönlichen „Wenn-dann"-Entschlüsse positiv formulieren, damit diese Sie auch zum Handeln motivieren. Notieren Sie also nichts, was Sie künftig vermeiden wollen. Drücken Sie es positiv aus. Was wollen Sie künftig in bestimmten Situationen tun?

Bilden Sie ein Tandem, das sich gegenseitig motiviert, erinnert, unterstützt, empfiehlt

Tandems sind unglaubliche Erfolgstreiber, gerade auch, wenn die eigene Motivation einmal nachlässt (s. auch S. 209).

Malen Sie sich so bildhaft wie möglich aus, wie es sich anfühlen wird, wenn Sie Ihr Ziel erreichen

Suchen Sie sich nicht nur einen Vorteil, den das Erreichen Ihres Ziels mit sich bringt. Suchen Sie so viele wie irgend möglich (vgl. auch Kap. 2). Egal wie klein ein Vorteil auch erscheinen mag. Vielleicht malen Sie sich eine „Vorteils-Mindmap", in der Sie alle Vorteile dokumentieren und diese bis in die Einzelheiten ausmalen? Damit stimulieren Sie mehrere Sinne, erweitern Ihre synaptischen Verbindungen in Ihrem Gehirn hin zu einer positiven Veränderung, die Sie wirklich erreichen wollen. Für die Sie sich mit aller Kraft einsetzen werden, wenn es einmal schwierig wird.

Lesen Sie sich jeden Tag Ihr Ziel laut vor

Schreiben Sie das, was Sie künftig tun wollen, auf und lesen Sie es sich selbst jeden Tag laut vor! Es muss Ihnen ja niemand zuhören. Das laute Lesen hat einen entscheidenden Effekt auf unser Gehirn. Je mehr Sinneseindrücke Sie für Lernprozesse nutzen, desto leichter verankert sich das Erlernte in Ihrem Langzeitgedächtnis. Eine wichtige Voraussetzung für eine nachhaltige Verhaltensänderung.

Schließen Sie einen Vertrag mit sich selbst

Wir schließen Verträge mit unserer Bank, mit unserer Versicherung, mit unseren Kunden und mit vielen anderen Vertragspartnern, um Aktivitäten und Ergebnisse sicherzustellen, zu definieren, wie die verschiedenen Erwartungen detailliert aussehen und welche Sanktionen bei Abweichungen greifen. Wenn Ihr Ziel für Sie oberste Priorität besitzt, warum dann nicht auch einen Vertrag zum Erreichen dieses Ziels mit sich selbst machen? Wann sind Sie auf dem richtigen Weg? Was passiert, wenn Sie von diesem Weg abkommen? Ein Vertrag kann ein großer Motivator werden und verschafft Ihnen zusätzlich Klarheit, was Sie, Sie allein, wirklich wollen!

Feiern Sie Erfolge!

Belohnen Sie sich, wenn Sie einen Zwischenschritt erreicht haben, wenn Sie beispielsweise ein neues Verhalten bereits seit vier Wochen erfolgreich exerzieren, wenn Sie ein positives Feedback von außen erhalten, oder oder oder.

Wenn Sie Ihr Ziel erreicht haben, stecken Sie sich ein neues Ziel

Nicht der eine geniale Wurf bringt Sie ans Ziel, sondern schrittweises, beharrliches Vorgehen. Wenn Sie den ersten Schritt getan haben, machen Sie den zweiten und dann den dritten, und dann …

Fangen Sie sofort an, tun Sie's einfach! Ergreifen Sie die Macht!

Sie haben jetzt die wichtigsten erfolgskritischen Pfade durch das Labyrinth zur Macht kennengelernt. Jetzt liegt es an Ihnen, sich auf den Weg zu machen. Wir sagen nicht, dass es einfach ist. Wir sagen, es gibt für alles einen Weg. Und es liegt an Ihnen, diesen Weg auch zu gehen. Ihr persönlicher Weg ist so individuell wie das Ziel, das Sie verfolgen. Gehen Sie los. Und trainieren Sie das Gehen. Ab und zu werden Sie hinfallen. Das macht nichts, das geht jedem so, der sich auf den Weg macht. Artur Fisher, Erfinder des Fisherdübels, erfolgreicher Unternehmer und Gründer der Fisherwerke, sagte einmal: „Es gibt keine Waffe, die so tödlich ist wie das Aufgeben." Recht hat er. Es liegt also an Ihnen. Der Trick ist, wieder aufzustehen und weiterzugehen. Zu lernen, es beim nächsten Mal besser zu machen. Schlicht: zu üben, üben, üben. Schritt für Schritt. Das können Sie nur, wenn Sie sich auf den Weg machen. Indem Sie es selbst ausprobieren. Das ist die effektivste Methode, um zu lernen und eigene Grenzen zu überschreiten. Konzentrieren Sie sich auf einen Aspekt in einem Kapitel, der Ihnen momentan mit Blick auf Ihr Ziel am wichtigsten erscheint. Erst, wenn Sie diesen Aspekt sicher beherrschen, wenden Sie sich dem nächsten zu. Tun Sie es gleich. Nicht morgen oder übermorgen, sondern jetzt. Sofort! Der berühmte amerikanische Psychologe und Philosoph William James stellte schon vor vielen Jahren fest: „Verglichen mit dem, was wir sein könnten, sind wir nur halb wach. Wir nützen nur einen kleinen Teil unserer physischen und geistigen Gaben. Mit anderen Worten: Der Mensch lebt weit unter seinen Möglichkeiten. Er verfügt über Kräfte verschiedenster Art, die er in den meisten Fällen gar nicht mobilisiert." (Carnegie). Mobilisieren Sie Ihre Kräfte und setzen Sie diese zu Ihrem eigenen Wohle und zum Wohle anderer mutig ein! Sie können es!

Betreten Sie mutig Neuland!

Niemals zuvor in unserer Geschichte haben wir in so kurzer Zeit derart dramatische und weltweite Umwälzungen unserer Lebensbedingungen selbst verursacht. Und gerade in dieser Situation brauchen wir mehr denn je Menschen, die Verantwortung für sich selbst und andere übernehmen. Menschen, die qualifiziert und kompetent in Führung gehen und gemeinsam mit anderen nach der besten Lösung suchen. Menschen, die den Status quo kritisch hinterfragen. Die nicht mehr in „Entweder/oder"-Kategorien denken, sondern in „Sowohl, als auch". Die nichts voraussetzen, die Experimente wagen und aus Fehlern lernen. Die sich nicht verzweifelt an alte Hierarchien und Machtstrukturen klammern. Die in der Lage sind, Macht zu mehr einzusetzen als nur zum eigenen Vorteil. Menschen, die mutig Neuland betreten. Die ihre Gestaltungsfreiheit auch dafür nutzen, Unternehmenskulturen so zu verändern, dass Ergebnisse mehr zählen als Anwesenheit. Dass Kinder und Karriere machbar und erwünscht sind. Dass wir unsere statischen Rollenbilder flexibel erweitern. Dass wir Arbeitsbeziehungen gestalten, in denen wir neugierig voneinander und miteinander lernen. Dann wäre schon viel gewonnen.

Noch nie war die Ausgangsposition für Frauen, eigenständig und selbstbewusst etwas zu verändern, so gut. Mädels, das ist unsere Chance, uns endlich einzumischen! Doch Macht wird uns nicht verliehen. Macht müssen wir uns nehmen. Ergreift sie selbstbewusst, ermächtigt euch, unterstützt euch gegenseitig und geht zusammen mit den besten Männern in Führung! Nur so können wir die richtigen Antworten auf die Herausforderungen finden, die vor uns liegen! Jammern nützt nichts. Was zählt, ist allein das, was wir tun. Oder wie Meister Yoda schon in Star Wars sagte: „Versuch es nicht! Tu es oder lass es. Es gibt kein Versuchen." Sie warten noch auf den richtigen Zeitpunkt? Der richtige Zeitpunkt dafür ist immer jetzt. Nicht morgen oder übermorgen, sondern genau heute. Fangen Sie sofort an! Egal, wie klein der Schritt sein mag. Wir wünschen Ihnen von ganzem Herzen viel Glück und Erfolg dabei!

Sie möchten weiter über das Thema diskutieren? Sie möchten andere Frauen an Ihren Erfahrungen teilhaben lassen und weiter inspirieren? Sie möchten sich mit anderen Frauen vernetzen? Sie sind herzlich eingeladen auf www.lust-auf-macht.de. Wir freuen uns auf Sie!

Der richtige Zeitpunkt ist immer jetzt!

NACHGEFRAGT

Dr. Axel Smend

„Werben Sie mit Liebenswürdigkeit und auch Humor für Ihr Vorhaben."

Dr. Axel Smend ist Gründer, bis 2012 geschäftsführender Gesellschafter sowie seit 2012 Vorsitzender des Beirats der Deutschen Agentur für Aufsichtsräte sowie Rechtsanwalt of Counsel der Luther Rechtsanwaltsgesellschaft mbH.

Was empfehlen Sie, um trotz aufkommender Hindernisse am Ball zu bleiben und sich nicht vom Weg abbringen zu lassen?

Zum Ersten: Suchen Sie „Verbündete" für Ihre Idee; legen Sie Ihre Gedanken offen aus und entwickeln Sie dann gemeinsam eine „Prozessstrategie": Wie können wir der Idee zum Erfolg verhelfen? Welche Personen sind in der Außenwirkung glaubwürdig genug, um die Idee angemessen präsentieren zu können? Der „Ideengeber" bzw. „Macher" ist nicht immer der beste „Repräsentant" seiner Idee. Lassen Sie statt Ihrer selbst glaubwürdige und integre Personen sprechen und handeln, wenn es der Durchsetzung Ihrer Idee mehr dient, als wenn Sie es selber tun. Entscheidend ist immer das zu erzielende Ergebnis. Ein konkretes Beispiel: Es wäre wenig geschickt, wenn in einem Aufsichtsratsgremium ein weibliches Aufsichtsratsmitglied (auch wenn es themenkompetent ist) die „Frauenbesetzungsfrage" anschneidet, um für weibliche Besetzung im Aufsichtsrat zu werben. Werbung in „eigener Sache" produziert Skepsis. Hier spricht man vorher mit dem Aufsichtsratsvorsitzenden, der das Thema zu steuern und zu moderieren hat. Ihn muss man gewinnen.

Zum Zweiten: Seien Sie nicht stur und dickköpfig, um Ihren Weg zu gehen bzw. sich durchsetzen zu wollen, sondern werben Sie mit Liebenswürdigkeit und auch Humor für Ihr Vorhaben bzw. Ihre Idee. Beachten Sie für das Gespräch einige Spielregeln:

(1) Gewinnen Sie Partner für Ihr Vorhaben im Zwiegespräch. Sagen Sie Ihrem Gesprächspartner, Sie hätten etwas sehr Wichtiges mit ihm zu besprechen und möchten dazu seinen Rat. Das bringt ihn in eine andere Partnerrolle, als wenn Sie ihm

sagen, Sie würden ihm gerne Ihre neue Idee vortragen. Versetzen Sie den anderen in den Status des Beraters, also desjenigen, der Sie berät, und nicht in den Status desjenigen, den Sie von Ihrer Idee überzeugen wollen.

(2) Bemühen Sie sich, für solche Gespräche eine angemessene Raumatmosphäre zu finden. Die Umgebung muss zur Ernsthaftigkeit Ihres Vorhabens passen. Nehmen Sie also Ihre Gesprächspartner ernst.

(3) Lösen Sie aufkommende Konflikte im Gespräch auch mit Humor und nicht mit deutschem Bierernst.

(4) Steuern Sie nicht unmittelbar auf Ihr Thema zu, sondern bemühen Sie sich auch um eine angenehme Gesprächsatmosphäre, indem Sie zunächst über andere Alltäglichkeiten – auch aus dem Privaten – plaudern. Ihr Gesprächspartner ist wichtig, nicht Sie; ihn müssen Sie zuhör- und gesprächsbereit machen.

(5) Bei aufkommender „Verhärtung" des Gesprächs schweifen Sie ab vom jeweiligen Diskussionsgegenstand und nähern sich wieder von einem anderen Blickwinkel diesem Gegenstand. Es sind die Japaner, die diese Kunst – für Amerikaner und Europäer wenig erkennbar – beherrschen.

(6) Geben Sie keine eigenen Standpunkte aus Bequemlichkeit auf. Entscheidend ist, dass Sie Ihre Aussagen und Meinungen mit Ihrem Gewissen vereinbaren können; dieses ist immer letzter Maßstab. Lieber mit wehenden Fahnen untergehen, als am nächsten Morgen mit einem schlechten Gewissen in den Spiegel gucken, weil man aus Gründen der Bequemlichkeit, der Eitelkeit oder des falschen Ehrgeizes nachgegeben hat. Lassen Sie sich also nicht „verbiegen".

(7) Seien Sie im Gespräch bereit, eigene Fehler zuzugeben; das macht Sie menschlich und nahbar. Ihr Gesprächspartner wird diese Haltung sehr schätzen; zudem fördert sie das eigene „Ich" des Gesprächspartners („Er bzw. sie hat sich von mir überzeugen lassen.").

Fazit: Nichts im Rahmen dieser Überlegungen hat mit „Frau" oder „Mann" zu tun, sondern lediglich mit der Dynamik oder Statik menschlicher Verhaltensweisen in der Gruppe oder in Dialogen.

In diesem Zusammenhang: Ihr wichtigster Rat an Frauen – was sollten diese unbedingt tun und was sollten sie in jedem Fall vermeiden?
Zum Ersten: Suchen Sie in Ihrem Bekannten- und Berufskreis glaubwürdige Persönlichkeiten mit „Multiplikator-Effekt" – aber nur diese. Sprechen Sie sie an, nicht bei-

läufig beim Empfang, sondern gezielt: „Ich möchte Sie gerne einmal in einer für mich wichtigen Angelegenheit sprechen und benötige hierzu Ihren Rat. Wann darf ich Sie besuchen?"

Zum Zweiten: Bereiten Sie das Gespräch zu Hause gut vor und gehen alle Gesprächsvarianten im Kopf durch: Was wollen Sie eigentlich? Was ist Ihr Ziel? (Präzise formulieren, ohne „Wenn und Aber") Klare Botschaften! Bringen Sie keine Unterlagen/CV mit. Der Wunsch nach Unterlagen mag eventuell vom Gesprächspartner an Sie herangetragen werden. Bedanken Sie sich schriftlich für das Gespräch (nicht als E-Mail, sondern auf Briefbogen), damit der Gesprächspartner um die Ernsthaftigkeit Ihres Wunsches weiß.

Zum Dritten: Suchen Sie nach ernsthaften Möglichkeiten, um sich „glaubwürdig" bekannt zu machen: Fachbeiträge in Fachzeitschriften; Leserbriefe (Stellungnahmen); Vorträge halten, auch kurze, in Ausschüssen (IHK), Verbänden, Vereinen. Nutzen Sie in Veranstaltungen die Diskussion am Ende für eigene kluge Beiträge. Ziel ist immer: Die Zuhörer sollen 1. auf Sie aufmerksam werden und 2. Sie als kompetent wahrnehmen.

Zum Vierten: Suchen Sie Netzwerke (nicht nur weibliche). Schließen Sie sich diesen an und verfahren Sie, wie eben unter dem Punkt „Glaubwürdigkeit" beschrieben. Lassen Sie nicht durchblicken, dass Sie sich dem Netzwerk anschließen, um daraus auch beruflich zu profitieren: Wer gut ist und bekannt wird, ob Frau oder Mann, setzt sich mittelfristig auch durch, Frauen derzeit – zugegeben – noch mühsamer, aber Einsicht und kluge Männer machen den Weg frei.

Fazit: Auch hier: Die jeweiligen empfohlenen Verhaltens- und Vorgehensweisen haben nichts mit dem jeweiligen Geschlecht zu tun.

Was forderte von Ihnen den größten Mut in Ihrer Karriere?

Vorbemerkung: Meine Karriere besteht aus a) 30 Jahre Bank, davon 28 Jahre in Führungspositionen im In- und Ausland, und b) zehn Jahre als Geschäftsführender Gesellschafter der Deutschen Agentur für Aufsichtsräte.

Zu „30-Jahre-Bank":

(1) Erst im Laufe der Berufsjahre habe ich gelernt, wie viel Rückgrat (eventuell Mut) ich dann aufzubringen hatte, wenn meine Meinung in Gremienentscheidungen isoliert war, ich diese Meinung aber für richtig hielt und sie dementsprechend auch vortrug und mich mit ihr auch durchsetzen wollte. „Bequemlichkeits- und Family

and Friends-Aspekte" waren stets eine Versuchung, sich der Mehrheitsmeinung rasch anzuschließen.

(2) Man mag klassische Kreditentscheidungen dann als mutig bezeichnen, wenn man sie dem Kunden (= Kreditnehmer) mitteilt, ohne vorher die Zustimmung vorgesetzter Gremien eingeholt zu haben. Wenn ich meiner Sache sicher war, bin ich so verfahren, auch bei Millionenkrediten. Es ging immer gut; die Kunden haben mir bzw. der Bank die rasche Entscheidung mit weiteren Geschäften gedankt. Zu empfehlen ist diese Vorgehensweise nicht, da sie nicht herkömmlichen Spielregeln entspricht.

(3) Man mag es als mutig bezeichnen, vor allem von meiner Frau, dass wir mit der gesamten Familie – mit einem Kind war meine Frau im siebten Monat schwanger – nach einem Tag Bedenkzeit von Deutschland nach Japan aufbrachen, wo ich in Tokio „über Nacht" die Leitung einer Bankfiliale übernahm.

Zur Deutschen Agentur für Aufsichtsräte:

Die Gründung einer eigenen Firma – Deutsche Agentur für Aufsichtsräte – im Jahre 2002 in einem völlig neuen und unbekannten Geschäftsfeld – ohne Kunden und alleine – erforderte sicherlich Mut. Das Risiko des Scheiterns (auch der persönlichen Blamage im privaten und geschäftlichen Umfeld) war latent in den ersten zwei/drei Jahren vorhanden. Besonders dann, als ich nach drei/vier Monaten nach der Gründung gewahr wurde, dass sich – entgegen allen Prognosen – meine ursprüngliche Geschäftsidee am Markt gar nicht durchsetzte, so dass ich über Nacht – auch das erforderte sicherlich Mut – die Strategie geändert habe, nicht wissend, ob der Markt sie aufnimmt. Äußerst viel Fleißarbeit, sehr viel Geduld, viel Eigenmotivation, viel Kreativität, sehr häufig neue Entscheidungen – mutige sicherlich auch – waren erforderlich, um diese Durststrecke, die Neugründungen systemimmanent ist, auch zu meistern.

●●

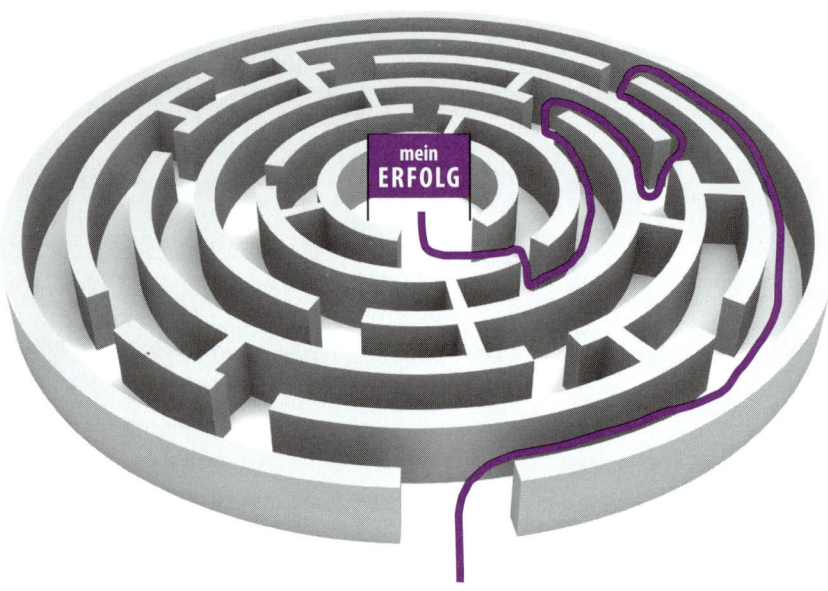

Dank

Zuerst und vorrangig gilt unser Dank unseren Interviewpartnern, die ihre knappe Zeit investiert haben, um unsere Fragen zu beantworten. Und dies mit großer Ehrlichkeit, mit Akribie und Sorgfalt – und mit sehr wertvollen Anregungen auch für schwierige Situationen. Wir haben aus diesen Gesprächen gelernt. Und wir sind uns sicher, dass auch unsere Leserinnen (und Leser) aus den Erkenntnissen der Menschen, die der Wirtschaftselite angehören, Gewinn ziehen.

Wir danken ganz besonders Dr. Arno Balzer, dem Chefredakteur des manager magazins, für sein Engagement für mehr Frauen in Führungspositionen, seinen Beitrag zu unserem Buch und für seine Bereitschaft, gemeinsam mit uns Frauen zu ermutigen, nach der Macht zu greifen. Sie selbstbewusst zu ergreifen und einzusetzen, um zu besseren Lösungen für uns alle zu kommen.

Wir danken unserem Verlag, dem Verlagsleiter Dr. Oskar Mennel und der Programmleiterin Theresa Weiglhofer, die so spontan, begeistert und unkompliziert unser Vorhaben mit uns umgesetzt haben. Unser Dank gilt auch dem Leiter für Marketing und Vertrieb Thomas Jentzsch, der vielen Menschen Lust auf „Lust auf Macht" macht. Es ist eine Freude, mit Ihnen zusammenzuarbeiten!

Viele Menschen haben uns Impulse für dieses Buch geliefert. Ihnen allen gebührt unser Dank. Gemeinsam freuen wir uns schon auf einen weiterführenden Diskurs, Erfahrungsberichte und einfach Spaß am Austausch auf der Website zum Buch unter www.lust-auf-macht.de.

Dank von Andrea Och

Allen voran möchte ich meinem Vater danken. Du hast mich von klein auf an Deinem eigenen strategisch klugen Karriereweg teilhaben lassen und mir die einzelnen Taktiken und Manöver kindgerecht nahegebracht. Auf vielen gemeinsamen Autofahrten entwarfst Du für mich einen spannenden Krimi, mit dem Du den Grundstein für meine eigene Karriere schon im Alter von zehn Jahren gelegt hast: politisch zu denken und zu handeln! Mein Dank gilt natürlich auch meiner Mutter. Dein starker Wille und Deine unerschütterliche Durchsetzungsstärke faszinieren und befeuern mich heute mehr denn je.

Der größte Dank gilt meinem Mann, Stephan Och. Es ist mein größtes Glück, mit Dir verheiratet zu sein. Deine tiefe Liebe und immerwährende Unterstützung sind meine entscheidende Kraftquelle. Und Du bist der wertvollste Sparringspartner. Egal, welches verrückte Ziel ich mir setze, Du unterstützt mich, selbst wenn es zu Deinem eigenen Nachteil ist.

Mein Dank gilt auch meiner Tochter Marleen. Dein eigener Berufsweg liegt noch vor Dir. Dennoch bist Du mir schon weit voraus. Deine brillanten Beobachtungen und Analysen sind eine Inspiration. Du erfüllst mich mit Stolz und Glück.

Natürlich danke ich allen Mentoren, die meine eigene Karriere unterstützt und begleitet haben. Ohne sie wären mein rasanter Aufstieg und die damit verbundenen Erfahrungen und Einsichten nicht möglich gewesen. Dies gilt besonders für Martin Schölkmann, ehemaliger Vorstand der Mummert Consulting AG. Sie haben mir die Freiräume und Rückendeckung gegeben, von denen andere nur träumen.

Viele Frauen und Männer haben mir in den letzten Jahren auch als Trainerin und Coach ihr volles Vertrauen geschenkt. Die Erfahrungen, die Sie mit mir geteilt haben, und die Strategien, die wir gemeinsam entwickelt haben, haben mir wertvolle Anregungen für dieses Buch gegeben und mich in vielerlei Hinsicht neu denken lassen.

Ein besonderer Dank gilt allen Menschen, die mit mir hart diskutiert haben. Wenn es um Frauen in Führungspositionen geht, ist bis heute für Stimmung in der Bude gesorgt! Gerade die, die mir heftig widersprochen haben, haben mich in meinen Gedanken weitergebracht.

Professor Alexander Deichsel, Markensoziologe und Mitbegründer des Markeninstituts Genf, möchte ich ebenfalls danken. Für die inspirierendsten Vorlesungen, die ich je erleben durfte und die herausragenden Gedanken, die mein Markenweltbild entscheidend geprägt haben. Noch letztes Jahr sagte er mir, dass es an der Systematik der Markentechnik nichts zu rütteln gebe. Und es sei nun einmal eine universelle Wahrheit, dass Marken die einzigen Werttreiber in unseren Wirtschaftskreisläufen seien. Recht hat er! Darauf aufbauend entwickelte ich einen Werkzeugkoffer zur Marke ICH, um möglichst viele Frauen, die an die Spitze wollen, damit auszurüsten.

Meiner lieben Freundin Sabine Güstel danke ich besonders für ihre Akribie in der Gestaltung des Covers. Sie hat ein Auge für Details und ein gestalterisches Empfinden, das aus meinen dilettantischen Überlegungen Spitzenleistung entstehen lässt. Sie lässt nicht locker, bis die beste Lösung gefunden ist.

Eine wertvolle Hilfe war mir auch meine liebe Freundin Anja Karg. Wir mögen uns bereits seit Kindertagen. Sie zwingt mich bis heute, Gedanken zu Ende zu denken, und gibt mir viele wertvolle neue Anregungen. Ich kenne niemanden, der bereit gewesen wäre, mit solcher Sorgfalt und Hingabe jedes Wort von mir in einzelnen Passagen des Buchs auf die Goldwaage zu legen, um die Botschaft glasklar und unmissverständlich zu machen. Dabei wurde notfalls auch die ganze Familie zu Rate gezogen. Ich liebe Deine Leidenschaft und wie ich mit Dir lachen kann!

Literaturverzeichnis

Borbonus, René: „Respekt", Econ 2011.

Brescoll, Victoria: http://brescoll.socialpsychology.org.

Carnegie, Dale: „Wie man Freunde gewinnt – Die Kunst, beliebt und einflussreich zu werden", Scherz 2011.

Covey, Stephen R.: „Die 7 Wege zur Effektivität", Gabal 2005.

Ferrazzi, Keith: „Geh niemals alleine essen", Boersen-Medien AG 2006.

Freisinger, Gisela Maria: „Albtraum der Alphatiere", manager magazin, 1/2012, S. 10–106.

Freisinger, Gisela Maria: „Tour de Femmes", manager magazin 2/2012, S. 102–105.

Freisinger, Gisela Maria: „Der letzte Männerbund", manager magazin, 8/2012, S. 116–121.

Gießner, Stefan: „Auf den Winkel kommt es an", Studie an der Erasmus Universität Rotterdam, Harvard Business Manager, 06 / 2012, S. 14–15.

Gladwell, Malcolm: „Outliers", Pengiun Books 2008.

Groysberg, Boris; Kelly L. Kevin; MacDonald Brian: „Wer wird Vorstand?" Harvard Business Manager, 05/11, S. 38–49.

Kahnemann, Daniel: „Schnelles Denken, langsames Denken", Siedler 2011.

Kloepfner, Inge: „Friede Springer – Die Biographie", Hoffmann & Campe 2005.

Knaths, Marion: „Spiele mit der Macht – Wie Frauen sich durchsetzen", Piper 2009 (1. Aufl.).

Lafley, Alan G.: „Misserfolge sind ein Geschenk", Das Interview, Harvard Business Manager 6/2011, S. 65.

Lang, Ilene H.: „Öffnet die Männerbünde", Harvard Business Manager, 01/2012, S. 104–105.

Luerweg, Frank: „Die Einsamkeit der Mächtigen", Psychologie Heute, Juli 2012, 11 (Studie: Inesi, M. E. et al. How power corrupts relationships: Cynical attributions for others generous acts; Journal of Experimental Social psychology, 2011, DOI: org/10.1016/j.jesp.2012.01.008.

McCormack Marc: „What They Don't Teach You At Harvard Business School", New York: Bantam, 1984.

Rastetter, Daniela; Jüngling, Christiane: „Machtpolitik oder Männerbund? Widerstände in Organisationen gegenüber Frauen in Führungspositionen", in: Fröse,

M. W.; Szebel-Habig, A. (2009) (Hg). „Mixed Leadership – Mit Frauen in die Führung", Bern u. a. Haupt, S. 131–146.

Rogers, Todd; Norton, Michael: „Eloquenz schlägt Ehrlichkeit", Studie an der Harvard University in: Harvard Business Manager, 03/2011, S. 2–3.

Sauer, Stephen J.: „Haut auf den Tisch, Jungchefs", Harvard Business Manager 09/2012, S. 13–14.

Student, Dietmar: „Streng vertraulich!", manager magazin, 2/2011, S. 24–31.

Tannen, Deborah: „Du kannst mich einfach nicht verstehen. Warum Männer und Frauen aneinander vorbeireden", Goldmann 2004 (6. Aufl. 2012).

Thomson, Peninah: „Women and the new Business leadership", Palgrave Macmillan 2011.

Zenger John H.; Folkman, Joseph R.; Edinger, Scott K.: „Machen Sie sich unentbehrlich", Harvard Business Manager 12/2011, S. 30–41.

Beiträge manager magazin Online zu Netzwerken:

Buchhorn, Eva: „Baden-Badener Unternehmergespräche: Debütantenball". URL: http://www.manager-magazin.de/magazin/artikel/0,2828,240980,00.html

Plus: „Harvard Alumni: Reisegesellschaft". URL: http://www.manager-magazin.de/magazin/artikel/0,2828,240982,00.html

Plus: „Atlantik-Brücke: Mächtige Allianz". URL: http://www.manager-magazin.de/magazin/artikel/0,2828,240981,00.html, 21. März 2003, 00:00 Uhr

Plus: „Beziehungspflege: Kontakte für die Karriere". URL: http://www.manager-magazin.de/magazin/artikel/0,2828,240979,00.html

Werle, Klaus: „Baden-Badener Gespräche: Nur für Mitglieder". URL: http://www.manager-magazin.de/magazin/artikel/0,2828,328301,00.html

Andrea Och

ist Unternehmerberaterin und Markenexpertin. Sie wuchs an der Ostsee auf. Gegenwind ist ihr nicht fremd, auch nicht, aus der Menge hervorzustechen. Sie wusste schon früh, sich in Szene zu setzen, sich zu behaupten und durchzusetzen. Klarheit und Wahrhaftigkeit sind ihre Stärken. Und ihr Humor. Gute Voraussetzungen für die Karriere.

Die startete sie 1992 nach dem Studium in einem Hidden-Champion-Unternehmen. Dort initiierte und verantwortete sie ein Qualitätsmanagement-System zur Beherrschung des internationalen Wachstums.

1999 wechselte sie zu einer der Top-5-Unternehmensberatungen. Dort nahm sie in drei Jahren vier Hierarchiestufen und wurde jüngste Bereichsleiterin der Märkte Versicherungen und Gesundheitswesen mit einem jährlichen Umsatz von 53 Mio. Euro.

2003 gründete sie OCH CONSULTING – Personal & Corporate Branding. Ihr Ziel: die (Weiter-)Entwicklung von Unternehmen und Führungskräften zu wertvollen Top-Marken. Für ihre erfolgreiche Arbeit wurde sie mit dem Innovationspreis für Beratung ausgezeichnet.

2012 trat sie als erste Frau dem Wirtschaftsrat der European Business School bei.

Der besondere Fokus von Andrea Och: mehr Frauen in Vorständen und Aufsichtsräten in Deutschland. Mittlerweile hat sie knapp 1000 Frauen (und Männer) in Führungspositionen begleitet und beraten, um deren volles Potenzial zu entfalten. Nicht gegen Männer, sondern für Frauen; aus purer volkswirtschaftlicher Vernunft! Was sie antreibt? Die Suche nach dem Optimum. Typisch!

Andrea Och ist verheiratet, hat eine erwachsene Tochter und lebt in Hamburg. An die Ostsee fährt sie heute noch gerne. Auch wegen des Gegenwinds.

Die Autorinnen

Sie wollen **regelmäßige Praxistipps** und weitere Hilfen und Beispiele, um Ihre individuellen Ziele effektiver zu erreichen? Melden Sie sich einfach unter www.lust-auf-macht.de/news unverbindlich und kostenlos an.

Sie sind an **motivierenden Vorträgen** interessiert, die Ihr Publikum aufrütteln und zum Handeln animieren? Andrea Och hält begeisternde Vorträge zu diesen Themen:

➜ Lust auf Macht – wie (nicht nur) Frauen an die Spitze kommen
➜ Die Marke ICH – nur was für Schaumschläger?
➜ Markenführung – Erfolgsgeheimnisse eines einzigartigen Werttreibers
➜ Netzwerken – jeder kann beliebt und einflussreich werden!
➜ Sind Frauen die besseren Chefs?

Weitere Informationen finden Sie unter www.lust-auf-macht.de oder nehmen Sie direkt Kontakt auf unter andrea.och@lust-auf-macht.de.

Katharina Daniels

 ist Fachjournalistin, Buchautorin und PR-Beraterin. Ein Studium der Rechtswissenschaften prägt bis zum heutigen Tag ihr Verständnis der erforderlichen Tiefe im Ausloten von Sachverhalten und der Präzision der Aufbereitung: Verstehen und dann auf den Punkt bringen. Eine Herausforderung, der sie sich immer wieder gerne stellt, in jedem ihrer vielfältigen Arbeits- und auch Lebensbereiche: denn die Übergänge vom beruflichen Tun und der inneren Begeisterung für die (oft selbst gestellten) Aufgaben sind fließend.

Themenfelder wie Organisationskulturen und -entwicklung, Arbeitspsychologie und Führungsverhalten spiegeln sich in ihrem gesamten beruflichen Engagement. Im Rahmen ihrer PR-Beratung folgt Katharina Daniels einer Überzeugung, die stets den Blick aufs Ganze und auf die Interessen der „Mitspieler" im Auge hat; ein sehr kluger Kommunikationsforscher hat es so ausgedrückt: „Wer nur von sich auf andere schließt, schließt oft daneben." Die zentrale Frage – ob Imagebroschüre, ob Präsentation, ob Darstellung im Web, Autorenbeitrag in einem Fachmagazin oder ein eigenes Buch – lautet stets: „Was und wen wollen Sie mit Ihrer Botschaft erreichen und was ist daran für die anderen von Relevanz?"

Katharina Daniels arbeitet als PR-Beraterin für Vorstände, Geschäftsführungen und Führungskräfte. Ihre ausgewiesene Kernkompetenz liegt in der Entwicklung adäquater Kommunikationsstrategien zur öffentlichkeitswirksamen Darstellung von Unternehmen und von Führungspersönlichkeiten. Inhaltliche Konzeption, textliche Gestaltung und Textcoaching vertiefen ihr Angebot. Sie versteht jede Zusammenarbeit als einen lebendigen, schöpferischen Prozess, der für beide Beteiligten neue Erkenntnisse birgt.

www.daniels-kommunikation.com.